Jakob Ruckes

Betriebs- und Angebots-
kalkulation
im Stahl- und Apparatebau

Dritte Auflage

Berichtigter Reprint

Springer-Verlag Berlin Heidelberg New York 1982

Ingenieur Jakob Ruckes, Bonn-Röttgen

ISBN-13:978-3-642-65216-5   e-ISBN-13:978-3-642-65215-8
DOI: 10.1007/978-3-642-65215-8

CIP-Kurztitelaufnahme der Deutschen Bibliothek:

Ruckes, Jakob: Betrieb- und Angebotskalkulation im Stahl- und
Apparatebau / Jakob Ruckes. – 3., verb. erw. Aufl., berichtigter
Reprint. – Berlin; Heidelberg; New York: Springer, 1982.

Reprographischer Nachdruck: Proff GmbH & Co. KG. Bad Honnef
Bindearbeiten: Graphischer Betrieb Konrad Triltsch, Würzburg

2060/3014 – 5 4 3 2 1

Vorwort zur Reprintausgabe

Die allseits positiven und zustimmenden Kommentare der Praxis zur Konzeption und Dokumentation der bisherigen Auflagen, verpflichten dazu, diese so bewährte Darstellung in der hier vorliegenden Reprintausgabe der dritten Auflage unverändert beizubehalten.

Überarbeitung bzw. Neufassung einzelner DIN Normen in den letzten Jahren, z. B. Wegfall bestimmter Werkstoffgrößen (Profile), Änderungen vor allem in der Kennzeichnung und im Sprachgebrauch der Schweißwerkstoffe, neue Einheiten im Meßwesen, wurden selbstverständlich soweit als möglich berücksichtigt, d. h. hier erfolgte die notwendige Korrektur und Anpassung an den allgemeinen Standard.

Das Niveau der Zeitvorgaben, speziell zugeschnitten für die gerade im Stahl- und Apparatebau ausgeprägt individuelle Gestaltung bei überwiegend manueller Fertigung, in der Regel einmaligen Ausführung mit nicht immer vorstellbaren und rechtzeitig erkennbaren, mathematisch schwer erfaßbaren Schwierigkeitsgraden, bleibt unverändert erhalten.

Grundlagen der umfassenden Zahlendokumentation sind vieljährige und vielseitige in der Praxis gewonnenen Erfahrungen, z. B. im Bereich „Stahlbau“ in der Fertigung von Bauwerken und Anlagen im Hoch-, Tief-, Brücken- und Wasserbau, in der Einrichtung und Ausrüstung ganzer Stahl- und Hüttenwerke, im Bau spezieller Anlagen und Konstruktionen wie Großgeräte für den Tagebau, Schwer- und Sondermaschinen für den Kohle-, Erz- und Bergbau, die eisenschaffende Industrie.

Analog im Bereich „Apparatebau“ u. a. durch die Erstellung einer Vielzahl von Anlagen für die Chemische-, Petrochemische- und Kälteindustrie, dem Bau von Lager- und Transportbehälter für feste, flüssige und gasförmige Medien, dem Bau von Vakuum-Apparaten und Anlagen für Industrie, Luft- und Raumfahrt.

Die Nuancierung der Werkstoffe in diesen beiden Bereichen, vom einfachen Baustahl bis zu hochwertigen Sonder- oder Edelstählen, ist immer problematisch in einigen Fertigungsbereichen. Der werkstoffabhängige, sehr diffizile Einsatz von Schweißwerkstoffen mit oft notwendigen Wärmebehandlungsvorgängen, zusätzlich erschwert durch differenzierte Werkstoffquerschnitte, komplizierte Schweißnahtgeometrie und schwierige Schweißpositionen, bestimmt allein den Fertigungsbereich Schweißen.

Die Summe dieser Erfahrungen sind neben der notwendigen folgerichtigen Einschätzung und Berücksichtigung einer qualifizierten Fertigung, das Merkmal der realistischen Zeitvorgaben dieser komplexen Tabellensammlung.

Es war und bleibt das Anliegen des Verfassers, den stets auftretenden wechselvollen Problemen und sicher nicht leichten kalkulatorischen Überlegungen bei der schwierigen oft aufwendigen Einzelfertigung im Stahl- und Apparatebau, durch klare Aussagen und Feststellungen rechtzeitig zu begegnen. Der Leser und Benutzer des Buches hat die Möglichkeit des objektiven Vergleichs zwischen eigener Kenntnis und Auffassung, innerbetrieblichen Möglichkeiten und der hier aufgezeigten praktischen Erfahrung Dritter.

Dies soll zuletzt beitragen zu echten Angebotskalkulationen, gerechten und zufriedenstellenden Betriebskalkulationen und damit zu reibungslosen kostensparenden Betriebsabläufen.

Gedankt sei allen, die durch sachliche Hinweise, Anregungen und Kritik zur positiven Entwicklung des Buches beigetragen haben. Der Verfasser erbittet auch weiterhin diese Unterstützung.

Bonn-Röttgen, im Sommer 1982   Jakob Ruckes

Jakob Ruckes

Betriebs- und Angebotskalkulation im Stahl- und Apparatebau

3. verbesserte und erweiterte Auflage

Mit 161 Tabellen

Springer-Verlag Berlin · Heidelberg · New York 1972

Vorwort zur dritten Auflage

Die Problematik bei den kalkulatorischen Überlegungen der Einzelfertigung im Stahl- und Apparatebau mit seinen schwierigen, vielschichtigen und wechselvollen Aufgaben ist und bleibt auch für die Zukunft, neben der folgerichtigen Qualifikation der Fertigung und des Arbeitsablaufs, die echte, alles erfassende Zeit- und Kostendefinition.

Es war immer das Anliegen des Verfassers, durch klare Aussagen und eindeutige Zeitwertfeststellungen in hier offenen Fragen Auskunft zu geben, aber auch Vergleiche und Alternativen aufzuzeigen.

Die vorliegende 3. Auflage behält diese Konzeption, die sich bisher als richtig und nützlich erwiesen hat, unverändert bei. Nach gründlicher Durchsicht, Überarbeitung und einigen wesentlichen Ergänzungen ist zu hoffen, daß sich das Buch auch weiterhin als ein zuverlässiges Nachschlagewerk für alle kalkulatorischen Fragen im Stahl- und Apparatebau erweist. Die umfassende Zahlendokumentation, Ergebnis einer vieljährigen und vielseitigen Praxis, wird beitragen zu einer echten Angebotskalkulation, zur gerechten zufriedenstellenden Betriebskalkulation und damit zum reibungslosen kostensparenden Betriebsablauf.

Abschließend sei allen gedankt, die durch positive Kritik, Hinweise und Anregungen zur weiteren Verbesserung des Buches beigetragen haben. Diese Unterstützung erbittet der Verfasser auch weiterhin.

Bonn-Röttgen, im Herbst 1971

Jakob Ruckes

Vorwort zur ersten Auflage

Das vorliegende Tabellenwerk entspringt einer jahrzehntelangen vielseitigen in- und ausländischen Betriebspraxis sowie einer jahrelangen Kalkulationserfahrung.

Ergänzt durch kurze Hinweise und Erläuterungen sind in weit über einhundert Tabellen die werkstattmäßigen Kostenanteile der gesamten Fertigung im Stahl- und Apparatebau tabellarisch festgelegt.

Dieser Fertigungszweig ist einer der vielseitigsten und eigenwilligsten der eisenverarbeitenden Industrie. Hier gibt es keine Massenproduktion, und nur höchst selten langt es, meist im Behälter- oder Apparatebau, zu einer Kleinserie.

Aus diesem Grunde ist das gesamte Werk auch auf und für die reine Einzelfertigung abgestimmt und entwickelt.

Diese individuelle Einzelfertigung, die immer dem Wunsch des Kunden und dem Bestimmungszweck entgegenkommt, bedingt naturgemäß immer hohe Fertigungskosten wie auch allgemein, aber hier schwankend oder unterschiedlich, allgemeine Unkosten oder Generalien.

In Serien- oder Massenproduktion fallen Einrichtezeiten meist in Abständen von Wochen oder Monaten an und drücken sich, umgelegt auf das einzelne Werkstück oder Objekt, oft nur in Bruchteilen von Prozenten aus. Die Einrichtezeiten in der reinen Einzelfertigung dagegen sind oft sehr erheblich und können u. U. die eigentlichen Fertigungszeiten bestimmter Details bei weitem übertreffen.

Die Fertigungszeiten sind trotz der heutigen Mechanisierung, Automatisierung und Rationalisierung, vor allem durch den hohen Anteil der Handzeiten im Stahl- und Apparatebau, der fast täglich und mit jedem Auftrag wechselnden Auslegung und Beanspruchung von Mensch und Materie, wesentlich höher und nicht zu vergleichen mit vielleicht ähnlich gelagerten Arbeitsgängen spezialisierter Unternehmen für Serien- oder Großserienfabrikation.

Die allgemeinen Unkosten endlich sind der Ausdruck für die oft erheblichen Aufwendungen, die erst die Fertigung und den Vertrieb in der Einzelfertigung gewährleisten.

Den vielseitigen Anforderungen und Wünschen, welche der Stahl- und Apparatebau stellt, können nur Ingenieure und Techniker mit entsprechendem Spezialwissen gerecht werden. Dazu kommt, daß hier oft

Maschinen und Geräte für die Fertigung erstellt und installiert werden müssen, die sich u. U. erst in einem Jahrzehnt amortisieren.

Aus all diesen Gesichtspunkten heraus ist dieses Werk zu sehen und in der Anwendung zu bewerten. Es soll den interessierten Stellen, und zwar dem Angebotsingenieur, dem Angebots- oder Betriebskalkulator, dem Betriebsingenieur und Meister sowie der gesamten, dem Stahl- und Apparatebau verbundenen Wirtschaft, als Handbuch und Berater dienen.

Gerade der Angebotskalkulator hat in Ausübung seiner Tätigkeit eine hohe Verantwortung. Diese erstreckt sich nicht nur auf seine eigene Firma. Er hat auch eine ethische Verpflichtung gegenüber dem Kunden. Seine Kalkulationen müssen stimmen.

Sie sollen und müssen, unter Berücksichtigung der technischen Möglichkeiten und Eigenarten des Betriebes, einer fachlichen und sachlichen Kritik standhalten. Seinem Betrieb gegenüber hat er die Verpflichtung, gut zu kalkulieren und nicht das Risiko eines Verlustgeschäftes einzugehen. Der Kunde aber andererseits hat das Recht zu wissen, wofür und für welches Ausmaß von Aufwendungen er sein gutes Geld hergibt. Die gerechte Kalkulation ist damit praktisch für beide Seiten eine lebenswichtige und oft entscheidende Frage.

Leider klafft hier vielfach eine merkliche Lücke. Gerade unter den Angebotsingenieuren und Kalkulatoren macht sich leider sehr oft eine erschreckende Unkenntnis über den werkstattmäßigen Arbeitsablauf, über die Möglichkeiten und Schwierigkeiten, die sich beim Bau oft komplizierter Anlagen, Apparate und Aggregate zwangsläufig einstellen und ergeben, bemerkbar. Deshalb wäre es wichtig, wenn alle in Frage kommenden Mitarbeiter, bevor sie mit verantwortungsvollen Kalkulationsaufgaben betraut werden, über eine umfassende Werkstattpraxis und Kenntnis der Materie verfügten.

Das vorliegende Tabellenwerk möchte hierin helfend unterstützen. Es soll Auskunft geben über die üblichen Arbeitsverfahren und Möglichkeiten des heutigen Stahl- und Apparatebaues. Es ist nicht als Lehrbuch der Kalkulation schlechthin gedacht, dafür gibt es Kurse und Lehrgänge. Wenn auch nicht verkannt werden darf, daß das ungemein vielseitige und schwierige Gebiet der Stahl- und insbesondere Apparatebau-Kalkulation hier noch zu wenig beachtet und gefördert wird.

Die Zeiten sämtlicher Tabellen sind grundsätzlich in Stunden je Stück, Teil oder Meter oder aber auch, wie z. B. beim Aufriß oder beim Bohren und Gewindeschneiden größerer zu erwartender Lochgruppen, auf hundert bezogen und ausgedrückt. Der zwar vielfach auch übliche Ausdruck in Minuten ist hier bewußt nicht angewandt worden, da die Dezimalrechnung, d. h. der Ausdruck in Stunden, gebräuchlicher ist und eine weitere summarische Umrechnung von Minuten in Stunden sich damit erübrigt.

Grundsätzlich sind die Tabellen in der Reihenfolge des zu erwartenden Arbeitsablaufes geordnet. Es ist damit möglich, systematisch an Hand der Zeichnung die einzelnen Arbeitsgänge durchzugehen. Wichtig ist die Beachtung der auf den Tabellen immer wieder vorkommenden Hinweise und die Anwendung der vermerkten Faktoren.

Einige im zweiten Teil zusammengefaßte Angebotstabellen sind praktisch eine kurze Zusammenfassung detaillierter Tabellen und geben gleichzeitig ein Bild, wie der Angebotskalkulator sogenannte Sammeltabellen anlegt.

Alle Werte und Angaben entsprechen dem Niveau und dem Leistungsstandard einer gut und zweckmäßig eingerichteten Stahl- und Apparatebauanstalt mit reiner Einzelfertigung. Sie sind im Durchschnitt gute Mittelwerte und als Richtwerte zu verstehen und dürften in ihrer Gesamtheit jedem gerecht werden.

Als solche und unter Berücksichtigung der eigenen betrieblichen Gegebenheiten sind sie anzuwenden und zu verwerten.

Möge unter diesem Gesichtspunkt das gesamte Werk ein Helfer und Mittler bei den Schwierigkeiten und den manchmal gegenteiligen Auffassungen zwischen Betrieb, Kalkulation und Kunden sein.

Köln, im Sommer 1957

Jakob Ruckes

Inhaltsverzeichnis

XXIb. Anstriche – Farben – Lacke – Flächenbestimmungen

XXII. Mechanische Arbeiten

XXIII. Angebotskalkulation – Prüfung – Allgemeines

Einführung in die Tabellen

Zusammenstellung der verwendeten Bezeichnungen und Symbole bzw. mathematischen Zeichen nach DIN 1302

Zeichen	Bedeutung und Erklärung	Zeichen	Bedeutung und Erklärung
1. 1)	erstens	h/Schraube	Stunden je Schraube
( )	Klammer, auch Benummerung von Formeln	h/m	Stunden je Meter
		h/cm²/m	Stunden je Quadratzentimeter und Meter
,	Komma bei Dezimalzahlen		
…	bis, Grenzen gelten als eingeschlossen	h/m²	Stunden je Quadratmeter
		h/cm³	Stunden je Kubikzentimeter
$=$	gleich	h/m³	Stunden je Kubikmeter
$\approx$	angenähert gleich, etwa, ungefähr	l	Länge
$\sim$	ähnlich	lg.	lang
$<$	kleiner als	μm	Mikrometer, 1/1000 Millimeter
$>$	größer als		
$\leqq$	kleiner oder gleich, höchstens gleich	mm	Millimeter
		cm	Zentimeter
$\geqq$	größer oder gleich, mindestens gleich	m	Meter
		m/sec	Meter je Sekunde
$+$	plus, und	m/min	Meter je Minute
$-$	minus, weniger	m/t	Meter je Tonne Baugewicht
· oder ×	mal	cm²	Quadratzentimeter
: / –	geteilt durch	dm²	Quadratdezimeter
%	Prozent, vom Hundert	m²	Quadratmeter
$^0/_{00}$	Promille, vom Tausend	m²/h	Quadratmeter je Stunde
Σ	Summe	m²/St.	Quadratmeter je Stück
tol	Toleranz, Abweichung, Differenz	m²/m	Quadratmeter je Meter
F	Faktor, Umrechnungszahl für Fertigung und Gewichte	m²/kg	Quadratmeter je Kilogramm
		m²/t	Quadratmeter je Tonne
∞	unendlich		
$\sqrt{\ }$	Wurzelzeichen	V	Volumen, Rauminhalt
r	Radius, Halbmesser	cm³	Kubikzentimeter
$\varnothing$	Durchmesser	m³	Kubikmeter
D	Außendurchmesser	cm³/m	Kubikzentimeter je Meter
d	Innendurchmesser	l/m²	Liter je Quadratmeter
NW	Nennweite	kg	Kilogramm, 1000 Gramm, Gewicht
s	Dicke mm		
St.	Stück, Anzahl	kg/h	Kilogramm je Stunde
St./h	Stück je Stunde	kg/m	Kilogramm je Meter
St./m	Stück je Meter	kg/cm²/m	Kilogramm je Quadratzentimeter und Meter
min	Minute, Zeitbegriff	kg/m²	Kilogramm je Quadratmeter
h	Stunde, Zeitbegriff, Vorgabe für die Fertigung		
h/t	Stunden je Tonne Baugewicht	kg/t	Kilogramm je Tonne Baugewicht
h/Rohr	Stunden je Rohr	t	Tonne, 1000 kg, Gewicht, auch Tragfähigkeit
h/St.	Stunden je Stück	t/St.	Baugewicht in Tonnen je Stück

I. Vorzeichnen

Vorzeichner, insbesondere diejenigen der Kesselschmiede und des Apparatebaues, sind eine für die Kalkulation mit am schwierigsten zu erfassende Tätigkeitsgruppe. Bei ihrer tabellarischen Festlegung sind Konzessionen, d. h. Zugeständnisse und damit großzügigere Vorgaben und Zeiten unerläßlich.

Wenn in den folgenden Tabellen für die hauptsächlichsten und wichtigsten Arbeiten im Stahl- und Apparatebau doch Werte erstellt wurden, dann nur um Vergleichs- und Kontrollmöglichkeiten für oder bei Angeboten zu schaffen sowie zur allgemeinen Überwachung und Planung in der Werkstatt.

Die Tätigkeit des reinen Vorzeichners ist, vor allem bei einer Einzelfertigung, sehr verantwortungsvoll und setzt vielseitigstes Können und Wissen voraus. Diese Arbeit ist nicht ausgesprochen manuell, sie ist eine mindest ebenso geistige. Der Schwerpunkt der Arbeit des Vorzeichners liegt mehr auf zeichnerischem Gebiet. Nicht selten entdeckt er beim ersten Studium der Zeichnung und deren Kontrolle, wofür immer eine gewisse Zeit beansprucht wird, sowie bei der Errechnung oder Nachrechnung von Maßen nicht unwesentliche Fehler oder bringt Anregungen für günstigere Konstruktionslösungen bestimmter Details. Hier wirkt der Vorzeichner nicht nur manuell-geistig, sondern oft sogar geistig-schöpferisch.

Während der Fertigung eines Werkstückes, meist bis zum Verlassen der Werkstätten, behält der Vorzeichner einen gewissen Kontakt zu diesem. Seine Arbeit ist nicht mit den Aufrissen der einzelnen Details und Bauteile beendet. Immer wieder kommen Rückfragen, sei es aus den Vorbereitungswerkstätten, sei es aus der Montage beim Zusammenbau. Fast immer muß er gerade hier noch, oder oft auch nach dem Schweißen, Maße, Riß- und Schnittpunkte sowie Stutzenstellungen festlegen.

Aus all diesen Gesichtspunkten heraus sollte man sich ernsthaft die Frage stellen: Ist es überhaupt ratsam, Vorzeichner im Akkord arbeiten zu lassen? Oder ist es zweckmäßiger, diesen Leuten Lohn oder Gehalt zu geben und sie damit frei von allen Akkordkomplexen zu machen, dafür aber Mitarbeiter zu haben, die gut dafür sind, daß die Arbeit, die sie in die weitere Fertigung geben, hundertprozentig geprüft und kontrolliert ist und damit vielleicht schwere und kostspielige Fehler so gut wie ausgeschlossen sind.

Diese Frage ist nicht ohne weiteres zu bejahen oder zu verneinen.

Im allgemeinen Stahl- und Apparatebau mit der bekannten vielseitigen und ausgesprochenen Einzelfertigung, wo der Vorzeichner den Apparat sozusagen „baut", arbeitet man am zweckmäßigsten und auf die Dauer am billigsten im Lohn oder Gehalt. Eine allgemeine Überwachung der Vorzeichnergruppe durch einen verantwortungsbewußten und fähigen Vorgesetzten ist dabei von Nutzen.

Bei schematischer Arbeit oder Serienfertigung dagegen, wo die Erwartungen an den einzelnen und seine Verantwortung nicht so hoch liegen, erfaßt man am besten die Vorzeichner im Akkord; ebenso in den Betrieben, wo es keine Vorzeichner, sondern Anreißer und Ankörner gibt, d.h. also, wo über ein sogenanntes Skizzenbüro gearbeitet wird.

Die nachfolgenden Tabellen sind Erfahrenswerte für den Vorzeichner mit reiner Einzelfertigung, mit all seinen bekannten, nicht immer vorauszusehenden Schwierigkeiten. Als Mittelwerte schließen sie alle diese Nebenerscheinungen mit ein und geben damit ein weitgehend reales und genaues Bild ab.

Tab. 1 umfaßt alle Bleche außer Knotenbleche. Unter A liegen normale rechtwinklige Bleche oder solche mit mehreren rechten Winkeln. Kreisscheiben werden mit 60% der entsprechenden Wertgrößen von A errechnet.

Die unter B eingruppierten stark konischen Bleche sind natürlich, bedingt durch Mehrarbeit sowohl bei der Berechnung als auch beim Aufriß, entsprechend aufwendiger und damit teurer.

Schwach konische Bleche unter C werden durch die großen Radien und meist außerhalb der Bleche liegende Mittelpunkte am teuersten.

Generell gelten die Zeiten nur für das erste, das zu errechnende Blech, für jedes weitere sind nur 75% vom Wert des ersten einzusetzen.

Kugelbehälterbleche werden aus Gründen der Zweckmäßigkeit (Paßgenauigkeit bei der Montage, Schweißzeiten – Elektrodenverbrauch) einzeln ausgemessen und angerissen. Die Blechgrößen, bis etwa 25 m^2 Stück, schwanken entsprechend den Fertigungsmöglichkeiten der Preßwerke.

Für die Zeitvorgabe ist die Gesamtoberfläche der Kugel, der Halbkugel oder des Kugelabschnittes in m^2 zu ermitteln und dieser Wert summarisch mit einem Mittelwert entsprechend der Einzelblechgröße zwischen 0,50 und 0,35 h/m^2 zu multiplizieren.

Wegen der sehr individuellen Arbeit sind diese Werte ausreichend genau.

Tab. 2. Da Preßböden durch die bekannten Abmaße sowohl in den Durchmessern als auch in den Wanddicken immer Unterschiede gegeneinander aufweisen, werden bei der Tank- und Behälterfertigung zuerst die zur Verwendung kommenden Böden abgerollt.

Dies ist wichtig, um so dem Tankmantel den entsprechenden Umfang geben zu können und damit saubere Arbeit und Maßhaltigkeit zu gewährleisten. Ob die in der Regel gegenüber den Mänteln dickeren Böden nach außen oder nach innen überstehen, hängt vom Verwendungszweck des Behälters ab. Bei auszukleidenden Behältern (Emaille-Gummierung usw.) schafft man möglichst übergangsfreie Stöße.

Für Risse, Stutzenstellungen oder Mittelpunkte sind die entsprechenden Zuschläge zu berechnen.

Tab. 3. Für glatte Rohr-, Sieb- oder Zwischenböden wird der Aufriß der Scheibe nach der Tab. 1 gerechnet. Die Kombination dieser Werte mit den Werten der Tab. 3 zu einer Tabelle würde zu größeren Ungenauigkeiten führen. Es können z. B. in großen Böden relativ wenig Löcher sein, umgekehrt aber viele Löcher in einem verhältnismäßig kleinen Boden. Die Werte gelten wegen der erstmaligen Berechnung des Maßsystems nur für den ersten Boden. Bei weiteren Böden sowie dem Aufriß auf Kümpelböden sind die Faktoren zu beachten.

Tab. 4 behandelt das Abrollen sowie Anzeichnen von Schrauben- oder Nietlöchern in Flansch,- Verstärkungs- oder Einbauringen der verschiedensten und gängigsten Profile. Gerade im Apparatebau fallen diese Art Ringe häufig an und sind fast an jedem Apparat vorhanden.

Tab. 5. Bei den Abwicklungen für Rohrleitungen einschließlich Krümmer, T- und Schrägstutzen ist für die Berechnung und den erstmaligen Aufriß der einmalige Zuschlag von 35 % zu beachten. Werden die Abwicklungen nach speziellen vereinfachenden Verfahren angelegt, kann dieser Zuschlag entfallen. Überreißen nach Schablonen, allerdings nur bis etwa 1000 mm $\varnothing$ ratsam, ist entsprechend billiger. Konische Rohrleitungen liegen im Preis etwa ein Drittel über den Normalen.

Die **Tab. 6 u. 7** bringen graphisch in Form von Kurven die Werte zum Anzeichnen der Löcher an normalen, immer wieder vorkommenden Profilstählen. Die Erstellung dieser Kurven als reine Zahlentabelle ist zu weitläufig und birgt die Gefahr der größeren Ungenauigkeit in sich. Das Lesen solcher Kurven ist ebenso einfach wie das der Zahlentabelle und nur eine Frage der Übung. Die Kurven sind angelegt nach Längen- und Gewichtseinheiten. Für größere Gewichtsgruppen oder schwerere Profile werden entsprechend der Lochzahl prozentuale Zuschläge gerechnet. Die gesamten Werte gelten nur für das erste Stück.

Da gerade beim Anzeichnen mehrerer Teile oder größerer Stückzahlen durch Nebeneinanderlegen das Überreißen entscheidend die Zeit beeinflußt, sind vom zweiten bis zehnten und mehr Stücken ab die entsprechenden Faktoren zu berücksichtigen.

Die Werte werden folgendermaßen abgelesen:

Man geht von der angegebenen Lochzahl auf die Abszisse senkrecht nach oben zu der betreffenden, d.h. vorhandenen Stablänge. Im Schnittpunkt zieht man rechtwinklig nach rechts zur Ordinate und liest dort die Vorgabezeit je Stab oder Stück ab. Bei von den Tabellen abweichenden höheren Gewichtseinheiten oder schwereren Profilen sowie auch bei größeren Stückzahlen sind die entsprechenden Zu- oder Abschläge zu beachten.

Tab. 8. Knotenbleche, Anschlußbleche und Laschen liegen in ihrer Größenordnung in einem fast bestimmten Verhältnis zur Lochzahl. Daher braucht man diese Bleche nur nach einer Bekannten, in diesem Falle die Lochzahl, zu ordnen. Die Blechform wird nur einmal als Schablone aufgezeichnet, weitere Bleche werden dann je nach der Form oder Gestalt geschnitten oder gebrannt. Das Anzeichnen bzw. Abkörnen der Löcher geschieht ebenfalls mittels Schablone. Hierbei kommt man, da man die Bleche paketweise im Kasten bohren kann, entsprechend der Stückzahl, mit 1 bis 2 Schablonen aus.

Tabelle 1. *Vorzeichnen von Blechen (rechteckig, stark und schwach konisch)*
Kreisscheiben – Kugelbleche

Blechbreite mm	500			1000			1500			2000		
Blechlänge mm	A	B	C	A	B	C	A	B	C	A	B	C
500	0,25	–	0,45	–	–	–	–	–	–	–	–	–
1000	0,30	–	0,55	0,40	0,50	0,70	–	–	–	–	–	–
1500	0,35	–	0,65	0,45	0,60	0,80	0,55	0,70	1,00	–	–	–
2000	0,40	–	0,70	0,50	0,65	0,90	0,60	0,80	1,10	0,70	0,90	1,25
2500	0,45	–	0,80	0,55	0,70	1,00	0,65	0,85	1,15	0,75	0,95	1,35
3000	0,55	–	1,00	0,65	0,85	1,15	0,75	0,95	1,35	0,85	1,10	1,55
3500	0,65	–	1,15	0,75	0,95	1,35	0,85	1,10	1,55	0,95	1,25	1,70
4000	0,75	–	1,35	0,85	1,10	1,55	0,95	1,25	1,70	1,05	1,35	1,90
5000	0,85	–	1,55	0,95	1,25	1,70	1,05	1,35	1,90	1,15	1,50	2,10
6000	1,00	–	1,80	1,10	–	2,00	1,20	1,55	2,15	1,30	1,70	2,35
7000	1,15	–	2,05	1,25	–	2,25	1,35	–	2,45	1,50	–	2,70
8000	1,30	–	2,35	1,40	–	2,50	1,55	–	2,80	1,70	–	3,05
9000	1,45	–	2,60	1,60	–	2,90	1,75	–	3,15	1,90	–	3,45
10000	1,65	–	3,00	1,80	–	3.25	1,95	–	3,45	2,10	–	3,80

Blechbreite mm	2500			3000			3500			4000		
Blechlänge mm	A	B	C	A	B	C	A	B	C	A	B	C
500	–	–	–	–	–							
1000	–	–	–	–	–							
1500	–	–	–	–	–							
2000	–	–	–	–	–							
2500	0,85	1,10	1,55	–	–	–	–	–	–	–	–	–
3000	0,95	1,25	1,70	1,05	1,35	1,90	–	–	–	–	–	–
3500	1,05	1,35	1,90	1,15	1,50	2,10	1,25	1,65	2,25	–	–	–
4000	1,15	1,50	2,10	1,25	1,65	2,25	1,35	1,75	2,45	1,50	–	2,70
5000	1,25	1,65	2,25	1,40	1,80	2,50	1,55	–	2,80	1,70	–	3,05
6000	1,45	1,90	2,60	1,60	–	2,90	1,75	–	3,15	1,90	–	3,45
7000	1,65	–	3,00	1,80	–	3,25	1,95	–	3,50	2,10	–	3,80
8000	1,85	–	3,35	2,00	–	3,60	2,15	–	3,85	2,30	–	4,15
9000	2,05	–	3,70	2,20	–	3,95	2,35	–	4,20	2,50	–	4,50
10000	2,25	–	4,05	2,40	–	4,35	2,55	–	4,60	2,70	–	4,85

A = normale rechteckige Bleche
B = stark konische Bleche
C = schwach konische Bleche

Bemerkungen: Kreisscheiben = Faktor 0,60 der entsprechenden Größe von A. Jedes weitere Blech zu A, B oder C = Faktor 0,75.

Kugelbleche, auch mehrteilige Korb- oder Klöpperböden, Größe 2···25 m²/St. = 0,80···0,35 h/m² Oberfläche einschließlich abschließenden Abrollen und Festlegung evtl. Stutzenstellungen.

Allgemeine Zuschläge: Stutzenstellung – jeder Punkt .... 0,15···0,25 h
Mannlöcher – diverse Ausschnitte .... 0,50···0,75 h
Schrauben-Nietlöcher = 0,50 h/100 Loch.

Tabelle 2. *Böden abrollen mit Rollmaß*

Blechdicke mm	Rohr – Flachumgezogene – Kümpel – Klöpperböden ∅ m					
	< 0,5	0,6 ··· 0,8	1,0 ··· 1,2	1,4 ··· 1,8	2,0 ··· 2,5	> 2,6
< 10	0,20	0,35	0,50	0,65	0,85	–
11 ··· 20	0,30	0,45	0,60	0,75	0,95	1,20
21 ··· 30	0,40	0,55	0,70	0,85	1,05	1,30
31 ··· 40	–	–	0,80	0,95	1,15	1,40
41 ··· 50	–	–	–	1,05	1,25	1,50
Zuschlag für jeden Brenn- oder Nietlochriß						
	0,15	0,25	0,35	0,50	0,65	0,80
Zuschlag für Mittelpunkt						
⌐‾⌐	0,10	0,15	0,25	0,35	0,45	0,55
⌐◠⌐	0,20	0,30	0,45	0,60	0,80	1,00

Zuschläge:

	⌐‾⌐	⌐◠⌐
Stutzenstellung – jeder Punkt	0,20	0,30
Mannlochausschnitt	0,50	0,75
einreihige Nietteilung im Bord (100 Loch)	0,50	0,50
doppelreihige Nietteilung im Bord (100 Loch)	0,60	0,60
Rohrlöcher in Böden wie „Rohr- oder Siebboden- tabelle" rechnen	–	+100%

Tabelle 3. *Vorzeichnen von Rohr-, Sieb- oder Zwischenböden*

Lochzahl	h/Boden	jeder weitere Boden = Faktor	Lochzahl	h/Boden	jeder weitere Boden = Faktor
25	0,75		350	3,40	
50	1,00		400	3,75	
75	1,20	0,80	450	4,10	
100	1,40		500	4,40	
150	1,75		600	5,00	
200	2,20		700	5,55	
250	2,65	0,90	800	6,10	
300	3,05		900	6,50	0,95
–	–		1000	7,00	
–	–		1200	7,90	
–	–		1400	8,80	
–	–		1600	9,70	
–	–		1800	10,60	
–	–		2000	11,50	

Bemerkungen:

Jede weitere 100 Loch = 0,35 h.

Durchkörnen nach Schablone = Faktor 0,50.

Werte gelten auch für flachumgezogene Böden ⌐‾⌐.

Kümpel-Klöpperböden ⌐◠⌐ + 100%.

Zeiten gelten nur für das System. Umriß des Bodens ggf. nach Tab. 1 und 2.

Tabelle 4. *Profilstahlringe abrollen – Niet-Schraubenlöcher anzeichnen*

L	Domflansch	cm²	(Profil)	0,5	0,6 bis 0,8	1,0 bis 1,2	1,4 bis 1,8	2,0 bis 2,5	2,6 bis ∞
≦70	–	15	120	0,20	0,35	0,50	0,65	0,80	–
80···120	80/30··· 90/17	16···30	140···200	0,25	0,40	0,55	0,70	0,85	1,05
130···170	100/42···120/25	40···75	220···280	–	0,45	0,60	0,75	0,90	1,10
180···200	115/45···145/35	100	300···320	–	–	–	0,80	1,00	1,20
	überschwere			–	–	–	0,90	1,10	1,30
	Zuschlag Brenn-Nietlochriß			0,25	0,35	0,50	0,70	0,80	1,00

Bemerkungen:

halbe Ringe = Faktor 0,7
Viertelringe = Faktor 0,5
jeder weitere Ring = Faktor 0,9
ungleichschenklige Winkel = Summe der Schenkel : 2.
Schrauben-Nietlöcher je 100 Loch einreihig = 0,50 h, doppelreihig = 0,60 h

Tabelle 5. *Vorzeichnen von Rohrleitungen*
Blechkrümmer – T- und Schrägstutzen – T-Stutzen mit Zwickel

Rohr Ø mm	Rohrleitung (M)	Rohrleitung (E)	T-Stutzen	T mit Zwickel	Schrägstutzen
100	0,60	0,50	0,80	0,55	
200	0,80	0,65	1,10	0,75	
300	1,00	0,80	1,40	0,95	
400	1,20	0,95	1,70	1,15	
500	1,40	1,10	2,00	1,35	
600	1,60	1,25	2,30	1,55	
700	1,80	1,40	2,60	1,75	
800	2,00	1,55	2,90	1,95	
900	2,20	1,70	3,20	2,10	
1000	2,40	1,85	3,50	2,25	
1100	2,60	2,00	3,70	2,40	
1200	2,80	2,15	3,90	2,55	
1300	2,95	2,30	4,10	2,70	
1400	3,10	2,40	4,30	2,85	
1500	3,25	2,50	4,50	3,00	
1600	3,40	2,60	4,70	3,10	
1700	3,55	2,70	4,90	3,20	
1800	3,70	2,80	5,10	3,30	
1900	3,85	2,90	5,30	3,40	
2000	4,00	3,00	5,50	3,50	

Bemerkungen: Für erst- oder einmaligen Aufriß einer jeden Abwicklung = Faktor 1,35.
Jedes weitere Teil = vorstehende Werte, Überreißen und Ankörnen nach Schablone = Faktor 0,5···0,4 (< 1000 mm Ø), konische Teile = Faktor 1,35.
Zeiten umfassen Aufriß, Ankörnen, Signieren zum Brennen oder Schneiden.

Tabelle 6. *Vorzeichnen von Flach-, Profil- und Vierkantstählen*

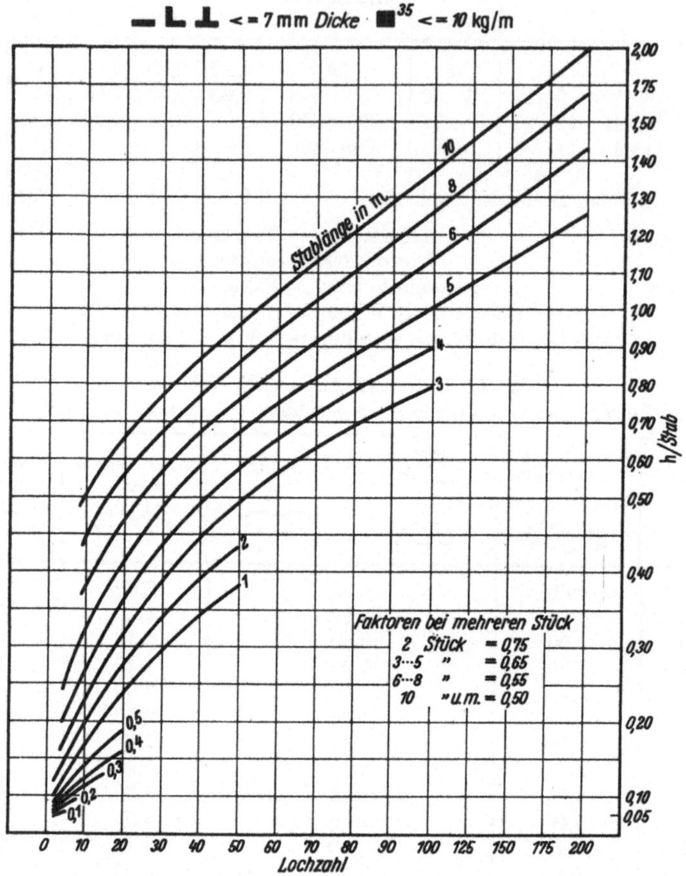

Bemerkung: Prozentzuschläge bei weiteren Steg- und Schenkeldicken entsprechend ≈ Gewicht in kg/m und Lochzahl.

Maße und Gewichte		Lochzahl							
		···5	6···15	16···25	26···50	51···75	76···100	101···150	151···200
Dicke	kg/m	Zuschlag in Prozent							
<12	21	25	20	14	8	6	5	4	2,5
<16	40	45	33	23	14	10	8	7	5
<24	60	60	54	28	18	14	12	10	7,5

Tabelle 7. *Vorzeichnen von Profilstählen*

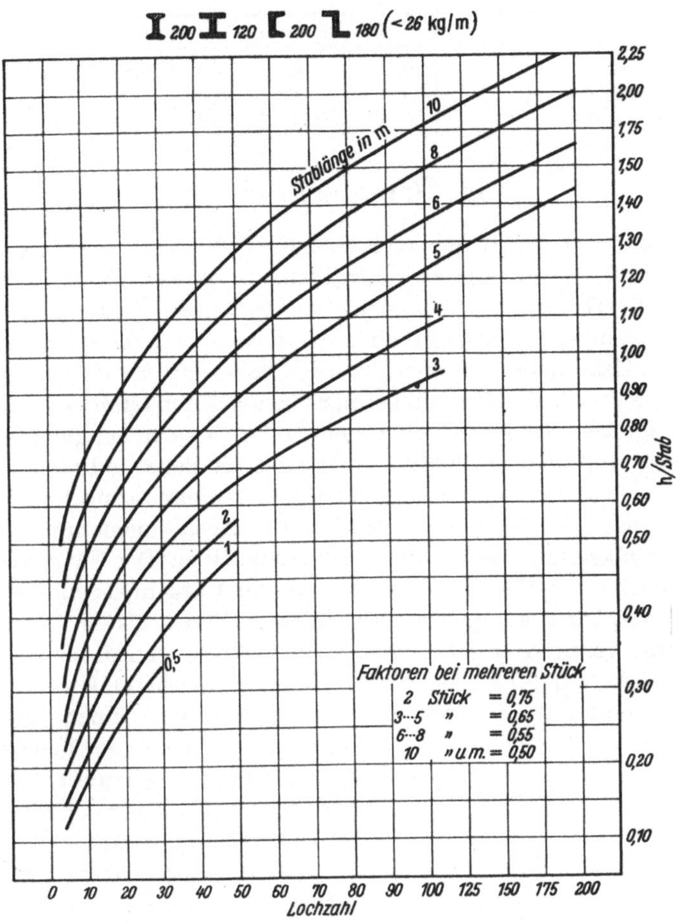

Bemerkung: Prozentzuschläge bei weiteren Profilgrößen entsprechend ≈ Gewicht in kg/m und Lochzahl.

Profilgrößen	Gewichte	Lochzahl					
		···6	7···20	21···50	51···100	101···150	151···200
		Zuschlag in Prozent					
< I 280 I 160 C 280 L 200	<50 kg/m	15	11	7,5	6,5	6	5
< I 400 ⅃ 260 C 400	<95 kg/m	30	24	20	16	14	12
< I 500 I 600	<225 kg/m	55	45	35	25	22	20

Tabelle 8. *Vorzeichnen von Knotenblechen und Laschen – Ankörnen nach Schablone*
Mittelwerte h/St. ohne Rücksicht auf die Form

Lochzahl		< 6	7···10	11···15	16···20	21···25	26···30
h/Blech	Vorzeichnen	0,20	0,30	0,40	0,50	0,60	0,75
	Körnen und						
	Schablone	0,06	0,09	0,12	0,15	0,18	0,22

II. Brennschneiden

Das Brennschneiden oder auch autogene Schneiden entwickelte sich im Laufe der Jahrzehnte vom einfachen Trennverfahren zu einem heute hochwertigen Bearbeitungsverfahren. Auf vielseitigsten Brennschneidmaschinen werden nach Zeichnungen oder Schablonen einfache bis schwierigste Teile, u. a. Zahnräder, mit einer Präzision gebrannt, die je nach dem Verwendungszweck keine oder nur geringe Nacharbeiten erforderlich machen.

Bei großen Stückzahlen, Serien- oder Massenfertigung, können bestimmte Teile bei sorgfältiger Spannung im Paket gebrannt werden. Die glatte fugenlose Spannung, wichtigste Voraussetzung für einwandfreie Schnitte, bereitet dabei meist, da die Bleche nicht immer sauber, glatt und eben sind, die größten Schwierigkeiten. Der Sauerstoffdruck wird beim Schneiden paketierter Bleche um 1 atü höher eingestellt als bei gleicher, aber kompakter Blechdicke. Dünne bis mittlere Blechdicken, die verzugsfrei gefordert werden, brennt man unter einem sich stets erneuernden kühlenden Wasserfilter. Bei Blechen mit Ausschnitten werden grundsätzlich zuerst die Ausschnitte, also innen und dabei immer auch zuerst nach den schwächsten Stellen zu, gebrannt. Dann erst oder im Nachlauf wird rundum fertig oder auf Maß gebrannt.

Die Ausführungsform der Brennschnitte ist unterschiedlich. Neben dem Gerad- oder Schrägschnitt können mit Brennerkombinationen V + X-Nähte, mit und ohne Steilkanten, an Blechen, Böden oder Ronden gebrannt werden. Dabei ergeben sich bei den Werkstattlöhnen u. U. erhebliche Einsparungen gegenüber anderen und wesentlich teureren mechanischen Verfahren.

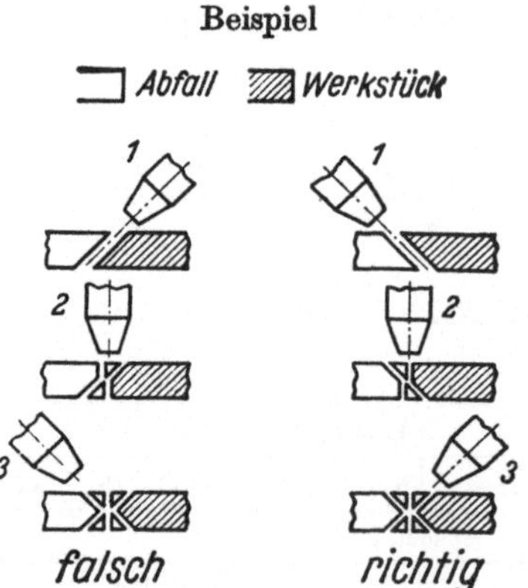

Beim Mehrschnittbrennen, z. B. X-Nähten = 2 oder 3 Brenner, ist, um saubere Schnittkanten zu erhalten, darauf zu achten, daß die Brennerflamme zuerst immer das Werkstück und nachher erst das Abfallende schneidet (s. Beispiel).

Es wäre nun aber falsch, den Brennerschnitt generell etwa dem Hobeln oder dem Scherenschnitt vorzuziehen. Es wird vielmehr, gerade im Stahl- und Apparatebau, immer und von Fall zu Fall entschieden werden müssen, welches Verfahren anzuwenden ist. Dabei spielen der Werkstoff, seine Festigkeit, Form und Gestalt der Bauteile sowie Maße und Toleranzen eine entscheidende Rolle.

Bei normalen Bau-, Einsatz- und Vergütungsstählen bis etwa 0,2% C besteht beim Brennen, auch dem ohne Vorwärmung, keine Gefahr der Aufhärtung an den Schnittkanten. Die Erwärmung kann u.U. sogar eine Vergütung bewirken. Erst bei höhergekohlten und hochlegierten Stählen, d.h. über 0,2% C oder wesentlichen Zusätzen an Wolfram, Mangan und Chrom, ist Vorsicht geboten. Um Aufhärtungen oder Versprödungen sowie Risse an den Schnittkanten zu vermeiden, werden diese Art Bleche unter sorgfältiger und gleichmäßiger Vorwärmung gebrannt, anschließend läßt man sie langsam erkalten.

Für Feinkornbaustähle mit erhöhter Streckgrenze und bis 45 kg/mm² ist allgemein für Wanddicken über 30 mm eine Vorwärmung auf etwa 100 °C, bei Blechen mit einer Streckgrenze über 45 kg/mm² dagegen eine solche für alle Dicken zu empfehlen. Für letztere genügt unterhalb 30 mm schon eine Temperatur von etwa 65 °C.

Allgemein sind normale Aufhärtungen an den Schnittkanten schon durch Überschleifen zu beheben.

Brennschneidbar sind heute fast alle im Stahl- und Apparatebau Verwendung findenden Werkstoffe. Für die bereits besprochenen wird in der Regel der Azetylen-Sauerstoff-Schnitt angewandt. Dasselbe gilt für normale Kupfer- wie auch edelstahlplattierte Bleche, die bei einiger Erfahrung und Bearbeitung gewisser Vorschriften sehr wohl von der Stahlseite her und einwandfrei schneidbar sind.

Reine Edelstähle werden grundsätzlich, walzschweißplattierte Bleche können mit dem Pulverschneidgerät gebrannt werden. Die Handhabung dieses Gerätes ist aber, auch noch bei gewisser Übung und Fertigkeit, immer mit Schwierigkeiten verbunden, und die gesamten Nebenarbeiten sind unverhältnismäßig hoch. Allgemein liegen die Schnittgeschwindigkeiten höher als beim normalen Brennen, wobei die sorgfältige Einhaltung eines zügigen, jedoch gleichmäßigen Vorschubs eine der wichtigsten Voraussetzungen für einen guten und sauberen Brennschnitt ist. Schnittkanten an Edelstählen oder plattierten Blechen, die in ihrer Güte nicht den gestellten Anforderungen entsprechen, erfordern an Nacharbeiten oft ein Vielfaches der eigentlichen Schnittkosten.

Aluminium, Kupfer, Messing und hochlegierte Stähle können mit Argonarc geschnitten werden. Die Entwicklung ist aber hier noch nicht abgeschlossen.

Im Schneidvorgang bei Stahl beginnt bei etwa 1050 °C die Verbrennung, d.h. die Umwandlung des Eisens in seine Oxyde. Aber erst bei 1350 °C ist beim Blasen zusätzlichen Sauerstoffs die Intensität zum fortlaufenden Brennschneidvorgang erreicht.

Der Reinheitsgrad des Sauerstoffs sollte mindestens 99% betragen, jedes 1/10% Abfall bedingt einen Leistungsabfall der Schnittgeschwindigkeit um 2%.

Von den Gasen ist Azetylen das vielseitigste und leistungsfähigste. Es erlaubt die höchsten Schnittgeschwindigkeiten bei kürzesten Anwärmzeiten. Dies führt vor allem bei Stählen mit hohem C-Gehalt zu den geringsten Aufhärtungserscheinungen.

Wasserstoff wird ebenfalls gerade im Stahl und Apparatebau wegen seiner langen Heizflamme und sauberen Schnittleistungen für vornehmlich dickere Bleche verwandt. Der Gasverbrauch liegt allerdings etwa 4,5mal über dem Azetylenverbrauch, und der Sauerstoffverbrauch steigt gleichfalls um 60 bis 70% an. Der Wasserstoff-Sauerstoff-Schnitt wird damit erheblich teurer. Aufhärtungen an den Schnittkanten sind wegen den etwas geringeren Schnittgeschwindigkeiten gegenüber Azetylen bei höheren C-Stählen bezeichnend.

Propangas ist zum Brennen am ungeeignetsten. Die Flammeneinstellung erfordert größere Sorgfalt, die Anwärmzeit liegt höher, die Schnittgeschwindigkeiten liegen am niedrigsten, und der Sauerstoffverbrauch steigt ebenfalls erheblich. Die oxydierende Eigenschaft des Gases, also seine Förderung der Rostbildung, lassen seinen Einsatz bei bestimmten Werkstoffen und Güteanforderungen als nicht geeignet erscheinen. Da Propangas schwerer ist als Luft (1,96 kg/m³), ist in geschlossenen Räumen, Kellern, Bunkern, Wannen, Behältern oder ähnlichem seine Verwendung wegen seines Absinkens und der damit verbundenen Gefahr der Explosion nicht zu empfehlen. Propangas zeigt allerdings nicht die bekannte Neigung zum Flammenrückschlag, und seiner langen Heizflamme wegen wird es in Sonderfällen, so bei übergroßen Materialdicken bis zu 2 m, mit Erfolg eingesetzt.

In den folgenden Tabellen, alle abgestellt auf den Azetylen-Sauerstoff-Schnitt, sind bei den Maschinenschnitten auch die Schnittgeschwindigkeiten angegeben. Diese Werte liegen im guten Durchschnitt und sind bei ausreichenden Einrichtungen und Bedingungen ohne weiteres erreichbar oder sogar zu überbieten. Man sollte aber berücksichtigen, daß Lagerbleche oft Monate im Freien lagern, daher meist eine stark korrodierte Oberfläche haben und höhere Schnittgeschwindigkeiten nicht zulassen. Starke Umlenkungen in der Schnittführung bedingen ebenfalls eine mehr oder weniger starke Minderung der Schnittgeschwindigkeit, in der Regel 10···25%, und so sind die Werte als für alle Fälle ausreichend zu betrachten. Beim Mehrschnittbrennen ist vor allem bei

Schrägschnitten auf die wahre Schnittlänge und damit die entsprechende Blechdicke zu achten.

Tab. 9 bringt die Werte für gerade und Bogenschnitte, auch als Formschnitte, von Hand in 1 bis 3 Arbeitsgängen am Werkstück sowie das Mehrschnittbrennen mit Brennerkombinationen bis zu 4 Stück. Die Ersparnis dabei beträgt etwa 40 %. Für das Brennen von Böden von Hand sowie das Überreißen nach Schablonen bei größeren Stückzahlen sind die entsprechenden Werte zu berücksichtigen.

Für das Brennen von gewölbten Kessel- oder Behälterböden auf der Böden-Brennmaschine sind in der **Tab.** 10 die Werte für Ein- bis Mehrfachschnitte festgelegt. Der Vorteil liegt hier nicht nur, entsprechend der Schnittform, in einer 20- bis 50 %igen Zeit- und damit Kostenersparnis gegenüber dem Brennen von Hand, sondern auch in der größeren Genauigkeit und Exaktheit und damit u.U. in der Güte der späteren Schweißnähte schlechthin.

In den **Tab.** 11 u. 12 erscheinen die Werte für Anschweiß- und Blindflansche sowie Ronden. Bei den Flanschen werden die beiden Durchmesser $D + d$ addiert und entsprechend die Zeiten ermittelt. Bei ineinanderliegenden Flanschen und daraus sich ergebenden Schnitteinsparungen sind die Faktoren zu beachten.

Die Zeitwerte für das Schneiden und Ausklinken der Köpfe an den gängigsten Profilstählen sind der **Tab.** 13 zu entnehmen. Für große Längen oder sperrige Teile sind die besonderen Zuschläge zu beachten.

Rund- und Gehrungsschnitte sowie Ausschnitte an Stutzenrohren, Rohrleitungen oder ähnlichem werden nach **Tab.** 14 (S. 22) berechnet. Wichtig sind die ergänzenden Hinweise betreffs Werkstücklänge und Sperrigkeit sowie zusätzliche Arbeiten, wie Anfasen und Schmirgeln.

Tab. 15 vermittelt die Richtwerte für das Brennen von Mann- und Stutzenlöchern von Hand. Die Werte gelten für den sogenannten Wanderbrenner, d.h. also für den Brenner, der auf Anforderung und abseits eines festen Arbeitsplatzes diese Arbeiten auszuführen hat. Sollten, wie auch öfter üblich, die Zusammenbauer oder Monteure diese Brennarbeiten mit ausführen, so sind die entsprechenden Brennzeiten ihren Montierungszeiten zuzuschlagen. Für Schrägstutzen oder Sonderstellungen oder für das Brennen am festen Arbeitsplatz eines Brenners sind die Faktoren zu beachten.

Tabelle 9. *Brennen von Hand einschl. aller Nebenarbeiten, wie Auf- und Ablegen, Entgraten. Zeiten in h/m*

Blech-dicke mm	1 Schnitt		1 Schnitt		2 Schnitte		3 Schnitte		Mehrschnitt Brennmaschine
	gerader Schnitt	Bogen-Kreis-Schnitt	gerader Schnitt	Bogen-Kreis-Schnitt	gerader Schnitt	Bogen-Kreis-Schnitt	gerader Schnitt	Bogen-Kreis-Schnitt	mehrere Schnitte kombiniert
4	0,07		–		–		–		–
5	0,08		–		–		–		–
6	0,09		–		–		–		–
8	0,105		0,115		–		–		–
10	0,11		0,125		0,18		–		–
12	0,12		0,135		0,19		–		0,155
14	0,125		0,14		0,20		–		0,16
16	0,13		0,15		0,21		0,28		0,165
18	0,135		0,155		0,215		0,295		0,17
20	0,14		0,16		0,225		0,305		0,175
22	0,145		0,165		0,23		0,32		0,18
25	0,15	+0,01	0,17	+0,01	0,24	+0,02	0,335	+0,03	0,19
28	0,16		0,18		0,25		0,35		0,20
30	0,165		0,185		0,26		0,36		0,21
32	0,17		0,19		0,265		0,37		0,22
35	0,18		0,20		0,275		0,38		0,23
38	0,185		0,205		0,285		0,39		0,24
40	0.19		0,21		0,29		0,40		0,25
45	0,20		0,22		0,31		0,41		0,27
50	0,21		0,23		0,325		0,425		0,29
60	0,23		0,25		0,36		0,46		0,31
70	0,25		0,27		0,39		0,50		0,33
80	0,27		0,29		0,42		0,54		0,35
100	0,30		0,32		0,48		0,60		0,40

Zuschläge bei Kurzschnitten:

$$< 250 \text{ mm} \quad +75\%,$$
$$< 500 \text{ mm} \quad +40\%,$$
$$< 750 \text{ mm} \quad +15\%.$$

Anreißen, Überreißen nach Schablonen, Ankörnen = 0,025 h/m.
Kümpelböden sowie Kugelbleche und Kugelsegmente von Hand rundum brennen Zuschlag = 20% auf Bogen-Kreis-Schnitte.

Grundsätzlich gelten die Zeiten für die Blechdicke S. Nur beim Mehrschnittbrennen sind für Schräg- oder Formschnitte die ex. Schnittbreite (Diagonale) zu rechnen.

Faktoren:

Pulverbrennschneiden – Edelstähle .... = 1,60
Argonarcbrennschneiden – Aluminium-Kupfer ..... = 0,70
Hochlegierte Stähle ..... = 0,80

Tabelle 10. *Brennen von gewölbten Kessel- und Behälterböden*
an Preßböden-Brennschneidmaschine

Die Zeiten für einfache und kombinierte Schnitte schließen alle Nebenzeiten einschl.
Auf- und Ablegen der Böden ein.

Bei Zeitvorgabe wird nur beim einfachen Horizontalschnitt die Blechdicke S, bei
Schräg-, Schärfungs-, x- oder y-Schnitten dagegen die wahre Schnittbreite
(Diagonale) gerechnet. Schnittbeispiele:

Boden Ø	≈ Schnitt-länge	Schnittgeschwindigkeit m/min						
		0,33	0,30	0,26	0,24	0,21	0,18	0,14
		Blechdicke oder Schnittbreite mm						
mm	m	10	15	20	25	30	40	50
600	1,90	0,25	0,25	0,30	–	–	–	–
700	2,20	0,25	0,30	0,35	0,40	–	–	–
800	2,55	0,30	0,35	0,40	0,45	0,50	–	–
900	2,85	0,35	0,40	0,45	0,50	0,60	0,70	–
1000	3,15	0,40	0,45	0,50	0,60	0,70	0,80	0,90
1200	3,80	0,45	0,50	0,60	0,70	0,80	0,90	1,10
1400	4,40	0,55	0,60	0,70	0,80	0,90	1,00	1,30
1600	5,10	0,65	0,70	0,80	0,90	1,00	1,15	1,50
1800	5,70	0,75	0,80	0,90	1,00	1,15	1,35	1,70
2000	6,30	0,85	0,95	1,05	1,15	1,25	1,50	1,90
2400	7,60	1,00	1,10	1,25	1,35	1,50	1,80	2,25
2800	8,85	1,15	1,25	1,45	1,60	1,75	2,10	2,60
3200	10,10	1,30	1,40	1,60	1,75	2,00	2,40	3,00
3600	11,30	1,45	1,60	1,80	1,95	2,25	2,70	3,40
4000	12,60	–	1,75	2,00	2,20	2,50	3,00	3,75

II. Brennschneiden

Tabelle 11. *Brennen von Flanschen*

Rüstzeit je Auftrag einmalig 0,05 h. Liegen mehrere Flansche ineinander und
2 Flansche = 0,85, 3 Flansche = 0,75,

D + d	Schnitt-länge	Schnittgeschwindigkeit m/min						
		0,38	0,355	0,33	0,31	0,285	0,265	0,25
		Blechdicke mm						
mm	m	6	8	10	12	16	20	25
220	0,70	0,12	0,13	0,14	0,15	0,16	0,17	0,185
270	0,85	0,13	0,14	0,15	0,16	0,17	0,185	0,20
310	1,00	0,14	0,15	0,16	0,17	0,185	0,195	0,21
350	1,10	0,15	0,16	0,17	0,18	0,20	0,21	0,225
395	1,25	0,16	0,17	0,185	0,20	0,215	0,23	0,24
440	1,40	0,17	0,18	0,20	0,21	0,23	0,245	0,26
495	1,55	0,18	0,19	0,21	0,22	0,24	0,26	0,275
525	1,65	0,19	0,20	0,22	0,23	0,25	0,27	0,29
575	1,85	0,20	0,215	0,24	0,26	0,28	0,30	0,32
630	2,00	0,21	0,23	0,25	0,27	0,29	0,31	0,33
700	2,20	0,22	0,24	0,26	0,28	0,30	0,32	0,34
740	2,35	0,235	0,25	0,27	0,29	0,31	0,33	0,35
815	2,55	0,25	0,265	0,285	0,30	0,33	0,35	0,37
870	2,75	0,26	0,28	0,30	0,32	0,35	0,37	0,39
930	2,95	0,27	0,29	0,315	0,335	0,36	0,39	0,41
980	3,10	0,285	0,305	0,33	0,35	0,38	0,41	0,43
1025	3,25	0,30	0,32	0,34	0,365	0,40	0,43	0,46
1070	3,40	0,31	0,33	0,35	0,38	0,41	0,44	0,47
1145	3,60	0,325	0,35	0,37	0,40	0,43	0,46	0,49
1220	3,85	0,34	0,37	0,40	0,42	0,46	0,49	0,52
1300	4,10	0,36	0,39	0,42	0,44	0,48	0,51	0,55
1370	4,35	0,38	0,41	0,44	0,47	0,51	0,55	0,58
1440	4,55	0,40	0,43	0,47	0,50	0,54	0,58	0,61
1490	4,70	0,42	0,45	0,48	0,51	0,56	0,60	0,64
1530	4,85	0,435	0,47	0,50	0,53	0,58	0,62	0,66
1590	5,00	0,45	0,49	0,52	0,56	0,60	0,64	0,69
1695	5,35	0,48	0,51	0,56	0,59	0,64	0,69	0,73
1745	5,50	0,50	0,53	0,57	0,61	0,66	0,71	0,75
1825	5,75	0,52	0,55	0,60	0,64	0,70	0,75	0,79
1890	6,00	0,54	0,58	0,62	0,67	0,72	0,77	0,82
2015	6,35	0,57	0,61	0,66	0,70	0,77	0,82	0,84
2150	6,80	0,61	0,66	0,71	0,75	0,82	0,88	0,93
2320	7,25	0,65	0,70	0,75	0,80	0,87	0,94	1,00
2415	7,60	0,69	0,73	0,79	0,84	0,92	0,98	1,04
2575	8,10	0,73	0,78	0,84	0,89	0,97	1,04	1,10
2685	8,45	0,76	0,82	0,88	0,94	1,01	1,09	1,16
2775	8,70	0,78	0,84	0,90	0,96	1,05	1,12	1,19
2865	9,00	0,81	0,87	0,94	1,00	1,08	1,16	1,23
2975	9,35	0,84	0,90	0,97	1,02	1,12	1,20	1,28

an Brennschneidmaschine

bedürfen jeweils nur eines Schnittes, sind folgende Faktoren zu verwenden:
4 Flansche = 0,65

Schnittgeschwindigkeit m/min								Schnitt-länge	$D + d$
0,24	0,235	0,225	0,215	0,20	0,185	0,16	0,15		
Blechdicke mm									
28	30	35	40	50	60	80	100	m	mm
0,19	0,20	0,21	–	–	–	–	–	0,70	220
0,205	0,21	0,22	0,23	0,25	–	–	–	0,85	270
0,22	0,225	0,235	0,245	0,265	0,28	–	–	1,00	310
0,235	0,24	0,25	0,26	0,28	0,30	–	–	1,10	350
0,25	0,26	0,27	0,28	0,30	0,33	–	–	1,25	395
0,27	0,28	0,29	0,31	0,32	0,35	0,41	0,44	1,40	440
0,285	0,295	0,31	0,32	0,34	0,37	0,43	0,46	1,55	495
0,30	0,31	0,32	0,34	0,36	0,39	0,46	0,49	1,65	525
0,32	0,34	0,36	0,37	0,40	0,43	0,50	0,54	1,85	575
0,34	0,36	0,37	0,39	0,42	0,45	0,53	0,56	2,00	630
0,355	0,37	0,38	0,40	0,43	0,46	0,54	0,57	2,20	700
0,37	0,38	0,39	0,41	0,44	0,48	0,55	0,59	2,35	740
0,39	0,40	0,42	0,44	0,47	0,51	0,59	0,63	2,55	815
0,41	0,42	0,44	0,46	0,50	0,53	0,62	0,66	2,75	870
0,43	0,44	0,46	0,48	0,52	0,56	0,65	0,69	2,95	930
0,45	0,465	0,48	0,51	0,55	0,59	0,68	0,73	3,10	980
0,47	0,485	0,50	0,53	0,57	0,61	0,71	0,75	3,25	1025
0,49	0,50	0,52	0,55	0,59	0,63	0,73	0,78	3,40	1070
0,51	0,52	0,55	0,57	0,62	0,66	0,77	0,82	3,60	1145
0,54	0,56	0,58	0,60	0,65	0,70	0,81	0,87	3,85	1220
0,57	0,59	0,61	0,64	0,68	0,74	0,86	0,91	4,10	1300
0,61	0,62	0,65	0,68	0,73	0,80	0,91	0,98	4,35	1370
0,64	0,65	0,68	0,71	0,76	0,83	0,96	1,02	4,55	1440
0,67	0,68	0,71	0,74	0,80	0,87	1,00	1,07	4,70	1490
0,69	0,70	0,74	0,77	0,82	0,90	1,03	1,10	4,85	1530
0,72	0,74	0,77	0,80	0,85	0,93	1,06	1,15	5,00	1590
0,76	0,78	0,82	0,85	0,92	1,00	1,14	1,22	5,35	1695
0,78	0,80	0,84	0,88	0,94	1,02	1,18	1,25	5,50	1745
0,82	0,84	0,88	0,91	0,98	1,07	1,23	1,31	5,75	1825
0,85	0,88	0,91	0,96	1,02	1,10	1,28	1,37	6,00	1890
0,91	0,93	0,96	1,01	1,10	1,18	1,36	1,45	6,35	2015
0,97	0,99	1,03	1,08	1,16	1,26	1,45	1,55	6,80	2150
1,04	1,06	1,12	1,15	1,24	1,34	1,55	1,65	7,25	2320
1,08	1,11	1,16	1,21	1,30	1,40	1,62	1,73	7,60	2415
1,15	1,18	1,24	1,29	1,38	1,50	1,73	1,84	8,10	2575
1,20	1,23	1,29	1,35	1,44	1,57	1,82	1,93	8,45	2685
1,24	1,26	1,32	1,39	1,49	1,62	1,86	1,98	8,70	2775
1,28	1,31	1,37	1,43	1,54	1,66	1,92	2,05	9,00	2865
1,33	1,37	1,42	1,50	1,60	1,72	2,00	2,15	9,35	2975

Tabelle 12. *Brennen von Blindflanschen*

Rüstzeit je Auftrag einmalig 0,05 h. Schwierige unregelmäßige Stücke (Lager-
mit ≈ 50% Zuschlag

Flansch ⌀	Schnitt-länge	Schnittgeschwindigkeit m/min						
		0,38	0,355	0,33	0,31	0,285	0,265	0,25
		Blechdicke mm						
mm	m	6	8	10	12	16	20	25
100	0,32	0,065	0,07	0,075	0,08	0,085	0,095	0,10
125	0,40	0,07	0,075	0,08	0,085	0,09	0,10	0,105
140	0,44	0,075	0,08	0,085	0,09	0,10	0,11	0,115
160	0,51	0,08	0,085	0,095	0,10	0,11	0,115	0,125
190	0,60	0,085	0,095	0,10	0,11	0,115	0,12	0,13
210	0,67	0,09	0,10	0,11	0,115	0,12	0,13	0,14
240	0,76	0,10	0,11	0,115	0,12	0,13	0,14	0,15
265	0,84	0,11	0,12	0,12	0,125	0,14	0,15	0,16
320	1,01	0,12	0,13	0,135	0,145	0,16	0,17	0,18
375	1,18	0,13	0,14	0,15	0,16	0,175	0,19	0,20
405	1,28	0,14	0,15	0,16	0,17	0,19	0,20	0,21
440	1,40	0,15	0,16	0,175	0,19	0,20	0,22	0,23
490	1,55	0,16	0,17	0,185	0,20	0,21	0,23	0,24
540	1,70	0,17	0,18	0,20	0,21	0,23	0,25	0,26
590	1,86	0,19	0,20	0,21	0,22	0,24	0,26	0,28
645	2,05	0,20	0,22	0,235	0,25	0,27	0,29	0,31
715	2,25	0,22	0,24	0,255	0,27	0,30	0,32	0,34
755	2,40	0,24	0,26	0,275	0,29	0,32	0,34	0,36
860	2,70	0,27	0,29	0,315	0,33	0,36	0,39	0,42
910	2,87	0,29	0,31	0,335	0,35	0,38	0,42	0,44
975	3,10	0,32	0,34	0,37	0,39	0,42	0,46	0,49
1075	3,40	0,35	0,37	0,40	0,43	0,47	0,50	0,53
1175	3,70	0,38	0,41	0,44	0,47	0,51	0,55	0,58
1255	3,95	0,42	0,44	0,47	0,51	0,55	0,59	0,63
1360	4,30	0,46	0,49	0,52	0,56	0,61	0,65	0,69
1450	4,60	0,49	0,52	0,56	0,60	0,65	0,70	0,74
1550	4,90	0,53	0,57	0,61	0,64	0,70	0,75	0,80
1650	5,20	0,57	0,61	0,65	0,69	0,75	0,81	0,86
1850	5,85	0,66	0,69	0,74	0,79	0,86	0,92	0,98
2000	6,30	0,70	0,75	0,81	0,86	0,94	1,00	1,07

und Ronden an Brennschneidmaschine

stücke-Getriebekästen) können entsprechend der Schnittlänge und Blechdicke gerechnet werden

Schnittgeschwindigkeit m/min								Schnitt-länge	Flansch ø
0,24	0,235	0,225	0,215	0,20	0,185	0,16	0,15		
Blechdicke mm									
28	30	35	40	50	60	80	100	m	mm
0,10	0,105	0,11	–	–	–	–	–	0,32	100
0,11	0,115	0,12	0,125	–	–	–	–	0,40	125
0,12	0,12	0,125	0,13	0,14	–	–	–	0,44	140
0,13	0,13	0,135	0,14	0,15	0,17	–	–	0,51	160
0,135	0,14	0,145	0,15	0,16	0,18	0,20	–	0,60	190
0,145	0,15	0,155	0,16	0,17	0,19	0,22	0,23	0,67	210
0,155	0,16	0,165	0,17	0,18	0,20	0,23	0,25	0,76	240
0,16	0,17	0,175	0,18	0,19	0,21	0,24	0,27	0,84	265
0,19	0,19	0,20	0,21	0,225	0,24	0,28	0,30	1,01	320
0,21	0,215	0,225	0,235	0,25	0,27	0,32	0,34	1,18	375
0,22	0,23	0,24	0,25	0,27	0,29	0,34	0,36	1,28	405
0,24	0,245	0,255	0,265	0,285	0,31	0,36	0,38	1,40	440
0,25	0,26	0,27	0,285	0,30	0,33	0,38	0,41	1,55	490
0,27	0,28	0,29	0,31	0,33	0,36	0,41	0,44	1,70	540
0,29	0,30	0,31	0,33	0,35	0,38	0,43	0,47	1,86	590
0,32	0,33	0,34	0,36	0,39	0,42	0,48	0,52	2,05	645
0,35	0,36	0,37	0,39	0,42	0,46	0,53	0,57	2,25	715
0,37	0,38	0,40	0,42	0,45	0,49	0,56	0,60	2,40	755
0,43	0,44	0,46	0,48	0,52	0,56	0,65	0,70	2,70	860
0,46	0,47	0,49	0,52	0,55	0,60	0,69	0,73	2,87	910
0,51	0,52	0,54	0,56	0,61	0,66	0,76	0,80	3,10	975
0,56	0,57	0,59	0,62	0,67	0,72	0,83	0,88	3,40	1075
0,61	0,62	0,65	0,68	0,73	0,79	0,91	0,97	3,70	1175
0,66	0,67	0,70	0,73	0,78	0,85	0,98	1,05	3,95	1255
0,72	0,74	0,77	0,80	0,86	0,94	1,08	1,15	4,30	1360
0,77	0,80	0,83	0,87	0,93	1,00	1,16	1,25	4,60	1450
0,83	0,85	0,89	0,93	0,98	1,08	1,25	1,33	4,90	1550
0,90	0,92	0,95	1,00	1,07	1,15	1,32	1,43	5,20	1650
1,02	1,04	1,08	1,14	1,22	1,30	1,50	1,65	5,85	1850
1,12	1,15	1,20	1,25	1,33	1,45	1,65	1,75	6,30	2000

2*

II. Brennschneiden

Bezeichnung		80···120	140···180	220···260	280···320	340···360
 (Profil C)	A	0,05	0,06	0,08	0,10	0,12
	B	0,07	0,08	0,10	0,125	0,15
 (Profil C)	A	0,08	0,10	0,12	0,14	0,16
	B	0,10	0,125	0,15	0,175	0,20
 (Profil C)	A	0,10	0,125	0,14	0,16	0,18
	B	0,125	0,15	0,175	0,20	0,225
 (Profil C)	A	0,06	0,08	0,10	0,12	0,14
	B	0,08	0,10	0,125	0,15	0,175
 (Profil I)	A	0,06	0,075	0,09	0,11	0,13
	B	0,08	0,10	0,12	0,14	0,16
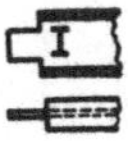 (Profil I)	A	0,10	0,12	0,14	0,16	0,18
	B	0,12	0,15	0,175	0,20	0,225
 (Profil I)	A	0,12	0,14	0,16	0,18	0,20
	B	0,15	0,175	0,20	0,225	0,25
 (Profil I)	A	0,08	0,10	0,12	0,14	0,16
	B	0,10	0,125	0,15	0,175	0,20
 (Profil IPB)	A	0,08	0,10	0,125	0,15	0,175
	B	0,10	0,125	0,15	0,18	0,21
 (Profil IPB)	A	0,12	0,14	0,16	0,18	0,20
	B	0,15	0,175	0,20	0,225	0,25
 (Profil IPB)	A	0,14	0,16	0,18	0,20	0,225
	B	0,17	0,19	0,21	0,24	0,27
 (Profil IPB)	A	0,10	0,125	0,15	0,175	0,20
	B	0,125	0,15	0,18	0,21	0,24

A: bis 5000 mm Länge; *B*: über 5000 mm Länge. 2 Köpfe an einem Profil = Fak-
konstruktionen, d.h. zusätzliches Bren-

Profilstähle von Hand autogen

Kopf oder Ausklinkung

380···400		450		500	550	600	800	1000
0,14		–		–	–	–	–	–
0,175		–		–	–	–	–	–
0,18		–		–	–	–	–	–
0,225		–		–	–	–	–	–
0,20		–		–	–	–	–	–
0,25		–		–	–	–	–	–
0,16		–		–	–	–	–	–
0,20		–		–	–	–	–	–
0,15		0,20		0,25	–	–	–	–
0,19		0,25		0,30	–	–	–	–
0,20		0,25		0,30	–	–	–	–
0,25		0,30		0,35	–	–	–	–
0,225		0,275		0,325	–	–	–	–
0,275		0,325		0,375	–	–	–	–
0,18		0,225		0,275	–	–	–	–
0,225		0,275		0,325	–	–	–	–
0,20		0,25		0,30	0,325	0,35	0,40	0,50
0,24		0,30		0,35	0,375	0,40	–	–
0,225		0,28		0,34	0,37	0,40	0,45	0,60
0,275		0,33		0,39	0,42	0,45	–	–
0,25		0,31		0,37	0,40	0,425	0,50	0,65
0,30		0,36		0,42	0,45	0,475	–	–
0,225		0,275		0,325	0,35	0,375	0,45	0,55
0,27		0,325		0,375	0,40	0,425	–	–

tor 1,50; sperrige gewalzte Stücke: *A*: Faktor 1,15; *B*: Faktor 1,25. Für Schweiß-
nen von Schweißkanten = Faktor 1,50.

Tabelle 14. *Brennen von Rohren und Rohrstutzen von Hand.* Material $\sigma_B < 60\ \mathrm{kg/mm^2}$

Richtwerte NW mm	≈ S mm	Rundschnitt	Stutzenrohre zum Rohrdurchmesser	Stutzenrohre	Stutzenrohre 0°	Ausschnitt	Gehrungsschnitte 45°	Gehrungsschnitte 90°	Gehrungsschnitte 135°	Betr. Zuschläge
15	2	0,03	<150	0,035	<20° = Faktor 7,5 <30° = Faktor 5,0 <45° = Faktor 2,0 <75° = Faktor 1,5	= Faktor 1,3 der Zeit für das dazugehörende Stutzenrohr	0,07	0,04	0,035	Zeiten gelten je Kopf oder Schnitt und bei Längen <4000 mm – für 2 Köpfe oder 2 Schnitte am Stück = Faktor 1,5 – Längen > 4000 mm = Faktor 1,15, für zusätzliche Schweißfase (≈ >6 mm) = Faktor 1,6 – sperrige, gewalzte Stücke = Faktor 1,2 – Schmirgeln (bei legierten Stählen) = Zeiten wie Brennen
			200···300							
			>400							
20	2	0,03	<125	0,035			0,07	0,04	0,035	
			150···300							
			>400							
25	2	0,04	<100	0,045			0,075	0,055	0,045	
			125···300							
			>400							
32	2	0,04	<100	0,045			0,075	0,055	0,045	
			125···300							
			>400							
40	2,5	0,05	<100	0,06			0,095	0,065	0,055	
			125···300							
			>400							
50	2,5	0,05	<100	0,06			0,095	0,065	0,055	
			125···300	0,055						
			>400							
70	3	0,06	<150	0,07			0,11	0,075	0,065	
			200···300	0,065						
			>400							
80	3	0,06	<150	0,07			0,11	0,075	0,065	
			200···300	0,065						
			>400							
100	4	0,07	<150	0,08			0,13	0,085	0,075	
			200···300	0,075						
			>400							
125	4	0,08	<200	0,095			0,15	0,10	0,085	
			250···300	0,09						
			>400	0,085						
150	5	0,09	<200	0,11			0,17	0,11	0,095	
			250···300	0,105						
			>400	0,10						
200	6	0,11	<250	0,135			0,21	0,135	0,12	
			300	0,13						
			>400	0,125						
250	7	0,13	300	0,16			0,24	0,16	0,14	
			400	0,15						
			500	0,14						
300	8	0,15	400	0,18			0,28	0,185	0,16	
			500	0,17						
400	9,5	0,20	500	0,23			0,37	0,25	0,22	
500	11,5	0,25					0,45	0,32	0,27	

Tabelle 15. *Wanderbrennen. Brennen von Mann- und Stutzenlöcher-Ausschnitten*

Tabellenwerte gelten für das Brennen an Tanks oder Behälter (Wanderbrenner) und schließen t_r und t_v ein. Für das Brennen am Platz sowie Sonderstellungen siehe Faktoren

	NW mm	Blechdicke mm			
		< 12	< 25	< 40	> 40
Stutzen-ausschnitte	<65	0,06	0,08	0,10	0,125
	70···125	0,10	0,125	0,15	0,20
	150···175	0,15	0,20	0,225	0,285
	200···250	0,20	0,25	0,30	0,35
	300···350	0,25	0,30	0,40	0,45
	400···450	0,30	0,35	0,45	0,55
	500	0,35	0,40	0,50	0,65
	600	0,40	0,45	0,60	0,75
	700	0,45	0,55	0,70	0,85
	800	0,50	0,65	0,80	1,00
	1000	0,60	0,75	0,95	1,20
	1200	0,75	0,90	1,15	1,50
Mannlöcher	300···400	0,25	0,30	0,40	0,50
	400···500	0,30	0,40	0,50	0,60

Bemerkung: Einmalige Rüstzeit je Auftrag (nur bei Wanderbrennen 0,25 h.
Schrägstutzen usw.   Faktor 1,30.
In Krempe (Auslaufstutzen od. ä.) Faktor 1,50.
Werden Ausschnitte am Platz des Brenners gleichzeitig mit evtl. übrigen Schnitten gebrannt, so ist der Faktor 0,75 anzuwenden.

III. Scheren- und Sägeschnitte, Lochen

Der wohl einfachste und billigste mechanische Trennungsvorgang ist der Scherenschnitt.

Die eigentliche Schnittzeit, also die Hauptzeit, fällt gegenüber den Nebenzeiten kaum ins Gewicht. Die Vorgabezeit richtet sich vielmehr ausschließlich, und insbesondere bei von Hand zu bewegenden Blechen, nach der Größe und dem Gewicht der Werkstücke. Aus diesem Grunde steigen auch die Werte aller Tabellen mit der Größe und Dicke bei Blechen und der Profilgröße und der Länge bei Formstählen.

Scherenschnitte sind, einwandfreie und gute Schermesser vorausgesetzt, sauber und fast gratfrei und erfordern nur selten Verputzarbeit. Meist genügt schon einfaches Entgraten oder Abziehen mit der Feile.

Wegen der Gefahr der Rißbildung, feinste, oft kaum erkennbare Haarrisse, sind härtere Stähle ab etwa 50 kg/mm² möglichst nicht mehr zu scheren. Für hochwertige Bleche in Verbindung mit hochwertigen Schweißungen ist das Hobeln oder auch u.U. das Brennen vorzuziehen.

Edelstahlbleche, deren Dehnungswerte z.T. über denjenigen normaler Baubleche liegen, können dabei, trotz ihrer allgemein höheren Festigkeit, mechanisch ebenso geschert werden wie Stahl.

Allgemein sind sie aber wegen der Gefahr der Kontaktkorrosion vor Ablagerung und Haftung von Rost und artfremden Schmutzteilen zu schützen.

Beim Scheren plattierter Bleche legt man die Plattierung nach oben, so daß der Grat unten, also an die Stahlseite kommt.

Bei beiderseitiger Plattierung legt man die weichere Plattierung nach oben.

Ein- wie beidseitige Auf- und Unterlagen aus Filz, Gummi oder Pappe sind nicht nur geeignet Edelstahl wie auch ein- und beidseitig plattierte Bleche vor Rost und Schmutz zu schützen, sondern sie mildern auch weitgehend die Gratbildung.

Die Werte der **Tab. 16** für die Tafelschere gelten für 2 Mann und 4 Schnittseiten. Üblich ist an der Tafelschere das Anreißen der Bleche nach Schablonen. Bei exakter Zusammenarbeit der beiden Arbeiter wird bei Blechen, die noch von einem Mann zu bewegen sind (Knotenbleche usw.), einer immer scheren, während der Partner überreißt. Daher erklären sich auch die relativ niederen und damit wirtschaftlichen Zeiten insbesondere bei handlichen Blechen.

Bei nur 1 bis 3 oder 5 und mehr Schnitten sowie beim Schneiden nach Anschlag, sind die Faktoren zu berücksichtigen.

Die Tabellenwerte schließen alle Nebenzeiten, auch die des Abräumens der Blechabfälle hinter der Schere ein.

Bei der Rollschere, **Tab. 17** findet der Trennschnitt durch Kreismesser statt. Dieser Vorgang dauert an sich schon länger als ein gleich langer Schnitt an der Tafelschere. Hinzu kommt der Rücklauf des Messers.

Der unerwünschten Schuppen- und Rißbildung an den Schnittkanten begegnet man hier dergestalt, daß man hinter das Scherkreismesser einen Hobelstahl spannt und kontinuierlich mitlaufen läßt, der die rißgefährdete Oberschicht der Schnittkanten glatt hobelt.

Es gibt sogar Abnahmegesellschaften, die gescherte Bleche, die nicht solcher Art nachbehandelt sind, ablehnen.

Die Rollschere eignet sich am besten für das Umsäumen nicht zu kleiner Bleche. Hinter die Schere abfallende, d.h. abgetrennte Blechstreifen, sind je nach ihrer Breite wegen ihrer Verdrehung meist ohne vorheriges Richten nicht zu gebrauchen. Schmale Abfallstreifen rollen sich ringförmig auf. Bei größeren Abfallbreiten ist es ratsam, einen Vorschnitt einzulegen, so daß man für den Maßschnitt nur noch etwa 1,5 bis 2 S, höchstens aber 30 mm behält. Die Bleche haben durch die Eigenart der Schnitttechnik bei großen abzuschneidenden Breiten das Bestreben, seitlich auszuweichen und damit die Schnittgenauigkeit und Maßhaltigkeit zu gefährden.

Da Bleche im allgemeinen merklich größer als ihre gewünschten Fertigmaße sind, ist in den Werten der Tabelle für je eine Lang- und eine Kopfseite je ein Vorschnitt einkalkuliert. Bei zu großen Blechen sollte der Vorzeichner den Aufriß sofort so legen, daß Vorschnitte nur an 2 Seiten anfallen.

Für fast maßhaltige Bleche oder diverse Schnitte sind die Faktoren zu beachten.

Die Berücksichtigung der Blechdicke wurde hier, da nicht so sehr ins Gewicht fallend, bewußt vernachlässigt.

Tab. 18 (S. 30 u. 31) bringt die Werte für das Trennen von Formstählen an der Kaltkreissäge.

Der zeitliche Gewinn gegenüber dem Brennschnitt ist hier natürlich ganz erheblich. Außerdem sind die Schnitte kerb- und rißfrei und bedürfen kaum nennenswerter Verputzarbeit.

In der Tabelle vereinigen sich etwa gleich große Querschnitte der verschiedensten Profile unter einem Zeitwert.

Die Werte gelten für Längen bis 2500 mm.

Zuschläge für größere Längen sowie der Faktor für Gehrungsschnitte sind zu beachten.

Die mechanische Bügelsäge ist eine Werkzeugmaschine, die in keinem noch so kleinem Betriebe fehlt. Sie ist vielseitig, beansprucht wenig Raum und kann meist überall ohne weitere Umstände eingesetzt und benutzt werden.

Die Werte der **Tab. 19** gelten für Flach-, Vierkant- und Rundstahl, also Vollmaterialien, und entsprechen in ihrer Größenordnung den steigenden Materialquerschnitten.

Der Schwierigkeitsgrad beim Sägen von Profilen, Formeisen und Rohren ist durch den Faktor gekennzeichnet, der unbedingt zu beachten ist.

Für diverse Sägeschnitte, also Trennschnitte, die mit den üblichen Werkzeugen oder Werkzeugmaschinen kaum oder schlecht auszuführen sind, ist die Tischbandsäge oft das gegebene Hilfsmittel.

Die Möglichkeiten sind natürlich begrenzt und die Schnitte relativ sehr viel teurer als jedes andere Trennverfahren ähnlichen Charakters.

Man wird aber in besonders gelagerten Fällen und gerade wegen ihrer Eigenart, sich von Fall zu Fall der Bandsäge bedienen müssen.

Die Werte der **Tab.** 20 beziehen sich, unter Berücksichtigung der Blechdicke wie auch der Werkstückgröße, auf einen laufenden Meter gerader Außenschnitt.

Zu berücksichtigen sind die Rüstzeiten, ebenso die Zuschläge für „Innen-" oder „Formschnitte" sowie die für andere Werkstoffgüten oder -arten.

Beim Scheren an der Profilschere ist es beim eigentlichen Scher-vorgang praktisch gleich, ob ein Werkstück mit einem kleinen oder einem großen Querschnitt geschnitten wird. Deshalb ist hier bei der Festlegung der Vorgabezeiten nur das Werkstückgewicht in Verbindung mit seiner Länge maßgebend.

Die heutigen automatischen Profilstahlscheren sind in ihrer Viel-seitigkeit kaum zu übertreffen und schneiden Querschnitte bis etwa 7000 mm² bei Stahl bis 45 kg/mm² Festigkeit.

Beim Gebrauch der **Tab.** 21 hat der Kalkulator lediglich das Gewicht des zu schneidenden Profils festzustellen und entsprechend seiner Länge der Tabelle den Zeitwert zu entnehmen.

Das Lochen hat, vor allem im Stahlhochbau, sehr an Bedeutung verloren. Die z.T. ungeheure Materialbeanspruchung und die damit verbundenen Materialschäden in den Randzonen des gestanzten Loches lassen dieses Verfahren für hoch beanspruchte Bauteile heute als nicht mehr geeignet erscheinen. Das schließt natürlich seine gelegentliche Anwendung für Bauelemente ohne oder niederer Beanspruchung nicht aus.

Die Werte der **Tab.** 22 gelten für das Stanzen von je 100 Loch bis 30 mm ∅ in Profilstahl. Für das Stanzen in Bleche sowie für größere Lochdurchmesser gelten die angegebenen Faktoren.

Für die Höhe der Vorgabezeit ist der eigentliche Stanzvorgang bedeutungslos, vielmehr richtet sich diese nach dem Werkstückgewicht in Verbindung mit der Lochzahl je Werkstück als Maßstab für die Anzahl der Werkstücke, welche die 100 Loch umschließen und damit bewegt werden müssen.

Daraus erklärt sich auch der Aufbau und die Steigerung der Tabelle.

Tabelle 17. *Schneiden von Blechen an Rollschere*

Stemm- oder Schweißkante bis 6000 bzw. 10000 mm Länge und Blechdicke $<$16 mm

Zeiten in h gelten für 2 Mann

Eingerechnet ist für je eine Kopf- und Langseite je ein Vorschnitt – evtl. Anrisse sowie Abfälle hinter Maschine entfernen

Messer wechseln (Ein- und Ausbau) 0,40 h

Blechbreite mm	Blechlänge mm													
	500	1000	1500	2000	2500	3000	3500	4000	4500	5000	6000	7000	8000	10000
500	0,25	0,30	0,35	0,40	0,45	0,50	0,55	0,60	0,65	0,75	0,90	1,05	1,30	1,70
1000	–	0,35	0,40	0,40	0,45	0,50	0,60	0,65	0,70	0,80	1,00	1,15	1,40	1,80
1500	–	–	0,40	0,45	0,50	0,55	0,60	0,65	0,75	0,85	1,10	1,20	1,45	1,95
2000	–	–	–	0,50	0,55	0,60	0,65	0,70	0,75	0,90	1,15	1,25	1,50	2,10
2500	–	–	–	–	0,60	0,60	0,65	0,70	0,80	0,95	1,15	1,30	1,60	2,25
3000	–	–	–	–	–	0,65	0,70	0,75	0,85	1,00	1,20	1,40	1,70	2,40

Rüstzeit je Auftrag

0,10 | 0,15

Bei Blechen, an denen allseitig keine höhere Schnittzugabe als 30 mm bekannt ist, folgende Faktoren verwenden

0,8 | 0,85 | 0,9

Bei Scheren $<$6000 Schnittlänge wird für Bleche über 6000 mm Seitenlänge der Faktor 1,25 angewandt

Bei Blechen mit ausgesprochenen Schrägschnitten (unsymmetrische Bleche) größte Länge $\times$ Breite = Faktor 1,50.

Bei diversen Schnitten sind folgende Faktoren zu verwenden:

I. 1 Kopfseite 0,35

II. 2 Kopfseiten 0,45

III. 1 Langseite 0,50

IV. 1 Lang- u. 1 Kopfseite . . . 0,70

V. 2 Langseiten 0,75

VI. 2 Kopf- u. 1 Langseite . . . 0,80

VII. 1 Kopf- u. 2 Langseiten . . 0,90

III. Scheren- und Sägeschnitte, Lochen

Tabelle 16. *Schneiden von Blechen an Tafelschere.* Zeiten in h gelten für 2 Mann einschl. Anreißen und Abfälle Entfernen

Blechgröße mm	Dicke mm	200	400	600	800	1000	1200	1400	1600	1800	2000	2500	3000
250	3	0,03	0,035	0,04	0,045	0,05	0,055	0,06	0,065	0,07	0,075	0,08	0,09
	4…6	0,045	0,05	0,055	0,06	0,065	0,07	0,075	0,08	0,09	0,10	0,11	0,12
	8…10	0,06	0,065	0,07	0,08	0,09	0,10	0,11	0,12	0,13	0,14	0,15	0,16
	>12	0,07	0,08	0,09	0,10	0,11	0,12	0,13	0,14	0,15	0,165	0,18	0,20
500	3	0,035	0,04	0,045	0,05	0,055	0,06	0,07	0,08	0,09	0,10	0,11	0,12
	4…6	0,05	0,06	0,07	0,08	0,09	0,10	0,11	0,12	0,13	0,14	0,16	0,18
	8…10	0,065	0,08	0,095	0,11	0,125	0,14	0,15	0,16	0,17	0,18	0,20	0,26
	>12	0,08	0,095	0,11	0,125	0,14	0,155	0,17	0,185	0,20	0,22	0,24	0,26
750	3	0,04	0,045	0,05	0,055	0,065	0,08	0,09	0,10	0,11	0,12	0,14	0,16
	4…6	0,055	0,07	0,08	0,09	0,105	0,12	0,135	0,15	0,165	0,18	0,20	0,23
	8…10	0,07	0,095	0,115	0,135	0,15	0,16	0,17	0,20	0,22	0,24	0,27	0,30
	>12	0,09	0,11	0,13	0,15	0,17	0,18	0,19	0,20	0,22	0,24	0,27	0,30
1000	3	0,045	0,05	0,055	0,07	0,085	0,10	0,11	0,12	0,13	0,14	0,17	0,20
	4…6	0,06	0,08	0,09	0,11	0,13	0,15	0,17	0,185	0,20	0,22	0,32	0,36
	8…10	0,08	0,11	0,13	0,15	0,16	0,20	0,22	0,24	0,26	0,29	0,32	0,36
	>12	0,10	0,125	0,15	0,175	0,20	0,20	0,22	0,24	0,26	0,29	0,32	0,36
1250	3	0,05	0,06	0,07	0,085	0,10	0,11	0,12	0,135	0,15	0,17	0,20	0,40
	4…6	0,065	0,095	0,11	0,13	0,15	0,17	0,19	0,21	0,23	0,25	0,36	0,40
	8…10	0,09	0,125	0,15	0,165	0,21	0,225	0,25	0,275	0,30	0,33	0,36	0,40
	>12	0,11	0,14	0,17	0,20	0,21	0,225	0,25	0,275	0,30	0,33	0,36	0,40

Blechgröße mm	Dicke mm	200	400	600	800	1000	1200	1400	1600	1800	2000	2500	3000
1500	3	0,06	0,07	0,085	0,10	0,115	0,13	0,145	0,16	0,18	0,20	0,23	
	4···6	0,075	0,10	0,125	0,15	0,18	0,20	0,22	0,24	0,26			0,43
	8···10	0,105	0,14	0,16	0,20	0,23	0,25	0,285	0,32	0,34	0,36	0,39	
	>12	0,125	0,16	0,19									
1750	3	–	0,08	0,095	0,11	0,125	0,14	0,16	0,18	0,21	0,23		
	4···6	–	0,11	0,14	0,17	0,20	0,22	0,24	0,26			0,42	0,46
	8···10	–	0,15	0,18	0,23	0,26	0,29	0,32	0,34	0,36	0,39		
	>12	–	0,175	0,21									
2000	3	–	–	0,11	0,13	–	0,165	0,19	0,21	0,23	0,25	–	–
	4···6	–	–	0,16	0,19	–	0,245	0,35	0,38	0,40	0,43	–	–
	8···10	–	–	0,19	0,25	–	0,32						
	>12	–	–	0,23									
2500	3	–	–	0,125	0,15	–	0,19	0,21					
	4···6	–	–	0,19	0,22	–	0,35	0,38	0,40	0,43	0,46	0,50	
	>8	–	–	0,26	0,30	–							
3000	3	–	–	0,14	0,17								
	4···6	–	–	0,20	0,25	–	0,38	0,41	0,44	0,47	0,50	0,55	0,60
	>8	–	–	0,28	0,32								

Faktoren: Bei 1 Schnitt   = 0,4   Faktoren: Bei 3 Schnitten = 0,8   Faktoren: Bei 6 Schnitten = 1,50

Faktoren: Bei 2 Schnitten = 0,6   Faktoren: Bei 5 Schnitten = 1,25   Faktoren: Bei 8 Schnitten = 1,85

t_r einmalig je Auftrag 0,10 h. Beim Schneiden nach Anschlag: Einstellen 0,10 h. Schneiden = Faktor 0,5.

Schneiden ohne Anreißen, jedoch ohne Anschlag = Faktor 0,8.

Tabelle 18. *Schneiden an Kaltkreissäge*

Zeiten in h/Schnitt einschl. aller Nebenzeiten (Auf- und Ablegen)

Richtwert F cm²	Profil und Größe < 2500 mm lg.								h je Schnitt	Zuschlag für jeden weiteren Meter
	I	I	[	⊥	L	▬	◼	⬤		
7	–	–	40	45	50 · 5	40 · 20 50 · 13	25	30	0,025	25%
18	–	120	120	80	75 · 14 80 · 12 90 · 9	60 · 30 100 · 20	45	50	0,04	
30	100	180	180	100	80 · 20 90 · 18 100 · 16 120 · 13	80 · 40 100 · 25 120 · 30 160 · 20	60	70	0,05	
45	140	220	240	140	90 · 26 100 · 32 180 · 18 130 · 16	100 · 50 120 · 50	80	80	0,06	20%
60	160	280	280	160	120 · 26 130 · 23 140 · 20 150 · 18 160 · 15	120 · 60 140 · 50 160 · 40	90	100	0,07	

75	180	300	320	180	130 · 30 140 · 30 150 · 26 160 · 24 180 · 20	140 · 60 160 · 50	100	110	0,08	15%
90	200	340	350	–	150 · 30 160 · 30 180 · 23 200 · 20	160 · 60 180 · 50	110	120	0,09	15%
105	220	360	400	–	180 · 26 200 · 24	160 · 80 180 · 60	120	130	0,10	10%
120	260	400	–	–	180 · 30 200 · 30	160 · 100 180 · 80 200 · 80	130	140	0,12	10%
150	300	450	–	–	–	200 · 100	140	160	0,15	10%
185	340	500	–	–	–	–	160	180	0,20	10%
220	450	–	–	–	–	–	170	190	0,25	10%
275	600	–	–	–	–	–	180	200	0,30	10%
335 (400)	800	–	–	–	–	–	200	–	0,35	10%
400	1000	–	–	–	–	–	–	–	0,40	10%

Bemerkung: Rüstzeit einmalig je Auftrag 0,10 h, zusätzlich je Profil oder Position 0,05 h
Gehrungsschnitte oder sperrige gewalzte Profile = Faktor 1,75.

Tabelle 19. *Schneiden (sägen) an mechanischer Bügelsäge von Flach-, Vierkant- und Rundstahl – Formstahl siehe Faktoren*

Vorgabezeit in h je cm² bei Materialquerschnitt F in cm²								
F cm²	<1	<2	<4	<6	<8	<10	<20	<30	>30
h	0,016	0,012	0,009	0,0075	0,006	0,0055	0,0045	0,004	0,0038

Bemerkung: Bei Profilen – Formeisen – Rohre = Faktor 1,35
Cu .... = Faktor 0,80
Al .... = Faktor 0,65
Edelstahl .... = Faktor 1,50
Rüsten, einmalig .... = 0,10 h
zusätzlich je Position .... = 0,05 h

Tabelle 20. *Sägen an Bandsäge*

Zeiten in h/m *gerader* Sägeschnitt; Material $\sigma_B < 50$ kg mm²

Werkstückgröße		Blechdicke mm											
dm²	m²	<2	3	4	5	6	8	10	12	15	20	25	30
< 5	0,05	0,125	0,18	0,25	0,30	0,35	0,45	0,55	0,65	0,80	1,05	1,30	1,55
< 20	0,20	0,14	0,20							0,85	1,10	1,35	1,60
< 50	0,50	0,16	0,225	0,30	0,35	0,40	0,50	0,60	0,70				
< 75	0,75	0,18								0,90	1,15	1,40	1,65
<100	1,00	0,20	0,25					0,65	0,75				
>100	1,00			0,35	0,40	0,45	0,55			0,95	1,20	1,50	1,75

Bemerkung: Rüstzeit, einmalig:
a) bei Außenschnitten .... 0,10 h
b) bei Innenschnitten .... 0,20 h

Faktoren:
Für Form- und Kurvenschnitte .... = Faktor 1,25

Werkstoff: σ_B 60 kg mm² .... = Faktor 1,25
σ_B 70 kg mm² .... = Faktor 1,50
σ_B 80 kg mm² .... = Faktor 1,75
Messing-Kupfer .... = Faktor 0,80
Aluminium .... = Faktor 0,65

Tabelle 21. *Profilschere*

Zeiten in h je Scherschnitt für I, $[$, L, $\perp$, ▬, ◼, ◓,

Material $\sigma_B < 45$ kg mm²

Werkstücklänge	Werkstückgewicht kg								
	2	5	10	15	20	30	40	50	~
mm	h je Schnitt								
250	0,01	0,012	0,015	0,018	–	–	–	–	–
500	0,012	0,014	0,018	0,021	0,025	0,032	–	–	–
750	0,014	0,017	0,021	0,025	0,03	0,035	0,04	0,05	[1]
1000	0,016	0,02	0,024	0,029	0,035	0,04	0,045	0,055	0,07
1500	0,018	0,023	0,028	0,034	0,04	0,045	0,05	0,06	0,075
2000	0,021	0,026	0,032	0,039	0,045	0,055	0,06	0,07	0,085
3000	0,025	0,03	0,038	0,047	0,055	0,065	0,075	0,085	0,10
4000	0,03	0,035	0,045	0,055	0,065	0,065	0,085	0,095	0,115
5000	–	0,045	0,055	0,065	0,075	0,085	0,095	0,11	0,13
6000	–	0,055	0,065	0,075	0,085	0,095	0,11	0,13	0,15
8000	–	–	0,075	0,085	0,095	0,11	0,125	0,15	0,175
~	–	–	–	0,10	0,11	0,125	0,15	0,175	0,20

Bemerkung: Rüstzeit einmalig je Auftrag 0,10 h,
zusätzlich je Profil oder Position 0,05 h.

[1] Muß u. U. zweiter Mann eingesetzt werden.

Tabelle 22. *Lochen an Lochstanze von Profilstählen und Blechen*
Zeiten in h/100 Loch
A. Profilstähle

Werkstück-gewicht kg	Lochzahl je Werkstück										
	2	4	6	8	10	12	15	20	25	30	35
1	0,70	0,50	0,40	0,35	–	–	–	–	–	–	–
2	0,80	0,55	0,45	0,40	0,40	–	–	–	–	–	–
5	0,90	0,65	0,50	0,45	0,45	0,45	0,40	–	–	–	–
10	1,10	0,75	0,60	0,55	0,50	0,50	0,45	0,40	0,40	–	–
15	1,35	0,85	0,70	0,65	0,60	0,55	0,50	0,45	0,45	0,40	0,40
20	1,60	1,00	0,80	0,70	0,65	0,60	0,55	0,50	0,50	0,45	0,45
25	1,85	1,15	0,90	0,80	0,70	0,65	0,60	0,55	0,55	0,50	0,45
30	2,10	1,30	1,00	0,90	0,80	0,70	0,65	0,60	0,60	0,55	0,50
40	2,35	1,50	1,15	1,00	0,90	0,80	0,70	0,65	0,65	0,60	0,55
60	2,75	1,70	1,30	1,15	1,00	0,90	0,80	0,75	0,70	0,65	0,60
80	3,25	1,90	1,45	1,25	1,10	1,00	0,90	0,85	0,80	0,75	0,70
100	3,50	2,10	1,55	1,35	1,20	1,10	1,00	0,95	0,90	0,85	0,80
~	3,75	2,25	1,65	1,45	1,30	1,20	1,10	1,05	1,00	0,95	0,90

B. Bleche = Faktor 0,85 der entsprechenden Profilwerte
Bemerkung: Zeiten gelten für Lochdurchmesser < 30 mm
darüber hinaus = Faktor 1,05,
t_r: einmalig = 0,10 h
je Position oder jeder Lochdurchmesser = 0,05 h

IV. Richten

Das Richten von Blechen und Formstählen jeder Art hat in der Fertigung des Stahl- und Apparatebaues nicht die Popularität anderer, dem Fortschritt des Werkstückes mehr dienender Arbeitsgänge.

Deshalb ist das Richten aber nicht weniger wichtig, sondern sogar oft von ins Auge stechender Bedeutung für das Aussehen und die Qualität eines Werkstückes.

Gute her- und vorgerichtete maßhaltige Bauelemente werden, jedenfalls beim Zusammenbau und in der Montage, weniger Arbeit und damit weniger Kosten verursachen als völlig unkontrollierte, verworfene oder verzogene Teile.

Die **Tab.** 23 bis 28 bringen die Zeitwerte für alle mehr oder weniger anfallenden Richtarbeiten im Stahl- und Apparatebau.

Das Richten normaler Bleche ist in **Tab.** 23 festgelegt. Die Werte gelten entsprechend der Blechbreite und -dicke für einen laufenden Meter und die Kolonne von 2 bis 3 Mann.

Für größere, d. h. Bleche von 2 bis 10 m Länge, multipliziert man mit den entsprechenden Längenfaktoren.

Die Werte von **Tab.** 24 gelten für Ronden und Rohrböden und für die Kolonne von 2 Mann. Die Arbeit kann wahlweise von Hand, an der Richtwalze oder an der Presse ausgeführt werden. Bleche bis etwa 1 m² und 20 mm Dicke, unter die in erster Linie Knotenbleche, Aussteifungen u. ä. fallen, werden nach **Tab.** 25 gerichtet. Die Zeiten gelten je nach den Bedürfnissen für 1 bis 2 Mann, von Hand, an der Richtplatte oder bei größeren Blechen an der Richtwalze.

Das Richten von Formstahl nach **Tab.** 26 wird entsprechend dem Arbeitsumfang von Hand, an der Richtwalze oder der Biegepresse, und nach Bedarf von 1 bis 2 Leuten durchgeführt.

Für das Richten von Profilstähle nach **Tab.** 27 gilt das vorher Gesagte der Tab. 26.

Fast alle Schweißkonstruktionen, die, bedingt durch bauliche Eigenart und schweißtechnisches Volumen, zu mehrachsigen Spannungen und damit zu mehr oder weniger starkem Verzug oder Verwerfungen neigen, erfordern nach dem Schweißen relativ hohe Richtkosten.

Bei der meist individuellen Einzelfertigung im Stahl- und Apparatebau, lohnen, selbst dort wo es technisch und baulich möglich wäre, Schweißspannvorrichtungen fast nie. Die Kosten hierfür ständen in keinem Verhältnis zum Bauwerk.

Dieser Standpunkt ändert sich natürlich bei Serienfertigung. Man muß daher diese vorher nie zu erkennenden und schwer vorauszuberechnenden aber fast immer anfallenden Nach- und Beirichtarbeiten in Kauf nehmen und fürsorglich einkalkulieren.

Erfahrenswerte für das Richten solcher Schweißkonstruktionen von Hand, kalt oder warm unter Zuhilfenahme des Brenner für das Anwärmen, sind der **Tab.** 28 zu entnehmen.

Zu beachten ist die Aufteilung nach Flächen, Nähten sowie stabilen bzw. unstabilen Konstruktionen.

Die Faktoren für gewisse Sonderfälle auf allen Tabellen sind unbedingt zu beachten und in Anwendung zu bringen.

Tabelle 23. *Richten von Blechen*

Zeiten in h für 1 m Blechlänge und Kolonne von 2 bis 3 Mann

Blechdicke mm	Blechbreite mm						
	1000	1500	2000	2500	3000	3500	4000
10	0,25	0,45	0,60	0,75	0,90	1,05	1,25
15		0,55	0,80	0,95	1,10	1,25	1,50
20	0,30	0,70	1,00	1,15	1,30	1,50	1,75
25	0,40	0,85	1,20	1,35	1,50	1,75	2,00
30	0,50	1,00	1,40	1,55	1,75	2,00	2,25
35	0,65	1,15	1,60	1,75	2,00	2,25	2,50
40	0,80	1,30	1,80	2,00	2,25	2,50	2,75
50	0,95	1,50	2,00	2,25	2,50	2,75	3,00
60	1,10	1,70	2,25	2,50	2,75	3,00	3,25
80	1,25	1,90	2,50	2,75	3,00	3,50	4,00

Längenfaktoren

Länge mm	2000	2500	3000	3500	4000	4500	5000	5500
Faktor	1,50	1,75	2,00	2,25	2,50	2,75	3,00	3,25

Länge mm	6000	6500	7000	7500	8000	8500	9000	10000
Faktor	3,40	3,60	3,80	4,00	4,20	4,35	4,50	4,75

Tabelle 24. *Richten von großen Ronden-Rohrböden*

Presse usw. 2 Mann

Blech-dicke mm	⌀ mm										
	1000	1250	1500	1750	2000	2250	2500	2750	3000	3500	4000
10	–	0,70.	0,85	1,00	1,20	–	–	–	–	–	–
15	–	0,80	0,95	1,15	1,40	1,70	2,00	–	–	–	–
20	–	0,90	1,10	1,30	1,60	1,90	2,20	2,50	2,75	–	–
25	0,75	1,00	1,25	1,50	1,80	2,10	2,40	2,70	3,00	3,50	4,00
30	0,85	1,10	1,35	1,65	1,95	2,30	2,60	2,90	3,25	3,75	4,30
35	0,95	1,25	1,50	1,85	2,10	2,80	2,80	3,10	3,50	4,00	4,60
40	1,05	1,35	1,70	2,00	2,35	2,70	3,00	3,30	3,75	4,25	4,90
50	1,20	1,50	1,90	2,25	2,55	2,90	3,20	3,50	4,00	4,60	5,25
60	1,35	1,70	2,10	2,40	2,85	3,15	3,50	3,90	4,40	5,00	5,75
80	1,50	1,90	2,35	2,70	3,20	3,60	4,00	4,50	5,00	5,60	6,50

Ringscheiben = Faktor 0,75.

Tabelle 25. *Richten von Blechen*

Knotenbleche, Ronden, Rohrböden, Zeiten in h/St. für 1 bis 2 Mann

Blechdicke mm	Bleche bis 1 m² und bei Kantenlänge mm							
	100	200	300	400	500	600	800	1000
3···4	0,01	0,02	0,03	0,04	0,05	0,06	0,08	0,10
5···6	0,013	0,022	0,035	0,045	0,055	0,07	0,09	0,115
8	0,016	0,025	0,04	0,05	0,065	0,08	0,105	0,13
10	0,018	0,03	0,045	0,055	0,07	0,085	0,11	0,14
12	0,02	0,035	0,05	0,06	0,075	0,09	0,12	0,15
15	0,025	0,04	0,055	0,075	0,09	0,105	0,14	0,17
20	0,03	0,05	0,065	0,085	0,105	0,125	0,165	0,20

Ronden, Böden entsprechender Größe .... = Faktor 2,00

Ringscheiben usw. .... = Faktor 1,50

Tabelle 26. *Richten von Band-, Flach-, Breitflach-, Vierkant- und Rundstählen*. Zeiten in h/m für 1 bis 2 Mann von Hand oder Maschine

Dicke mm	Breite mm														
	20	40	60	80	100	120	140	160	180	200	250	300	400	500	750
3	0,015	0,016	0,017	0,019	0,022	0,025	0,03	0,04	0,05	0,06	0,08	0,10	0,12	0,14	0,18
6	0,018	0,02	0,022	0,024	0,027	0,03	0,04	0,05	0,06	0,07	0,09	0,11	0,13	0,15	0,19
8	0,021	0,023	0,026	0,03	0,035	0,04	0,05	0,06	0,07	0,08	0,10	0,12	0,14	0,16	0,20
10	0,024	0,026	0,03	0,035	0,04	0,05	0,06	0,07	0,08	0,09	0,11	0,13	0,15	0,17	0,22
12	0,027	0,03	0,035	0,042	0,05	0,06	0,07	0,08	0,09	0,10	0,12	0,14	0,16	0,18	0,24
15	0,03	0,035	0,042	0,05	0,06	0,07	0,08	0,09	0,10	0,11	0,13	0,15	0,17	0,19	0,26
20	0,035	0,04	0,05	0,06	0,07	0,08	0,09	0,10	0,11	0,12	0,14	0,16	0,18	0,20	0,28
25	0,04	0,05	0,06	0,07	0,08	0,09	0,10	0,11	0,12	0,13	0,15	0,17	0,19	0,22	0,30
30	0,05	0,06	0,07	0,08	0,09	0,10	0,11	0,12	0,13	0,14	0,16	0,18	0,20	0,24	0,33
35	0,06	0,07	0,08	0,09	0,10	0,11	0,12	0,13	0,14	0,15	0,17	0,19	0,21	0,26	0,36
40		0,08	0,09	0,10	0,11	0,12	0,13	0,14	0,15	0,16	0,18	0,20	0,22	0,28	0,39
45		0,09	0,10	0,11	0,12	0,13	0,14	0,15	0,16	0,17	0,19	0,21	0,23	0,30	0,42
50		0,10	0,11	0,12	0,13	0,14	0,15	0,16	0,17	0,18	0,20	0,22	0,24	0,33	0,45
60			0,12	0,13	0,14	0,15	0,16	0,17	0,18	0,19	0,21	0,23	0,26	0,36	0,50
70			0,13	0,14	0,15	0,16	0,17	0,18	0,19	0,20	0,22	0,24	0,28	0,39	0,55
80				0,15	0,16	0,17	0,18	0,19	0,20	0,21	0,23	0,25	0,30	0,42	0,60
90				0,16	0,17	0,18	0,19	0,20	0,21	0,22	0,24	0,26	0,32	0,45	0,65
100					0,18	0,19	0,20	0,21	0,22	0,23	0,25	0,28	0,35	0,50	0,70
125					0,19	0,20	0,21	0,22	0,23	0,24	0,26	0,30	0,40	0,55	0,75
150							0,22	0,23	0,24	0,25	0,28	0,32	0,45	0,60	0,80
175							0,23	0,24	0,25	0,27	0,30	0,35	0,50	0,65	0,90
200							0,24	0,26	0,28	0,30	0,35	0,40	0,55	0,75	1,00

Bemerkung: Rundstahl entspr. $\varnothing$ = Faktor 0,9,   Ringsegmente = Faktor 1,50,
Ringe = Faktor 1,50···2,00, gebrannte Profile aus Blech = Faktor 1,50···2,00.

Tabelle 27. *Richten von Profilstählen*

Zeiten in h/m für 1 bis 2 Mann; von Hand oder Maschine

Profile					
[		I	L	⊥	(T)
Bezeichnung	h/m	Bezeichnung	h/m	Bezeichnung	h/m
30···40	0,05	<20	0,03	30	0,04
50···65	0,06	25···30	0,04	35	0,045
80···100	0,07	40···50	0,05	40	0,05
120···130	0,08	60···70	0,06	45	0,06
160···180	0,095	80···90	0,075	50	0,07
200···220	0,11	100···110	0,09	60	0,08
240···260	0,125	120···130	0,105	70	0,09
280···300	0,14	140···150	0,12	80	0,10
320···340	0,16	160	0,135	90	0,11
360···380	0,18	180	0,15	100	0,125
400	0,20	200	0,18		
450	0,225				
500	0,25				
550	0,275				
600	0,30				

Bemerkung:

1. I Breitflansch Faktor 1,5.

2. $\left(\text{Ungleichschenklig} \angle \text{ entspricht } \dfrac{\text{Summe der Schenkel}}{2}.\right)$

3. gebrannte Teile (Kürzen von Schenkel, Ausklinkungen usw.) } Faktor 2,00
   geschweißte Teile (einseitige Laschen, Anker usw.) }

4. Profiele kombiniert geschweißt,      Faktor 2,00
   einachsig

5. Profile kombiniert geschweißt,      Faktor 3,00
   mehrachsig

6. Richten von geschweißten Leitern:

     Holme   ≈ 60···70er $\angle$ } = 0,10 h/lfd. m
     Sprossen ≈ 10···22 ∅ }

Tabelle 28. *Richten von flächigen Schweißkonstruktionen von Hand*
Wannen – Bottiche – Bunker – Koffertanke
(Kolonne 1 bis 2 Mann)

A. Flächen:

Blechdicke mm	< 7	< 9	< 12	< 20
h/m²	0,25	0,35	0,50	0,75

genau ebene Flächen an Schweißkonstruk-
tionen, z.B. Tische, Paletten .... = Faktor 1,50···2,00

B. Schweißnähte: An Konstruktionen die wegen ihrer Eigenart oder wegen besonderer Konstruktionsmerkmale maschinell nicht gerichtet werden können (u.U. zu A
hinzurechnen).

Blechdicke mm	∅ oder Höhe/Breite mm						
	< 1250	< 1500	< 1750	< 2000	2250	< 2500	> 2500
	h/m						
< 7	0,20	0,25	0,30	0,35	0,40		0,45
< 12	0,35	0,40	0,45		0,50		0,60
< 20	0,50		0,60		0,70		0,80

C. Oder: Stabile Konstruktionen etwa 5 bis 8% der gesamten Fertigung.
Unstabile Konstruktionen etwa 10 bis 12% der gesamten Fertigung.

V. Hobeln

Gerade im Apparatebau mit seiner betont vielseitigen Fertigung
kommt der Blechkantenhobelmaschine eine besondere Bedeutung zu,
macht sie u.U. sogar unentbehrlich für eine Produktion, welche die
Eigenart des Apparatebaus berücksichtigen muß.

Nicht nur Mantelbleche für den Tank- und Behälterbau, sondern
auch Baubleche für allgemeine Konstruktionen, erfordern fast ausnahmslos eine allseitige mechanische Kantenbearbeitung.

Die üblichen und bekannten Schweißnahtformen berücksichtigen
dabei nicht nur technische und schweißtechnische Vorschriften und
Notwendigkeiten, sondern auch bauliche Eigenarten und wirtschaftliche
Gesichtspunkte.

Alle Schweißkanten, gleich ob für V-, X-, Kelch- oder Tulpennaht
an Stahl-, Edelstahl- oder plattierten Blechen und in jeder gewünschten
Gradstellung gehobelt, sind in ihrer Präzision und Sauberkeit von
keinem anderen herkömmlichen Bearbeitungsverfahren zu übertreffen.

Die Gefahr der Rißbildung an höhergekohlten oder legierten Blechen ist, wie beim Scheren oder Brennen, beim Hobeln nicht gegeben. Bei leichter Konizität eines Schusses, bedingt durch abweichende Bödendurchmesser, können die leichten Bogenüberhöhungen an den Kopfseiten der Bleche ohne weiteres aus der Hand gehobelt werden. Arbeiten, wie Kürzen von Schenkeln an Winkelstählen oder Ausbildung als Stemmkante sowie Rundhobeln des Rückens vor dem Schmiegen, sind auf der Blechkantenhobelmaschine am einfachsten und saubersten auszuführen.

Gehobelt wird im Vor- und Rücklauf mit 2 Stählen. Die Zeitersparnis gegenüber z. B. dem normalen Brennen beträgt fast 50 %. Die stündliche Spanleistung liegt im Jahresmittel bei etwa 25 bis 30 kg je Stunde. In der Spitze liegt sie bei großen und starken Blechen bei etwa 50 kg je Stunde, während sie bei kleinen und schwächeren Blechen auf etwa 5 bis 6 kg je Stunde absinkt.

Tab. 29 sieht die Zeiten für das Hobeln von Blechen für 4 Seiten und einer normalen V-Naht vor. Blechlänge L und Blechbreite B werden addiert, und unter diesem Faktor wird entsprechend der Blechdicke die Zeit für das Hobeln einschl. aller Nebenarbeiten in Stunde je Stück entnommen. Für andere Nahtformen, Hobeln im Paket oder von einzelnen Seiten, sind die entsprechenden Faktoren zu berücksichtigen.

Das Beihobeln von Schrägkanten beim Zusammentreffen sehr ungleicher Blechdicken, ist gegebenenfalls gesondert zu rechnen.

Tabelle 29. *Hobeln an Blechkantenhobelmaschine*

A. Bleche. V-Naht 60 bis 70°, 4 Seiten, einschl. Auf- und Ablegen und bis zu 25 mm allseitiger Materialzugabe. Zuschlag für jede weitere 10 mm Material i. M. 0,02 bis 0,03 h je Meter Blechumfang

Σ Blechlänge und Breite m	4 bis 6	7 bis 9	10 bis 12	13 bis 16	17 bis 20	21 bis 24	25 bis 28	29 bis 32	33 bis 36	37 bis 40	50	60	80
						Blechdicke mm							
1	0,40	0,40	0,45	0,50	0,55	0,60	0,65	0,70	0,80	0,90			
2	0,55	0,60	0,65	0,70	0,75	0,80	0,90	0,95	1,05	1,20	1,55		
3	0,70	0,75	0,80	0,85	0,95	1,00	1,10	1,20	1,35	1,50	1,85	2,20	
4	0,85	0,90	0,95	1,00	1,10	1,20	1,30	1,45	1,60	1,80	2,20	2,55	3,00
5	1,00	1,05	1,10	1,20	1,30	1,40	1,55	1,70	1,90	2,10	2,55	2,90	3,40
6	1,15	1,20	1,30	1,40	1,50	1,60	1,80	1,95	2,15	2,40	2,90	3,30	3,85
7	1,30	1,35	1,45	1,55	1,70	1,80	2,00	2,20	2,45	2,70	3,25	3,70	4,30
8	1,45	1,50	1,60	1,70	1,85	2,00	2,20	2,40	2,70	3,00	3,60	4,10	4,75
9	1,60	1,65	1,75	1,90	2,05	2,20	2,40	2,65	2,95	3,30	3,95	4,50	5,20
10	1,75	1,80	1,90	2,05	2,20	2,40	2,60	2,90	3,20	3,60	4,30	4,90	5,65
11	1,90	1,95	2,05	2,20	2,40	2,60	2,85	3,15	3,50	3,90	4,65	5,30	6,10
12	2,05	2,10	2,20	2,35	2,55	2,80	3,10	3,40	3,80	4,20	5,00	5,70	6,55
13	2,20	2,25	2,35	2,55	2,75	3,00	3,30	3,65	4,05	4,50	5,40	6,10	7,00
14	2,30	2,35	2,50	2,70	2,95	3,20	3,50	3,90	4,30	4,80	5,80	6,50	7,50
15	2,40	2,45	2,65	2,85	3,10	3,40	3,75	4,15	4,60	5,10	6,25	7,00	8,00
Zuschlag in % bei: X-Nath					50	42,5	35	27,5	20	15	12	10	8
U-Nath					45	45	50	55	60	65	75	80	85

Abzug in Prozent beim Hobeln von weniger als 4 Seiten:

      für jede Kopfseite .... 15% v. E.
      für jede Langseite .... 25% v. E.

Faktoren: Hobeln gerader Kanten .... = 0,9
      Hobeln gerader Kanten im Paket: 2 Bleche .... = 0,7
      Hobeln gerader Kanten im Paket: 3 Bleche .... = 0,6
      Hobeln gerader Kanten im Paket: 4 Bleche .... = 0,55
      Hobeln leichter Bogenhöhe bei ungleichen Böden und leicht
      konischen Schüssen .... = 1,2

Beihobeln von Schrägkanten
Hobelbreite $= > 3 \times S_1$

von Blechdicke S_1 auf Kantendicke S_2

S_1	S_2	h/m
30	20	0,40
40	30	0,50
50	40	0,60
60	50	0,75
80	60	1,00

B. Winkel.

Profil	∢ Rücken Rundschlag	Schenkel je 10 mm Breite
	h/m	
100	0,15	0,10
120	0,18	0,12
140	0,22	0,14
160	0,26	0,16
180	0,30	0,18
200	0,35	0,20

VI. Abkanten und Pressen

Für das Abkanten von Blechen, z.B. zu Rinnen, Kästen oder zu
Sonderprofilen als Träger oder Aussteifungen, aber auch die Anbringung
von Sicken oder Borde an Wände, Abdeckungen, Deckel oder ähnliches,
gilt **Tab. 30.**

Unter Berücksichtigung der Blechgröße, der Blechdicke und der
Knick- oder Biegelänge gelten die Werte je Knick oder Biegung für die
Kolonne von 2 Mann und schließen alle Nebenarbeiten einschließlich
Kontrolle, Messen und Nachrichten ein.

Die Werte gelten nur für den ersten Knick, jeder weitere ist mit
dem Faktor 0,75 zu multiplizieren. Diese Regelung erwies sich als
angebracht, da an den meisten Werkstücken nur eine Biegung vorgenommen wird, eventuell weitere Biegungen aber naturgemäß einfacher
und billiger werden.

Zu beachten sind die detaillierten Einrichtezeiten.

Für die der Tabelle zugrunde liegenden Blechdicken gelten bei Kaltverformung für die Biegehalbmesser folgende Mindestwerte:

Stahl	Abkanten zur Walzrichtung	kleinster zulässiger Biegehalbmesser
St 37-3	quer längs	1,50···1,75 s 1,75···2,25 s
St 42-3	quer längs	1,50···2,25 s 1,75···3,00 s
St 52-3	quer längs	1,75···2,25 s 2,25···3,00 s

Wegen der Gefahr einseitigen Verzugs, der Krümmungsradius liegt
dabei immer innen, sind Abkantungen im näheren Bereich und parallel
zu Brennschneidkanten möglichst zu vermeiden.

Ist aus fertigungstechnischen Gründen der Scherenschnitt nicht
anwendbar, d.h. Brennschneiden unumgänglich, sollten die Bleche, um
spätere Nachrichtarbeiten zu vermeiden, vor dem Kanten gehobelt
oder spannungsarm geglüht werden.

Die Vorgabezeiten für das Biegen oder Pressen von diversen Konen
oder ähnlichen Bauelementen werden nach **Tab. 31** ermittelt.

Hier sind ebenfalls die Werkstückgröße und Blechdicke in Verbindung mit der Knicklänge entscheidend für die Höhe der Zeitvorgabe.

Die Werte gelten je nach Größe und Schwere des Objekts für die Kolonne von 2 bis 3 Mann.

Eingeschlossen sind alle Nebenarbeiten, wie Aufriß der Knickstrahlen, Kontrollieren und Messen, eventuelles Nachdrücken sowie das Nachrichten.

Die Richtzahlen für die ungefähren Drücke in Verbindung mit den Knickstrahlen sind natürlich unverbindlich, dürfen aber bei Werkstück- und Biegeradius entsprechendem Druckstück und Gesenk weitgehend als für die Regel zutreffend angesehen werden. Der einmalige Rüst-Zuschlag, der den Auf- und Abbau der Presse mit einschließt, ist zu beachten.

Das Pressen zylindrischer Halbschüsse nach **Tab.** 32 ist eine Eigenart des Apparatebaus und an sich oder gerade deswegen weniger bekannt und gebräuchlich.

Man hat hier die Möglichkeiten, bestimmte Bauwerke, wie etwa große zylindrische Behälter, anstatt in eine Reihe Einzelschlüsse zu zergliedern, u. U. aus nur 2 Halbschüssen oder Halbschalen zu fertigen.

Die kostenmäßigen Einsparungen können beim Fortfall mehrerer Rundnähte gegebenenfalls sehr erheblich sein, da, in Verbindung mit dem wesentlich geringeren Aufwand an Schweißwerkstoff, die Zeit für das Montieren, Heften und Schweißen, Auskreuzen und eventuelle Beiarbeiten sowie auch Arbeitsprüfungen und Röntgen der Schweißnähte immerhin erhebliche Kostenfaktoren darstellen, die sich durch den Wegfall eines Teils der Schweißnähte merklich reduzieren lassen.

Die konstruktiven Eigenarten und Merkmale des Bauwerks sowie der Wunsch des Kunden in Verbindung mit den Bauvorschriften sind aber in jedem Falle entscheidend für die Ausführung nach der einen oder anderen Bauweise.

Zu berücksichtigen ist ferner, daß man die gepreßten überlangen Schüsse nach dem Schweißen der Langnähte nur von Hand und damit sehr kostspielig nachrichten kann.

Der Einbau von Aussteifungen zum Schweißen sowie eine anschließende spannungsarme Glühung müssen hier schon vorbeugend die Rundheit des Schusses gewährleisten.

Beim Pressen normaler Bleche ist nach Erreichen der Reckgrenze von etwa 5 %, und bei sehr dicken Blechen mit niederer Dehnung schon bei etwa 4 % eine Zwischenglühung (s. a. S. 72, Abs. 2 bis 5, Walzen.).

Unter Berücksichtigung der Pressenleistung und der Größe der Preßwerkzeuge geben die Werte von Tab. 32, geordnet nach den zu pressenden Radien und der Blechdicke, die mögliche Größe und damit Schuß- oder Schalenlänge an.

Die Rüstzeit sowie die Faktoren für eventuelle Sonderfälle sind zu beachten.

Kantenabrundungen an Konstruktionen, wie Wannen, Bottiche, Koffertanks oder ähnliches, und die damit verbundene Verlegung der Schweißnähte in die Wand- oder Bodenflächen, bedingen sorgfältigste Abpressungen an eben diesen Wand- und Bodenblechen unter einem Winkel von 90 Grad und Radien, die je nach den Blechdicken im allgemeinen zwischen 125 bis 300 mm liegen.

Dünne bis mittlere Bleche werden allgemein kalt, mittlere und dicke Bleche dagegen warm gepreßt. Dicke und vor allem auch lange Bleche werden mit nochmaliger Zwischenglühung vor- und nachgepreßt.

Preßwerkzeuge und Pressenleistung, wie auch die Ofenkapazität zum Glühen, sind dabei natürlich entscheidend für den Aufwand beim Pressen.

Daher sind die Werte der **Tab. 33** (S. 50) als Richtwerte zu verstehen und anzuwenden.

Sie gelten entsprechend den Blechdicken und den in der Praxis üblichen Radien für die einfache normale Biegung einer Kanten- oder Biegelänge.

Die Werte umfassen alle notwendig werdenden Wärmebehandlungen einschließlich Nach- und Beirichten.

Verstärkungsringe für Ausschnitte und Stutzen an Behälter und Druckgefäße, müssen, entsprechend ihrer Lage, dem Behälterdurchmesser oder Bodenradius angepaßt und gebogen oder gepreßt werden.

Dabei ist für die mechanische Biegung die volle Ronde, für die Anpassung von Hand aber der fertig zugeschnittene Ring vorteilhafter.

Tab. 34 (S. 49) berücksichtigt nicht nur entsprechend der Ring- oder Rondengröße und Dicke die mechanische Pressung der zylindrischen und kugeligen Form, sondern auch die Faktoren für das Schmieden von Hand für Bodenringe.

Tabelle 30. *Abkanten von Blechen*

(scharfkantig und mit kleinen Radien) einschließlich Anreißen und Nachrichten.
Einrichten der Abkantbank:

1 bis 2 normale Knicke, scharfkantig .... 0,25 h
2 normale Knicke, Knickentfernung < 500 mm .... 0,50 h
Einbau von Sonderdruckstücken und Einlagen .... 1,50 h

Blechgröße m²	Blechdicke mm	Knicklänge mm					
		250	500	750	1000	2000	3000
0,15	<3	0,08	0,09	0,10	0,12	–	–
	4…6	0,10	0,11	0,12	0,14	–	–
	7…9	0,12	0,13	0,14	0,16	–	–
	10…12	0,14	0,15	0,16	0,18	–	–
0,25	<3	0,10	0,11	0,12	0,14	0,16	–
	4…6	0,12	0,13	0,14	0,16	0,18	–
	7…9	0,14	0,15	0,16	0,18	0,20	–
	10…12	0,16	0,17	0,18	0,20	0,22	–
0,50	<3	0,12	0,13	0,14	0,16	0,18	0,20
	4…6	0,14	0,15	0,16	0,18	0,20	0,22
	7…9	0,16	0,17	0,18	0,20	0,22	0,24
	10…12	0,18	0,19	0,20	0,22	0,24	0,26
0,75	<3	0,14	0,16	0,18	0,20	0,22	0,24
	4…6	0,16	0,18	0,20	0,22	0,24	0,26
	7…9	0,18	0,20	0,22	0,24	0,26	0,28
	10…12	0,20	0,22	0,24	0,26	0,28	0,30
1,00	<3	0,16	0,18	0,20	0,22	0,24	0,26
	4…6	0,18	0,20	0,22	0,24	0,26	0,28
	7…9	0,20	0,22	0,24	0,26	0,28	0,32
	10…12	0,22	0,24	0,26	0,28	0,32	0,36
2,00	<3	–	0,20	0,22	0,24	0,26	0,28
	4…6	–	0,22	0,24	0,26	0,28	0,32
	7…9	–	0,26	0,28	0,30	0,32	0,36
	10…12	–	0,30	0,32	0,34	0,38	0,42
3,00	<3	–	0,22	0,24	0,26	0,28	0,32
	4…6	–	0,24	0,26	0,30	0,34	0,38
	7…9	–	0,30	0,32	0,36	0,40	0,44
	10…12	–	0,36	0,38	0,42	0,46	0,50
4,00	<3	–	–	0,26	0,28	0,32	0,36
	4…6	–	–	0,30	0,34	0,38	0,44
	7…9	–	–	0,36	0,40	0,46	0,52
	10…12	–	–	0,44	0,48	0,54	0,60
6,00	<3	–	–	–	0,32	0,36	0,40
	4…6	–	–	–	0,38	0,44	0,50
	7…9	–	–	–	0,48	0,54	0,60
	10…12	–	–	–	0,58	0,64	0,70

Bemerkung: Zeiten in h gelten für 2 Mann und nur für den ersten Knick je Blech,
jeder weitere Knick = Faktor 0,75. Bezüglich Biegehalbmesser s. Text S. 43.

Tabelle 31. *Pressen von Konen und diversen Blechen*

Zeiten in h gelten je Knick- oder Druckstelle für die Kolonne von 2 bis 3 Mann und
schließen Kontrolle, Nachdrücken und Richten ein
Für diverse Teile mit weniger als 5 Knicken Faktor 1,25

Blechgröße	Knicklängen mm				Rüstzeiten	Knicklängen mm			
m²	500	1000	2000	3000	h	500	1000	2000	3000
	Blechdicke < 9 mm					Blechdicke 10···13 mm			
1	0,18	0,20	–	–		0,20	0,25	–	–
2	0,21	0,25	0,28	–	2,00	0,25	0,30	0,35	–
3,5	–	0,28	0,32	0,38		–	0,35	0,40	0,50
5	–	0,35	0,40	0,50		–	0,40	0,50	0,60
7	–	0,50	0,60	0,70	3,00	–	0,60	0,70	0,80
10	–	–	0,75	0,90		–	–	0,90	1,00
	Blechdicke 14···16 mm					Blechdicke 18···22 mm			
1	0,25	0,30	–	–		0,30	0,35	–	–
2	0,30	0,35	0,40	–	2,00	0,35	0,40	0,45	–
3,5	–	0,40	0,50	0,60		–	0,50	0,60	0,70
5	–	0,50	0,60	0,70		–	0,60	0,70	0,80
7	–	0,70	0,80	0,90	3,00	–	0,80	0,90	1,10
10	–	–	1,00	1,10		–	–	1,10	1,25
	Blechdicke 25···32 mm					Blechdicke 35···40 mm			
2	0,40	0,50	0,60	–	2,00	0,50	0,60	0,70	–
3,5	–	0,60	0,70	0,80		–	0,70	0,80	0,90
5	–	0,80	0,90	1,00		–	1,00	1,20	1,40
7	–	1,00	1,10	1,25	3,00	–	1,20	1,40	1,60
10	–	–	1,30	1,50		–	–	1,60	1,80

Ungefähre Drücke entsprechend dem größten Konendurchmesser mm

Größter ∅ mm	< 800	1000	12/1400	1600	1800	2000	2200	2400	2600	2800	3000	3500	4000
Zahl der Drücke	26	30	34	36	38	40	42	44	48	50	52	56	60

Mehrteilige Konen nach dem Schweißen nachrichten von Hand:
2teilige .... ≈ 12···15% ⎫
3teilige .... ≈ 20···25% ⎬ der Biegevorgabe
4- und mehrteilig .... ≈ 30···35% ⎭

Faktoren:
Edel- und hochlegierte Stähle ...... = 1,50···1,60
Plattierte Bleche .... = 1,35···1,40

Tabelle 32. *Pressen von zylindrischen Halbschüssen*

Zeiten in h je Halbschuß für die Kolonne von 2 bis 3 Mann einschließlich Nach- und Beirichten

Lichter Radius mm	Blechdicke mm	Schuß- oder Schalenlänge m										
		4	4,5	5	5,5	6	6,5	7	7,5	8	9	10
400	<35	2,75			4,50					5,50		
	<50	4,00		5,50			7,00			9,00		11,00
	>50	6,50		8,50		10,00						
600	<35	4,00			6,00					8,00		
	<50	6,00		8,00			10,00			12,00		14,00
	>50	8,00		10,00		12,00			14,00		16,00	
800	<35	5,50			8,00					10,50		
	<50	8,00		10,50			13,00			15,50		18,00
	>50	10,50		13,00		15,50			18,00		21,00	
1000	<35	7,00			10,00					13,00		
	<50	10,00		13,00			16,50			20,00		
	>50	13,00		16,50		20,00						
1250	<35	8,50			12,50					16,50		
	<50	12,50		16,50			21,00					
	>50	16,50		21,00								
1500	<35	10,00			15,00					20,00		
	<50	15,00		20,00								
	>50	20,00										
1750	<35	11,50			17,00					23,00		
	<50	17,00		23,00								
	>50	23,00										
2000	<35	13,00			20,00					26,00		
	<50	20,00		26,00								
	>50	26,00										

Bemerkung: Rüstzeit t_r einmalig .... = 2,00 h

　　　　　　Drittel-Schüsse .... = Faktor 0,75

　　　　　　Viertel-Schüsse .... = Faktor 0,60

Tabelle 34. *Pressen von zylindrischen und kugeligen Verstärkungen*
(Mechanisch meist als Ronden) $r < 4000$ mm

Blechdicke mm	Form	Außendurchmesser mm								Ringe warm schmieden = Faktor
		200	400	600	800	1000	1500	2000	2500	
		h/St.								
≈10	zy.	0,2	0,25	0,3	0,4	0,55	0,8			3,75
	ku.	0,6	0,8	1,00	1,25	1,5	2,00			
15···18	zy.	0,25	0,3	0,4	0,55	0,7	1,00	1,5		4,00
	ku.	0,7	0,9	1,2	1,5	1,8	2,4	3,2	4,00	
20···28	zy.	0,3	0,4	0,55	0,7	0,9	1,25	1,8	2,5	4,5
	ku.	0,8	1,1	1,4	1,75	2,1	2,9	3,8	5,00	
30···40	zy.		0,55	0,8	1,05	1,3	2,00	2,75	4,00	5,25
	ku.		1,25	1,6	2,00	2,4	3,4	4,5	5,75	
50···60	zy.		0,75	1,05	1,4	1,75	2,75	3,9	5,75	7,00
	ku.		1,4	1,8	2,25	2,75	3,9	5,2	6,5	

Faktoren: $r > \sim 4100$ mm $= 0,75···0,70$

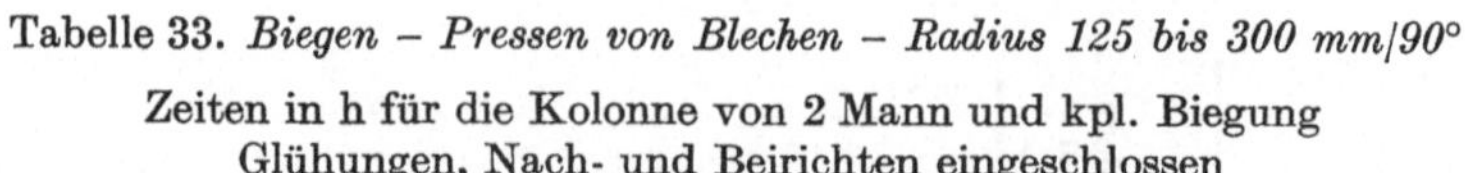

Tabelle 33. *Biegen – Pressen von Blechen – Radius 125 bis 300 mm/90°*

Zeiten in h für die Kolonne von 2 Mann und kpl. Biegung
Glühungen, Nach- und Beirichten eingeschlossen

Kanten oder Biegelänge	Blechdicke und Radien mm							
	< 6	< 10	< 15	< 20	< 30	< 40	< 50	≧ 60
m	125···150		200···250			300		
0,6	0,60	0,85	1,10	1,25	1,35	1,50	1,75	2,50
0,8	0,75	1,00	1,35	1,60	1,75	2,00	2,25	3,00
1,0	0,90	1,25	1,60	1,90	2,25	2,50	2,75	3,50
1,5	1,10	1,75	2,25	2,75	3,25	3,50	4,00	5,00
2,0	1,25	2,00	2,75	3,50	4,00	4,50	5,00	6,25
2,5	1,35	2,25	3,00	4,00	4,75	5,50	6,25	7,75
3,0	1,50	2,50	3,50	4,50	5,75	6,50	7,25	9,00
4,0	1,60	2,75	4,00	5,50	7,00	8,50	9,50	12,00
6,0				7,00	9,50	11,50	13,25	16,00
8,0						14,50	17,00	20,00
Rüstzeit t_r einmalig	0,50		1,00			2,00		

VII. Bohren – Reiben – Gewindeschneiden

Der stundenmäßige Anteil für das Bohren, sowie die damit zusammenhängenden Arbeitsgänge, wie Senken, Reiben, Abflächen und Gewindeschneiden, beträgt bei einer den gesamten Stahl- und Apparatebau berührenden vielseitigen Fertigung etwa 1,5% des produktiven Fertigungsvolumen.

Örtlich und entsprechend dem eigenen Fertigungsprogramm ändert sich dieser Prozentsatz natürlich u. U. erheblich.

Trotz dieses, nach dem fast völligen Wegfall der Nietung und dem damit verbundenen rückläufigen, in der Summe nur noch relativ geringen Fertigungsanteil, sollte der Maschinen- wie auch Werkzeugbedarf immer der Zeit und den Erfordernissen entsprechen.

Leider ist das nicht immer und überall der Fall.

Gebohrt wird in der Regel radial an stationären Säulenbohrmaschinen, die um 360 Grad dreh- und schwenkbar sind. Wandradialbohrmaschinen sind wegen ihrer Platzanspruchslosigkeit sehr beliebt, dafür aber nur beschränkt und für bestimmte Arbeiten verwendbar, da ihr Aktionsradius immer nur seineitig und bei etwa 150 Grad liegt.

Begrenzt ist der Einsatz mit Luft oder auch elektrisch angetriebener Handbohrmaschinen. Ihre Verwendung ist vor allem durch die Hinzunahme des zweiten Mannes meist unrentabel, aber nicht immer vermeidbar bei schwierigen Konstruktionen oder Zusammenbauarbeiten.

Gebohrt wird im allgemeinen mit Schnellstahl. Die Anschaffungskosten liegen zwar erheblich über dem des Werkzeugstahles, dafür aber die Leistungen und Standzeiten der SS-Bohrer bei richtigem Anschliff, vernünftigen Schnittgeschwindigkeiten und Vorschüben sowie einwandfreier Kühlung und Schmierung so enorm über denen des Werkzeugstahles, daß ihr Einsatz in jedem Falle geraten erscheint, um damit die gesamten Bohrkosten zu senken.

Überhaupt ist der Einsatz der richtigen Bohrer für den jeweils zu bohrenden Werkstoff eine wichtige Forderung.

Für Blechpakete oder Eisenkonstruktionen verwendet man nur die wegen ihrer guten Spanbildung und Spanförderung bekannten Sonderbohrer mit besonders großem Drallwinkel. Unlegierte Nichteisenmetalle werden ebenfalls mit enggedrallten Bohrern gebohrt, während legierte Nichteisenmetalle durchweg mit langgedrallten Bohrern bearbeitet werden.

Als Kühlmittel ist die Verwendung klaren Wassers nicht zu empfehlen. Eine gute Bohremulsion ist gleichzeitig Kühl- und Schmiermittel und erhöht damit wesentlich die Standzeit des Bohrers.

Die folgenden Tabellen sind in etwa dem Arbeitsablauf beim Bohren und seinen zugehörigen Arbeitsgängen geordnet.

Das Auf- und Ablegen einzelner oder mehrerer (als Paket) Bleche mit eventuellen Klemmen ist in der **Tab. 35** festgelegt. Länge und Breite eines zu bohrenden Bleches werden in Meter addiert. Auf der Diagonaltreppe $L + B$ wird dann von diesem ermittelten Wert aus nach rechts die Blechdicke markiert, um innerhalb des darunterliegenden Feldes entsprechend der aufzulegenden Stückzahl die Kosten abzulesen. Für das Nachrichten, Klemmen und Lösen beim Auf- und Ablegen mehrerer Bleche sind die Zuschläge im unteren Absatz zu beachten.

Beispiel: 3 Bleche 6000 × 1800 × 12 im Paket bohren. $L + B = 8$, nach rechts auf 12 – innerhalb dieses Feldes nach unten

<pre>
            unter Stückzahl 3 .... 0,65 h
            Zuschlag: Nachrichten, Klemmen ...... 1,10 h
                                                  ─────────
                                       Summe = 1,75 h
</pre>

Aus der **Spanntabelle 36**, Richtwerte zum Paketieren und Bohren, ersieht man die wirtschaftlichste Paketdicke, d.h. die Anzahl der aufzulegenden Bleche unter Berücksichtigung der Blechdicke und des Bohrerdurchmessers. Ferner ist der zweckmäßige Klemmenabstand angegeben.

4*

Beim Auf- und Abspannen von Winkelringen, Böden und Flanschen nach **Tab.** 37 sind die Faktoren und Zuschläge beim Auflegen mehrerer Stücke und paarweisem Spannen zu beachten.

Aus der **Tab.** 38, Bohren (und Reiben) von Blechen, sind in der linken Hälfte unter dem Bohrerdurchmesser die zu bohrende Blech- oder Paketdicke markiert und nach rechts unter der entsprechenden Teilung die Kosten in h je 100 Loch zu entnehmen. Die zu den Bohrerdurchmessern gehörenden Maschinenwerte v, s, n sind gute Mittelwerte und dürften jeder Werkstatt gerecht werden. Beim Anbohren größerer Löcher sowie dem Einsatz von 2 Maschinen oder anderer Werkstoffe sind die entsprechenden Zuschläge und Faktoren anzuwenden.

Für das Senken, sowohl dem Aufreiben vorgebohrter Löcher mit zylindrischer als auch konischer Reibahle, können die angegebenen Faktoren angewandt werden.

Der dem Bohrerdurchmesser und der Blechdicke zugeordnete Zeitwert wird mit dem entsprechenden Faktor multipliziert. Die so errechnete Summe gilt zum Senken oder Reiben.

Zu den Maschinenwerten gelten als Richtwerte etwa folgende Faktoren:

	zu v	n	s
beim Senken	0,60	0,60	1,80
beim zylindrischen Reiben	0,26	0,26	2,30
beim konischen Reiben	0,45	0,45	2,65
beim Rillenschneiden	0,75	0,75	von Hand
beim Gewindeschneiden	0,20	0,20	–

In **Tab.** 39, Bohren mit Sasse-Bohrmesser, stehen unter dem Messer- und damit Lochdurchmesser die Durchmesser der entsprechend vorzubohrenden Führungslöcher. Diese sind nach Tab. 38 und das Auf- und Ablegen der Bleche nach Tab. 35 zu rechnen.

Unter dem Durchmesser Sasse-Bohrmesser geht man bis auf die zu bohrende Blechdicke hinab und liest jeweils in der rechts daneben liegenden Spalte die Werte in h je 100 Loch ab. Für Gußstahl sowie einige Nichteisenmetalle sind, geordnet nach Blechdicken, die angegebenen Faktoren zu berücksichtigen.

In **Tab.** 40 (S. 62), Einzelbohrungen – Tiefbohrungen, sind die Bohrzeiten entgegen den anderen Tabellen in h je 1 Loch angegeben. Die Tabelle kann für diverse Bohrungen an Flanschen, Ein- und Anbauteilen, Guß- und Schweißkonstruktionen, verwandt werden. Auf- und Ablegen der Werkstücke ist gesondert zu berechnen. Die Faktoren für

die verschiedenen Werkstoffgruppen sowie das Bohren nach Schablone
oder Vorrichtung sind zu beachten.

Das Schneiden von Dichtrillen zum Einwalzen von Siederohren
nach **Tab.** 41 (S. 61) umfaßt neben dem eigentlichen Rillenschneiden das
Nachreiben wie auch das Entgraten der Bohrung.

Die Zweckmäßigkeit der Dichtrillen ist umstritten. Eine Garantie
für größere und anhaltende Dichtheit bieten sie nicht ohne weiteres.
Bei der Notwendigkeit des Auswechselns einzelner Rohre wirken sie
sogar störend.

Die Werte gelten entsprechend den Durchmessern für je 100 Loch.
Zu beachten sind die Werkstoffarten sowie der Hinweis für das Auf-
und Ablegen der Bleche.

Für das Bohren von Flach- und Winkelstahlringen schließt die **Tab. 42**
(S. 64) das Auf- und Ablegen des Werkstückes mit ein. Ausgegangen
wird seitlich des Bohrerdurchmessers unter der Lochzahl. Diagonal
sucht man von dort die Nennweite auf, um von hier aus waagerecht
nach links unter der gewünschten Blechdicke die Kosten zu ermitteln.
Die Faktoren der Tab. 39 gelten auch für diese Tabelle.

Beispiel: Flanschring NW 800 $- s = 25 - 20$ Loch 24 $\varnothing$
          gesamte Bohrkosten .... 0,65 h

Versenken von Bohrlöchern nach **Tab.** 43 (S. 63) gilt nach DIN 301
bis 303 für Senk-, Halbversenk- und Linsensenkniete. Sinngemäß kann
man die Tabelle aber auch für Senkkopfschrauben nach DIN 63 und 87
sowie Zylinderkopfschrauben und INBUS-Schrauben nach DIN 84
und 6912 anwenden. Hierfür sind die in der Tabelle angegebenen Faktoren zu berücksichtigen.

Die Richtwerte der **Tab.** 44 für das Abflächen von Mutter- oder
Schraubensitzen sind unter Berücksichtigung der örtlich verschieden
anfallenden Sitzgrößen und Bearbeitungstiefen natürlich relativ.

Der Verschub wird der geringen Arbeitstiefe wegen von Hand ge-
tätigt. Muß aus konstruktiven Gründen oder ohne Umspannen des
Werkstückes von unten, d.h. also „ziehend", abgeflacht werden, so ist
zusätzlich der dauernde Messerwechsel in Kauf zu nehmen.

Da die angegebenen Bearbeitungstiefen nicht immer erreicht werden,
so können die Zeitwerte in solchen Fällen entsprechend gekürzt werden.

Faktoren und Hinweise sind zu beachten.

In **Tab.** 45, Entgraten von Bohrlöchern, gelten die Werte für beider-
seitiges Entgraten je 100 Loch. Mittelgroße und große Löcher werden
zweckmäßigerweise mit dem Schaber oder der Feile bearbeitet.

In den **Tab. 46** u. **47** sind die Bohrwerte und Vorgaben für die im Stahlbau gängigsten Profile enthalten. Sie sind geordnet nach Profilgrößen, Materialdicken, Bohrer- oder Lochdurchmesser und Teilung und beziehen sich wieder auf je 100 Loch. Zu beachten sind die Sonderzuschläge für das Auf- und Ablegen oder Drehen der Werkstücke sowie die Faktoren beim Horizontalbohren.

Das Gewindeschneiden von Metrischem Gewinde auf der Maschine oder von Hand nach den **Tab. 48** u. **49** gilt für Vor- und Fertigschneiden und je 100 Loch. Bei Einsatz von Mutterbohrern in Durchgangslöcher, beim Schneiden von Gewindesacklöchern sowie für andere Werkstoffarten sind die Faktoren und Hinweise zu berücksichtigen.

Bei der werkstattmäßigen Montage oder dem Zusammenbau jeglicher Art von Konstruktionen oder Apparaten fallen immer wieder Bohrarbeiten an, die vorher nicht durchgeführt werden konnten. Dasselbe gilt, in der Regel als Folge dieses Arbeitsganges, für das Versenken.

Diese diversen Arbeiten nach **Tab. 50** werden in der Regel von 2 Mann mit der Handbohrmaschine ausgeführt.

Wo der Einsatz nur eines Mannes genügt, kann mit dem angegebenen Faktor multipliziert werden.

Bei Verwendung von Bohrbügeln ist der Zuschlag zu beachten.

Tabelle 35. *Auflegen und Ablegen von Blechen zum Bohren. Einzeln und im Paket*

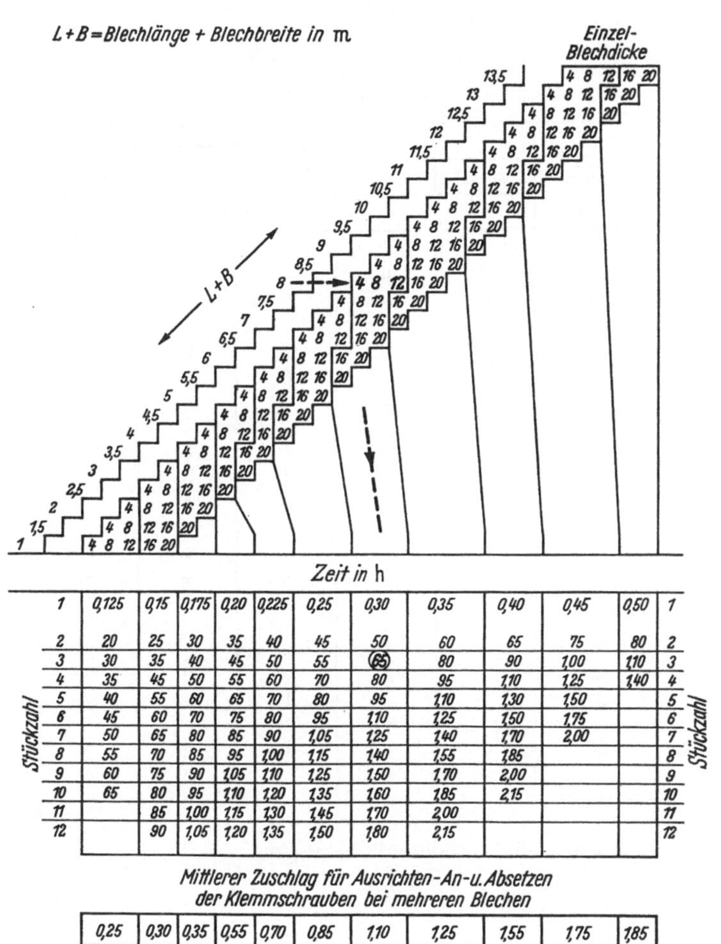

Stückzahl	0,125	0,15	0,175	0,20	0,225	0,25	0,30	0,35	0,40	0,45	0,50	Stückzahl
1	0,125	0,15	0,175	0,20	0,225	0,25	0,30	0,35	0,40	0,45	0,50	1
2	20	25	30	35	40	45	50	60	65	75	80	2
3	30	35	40	45	50	55	(65)	80	90	1,00	1,10	3
4	35	45	50	55	60	70	80	95	1,10	1,25	1,40	4
5	40	55	60	65	70	80	95	1,10	1,30	1,50		5
6	45	60	70	75	80	95	1,10	1,25	1,50	1,75		6
7	50	65	80	85	90	1,05	1,25	1,40	1,70	2,00		7
8	55	70	85	95	1,00	1,15	1,40	1,55	1,85			8
9	60	75	90	1,05	1,10	1,25	1,50	1,70	2,00			9
10	65	80	95	1,10	1,20	1,35	1,60	1,85	2,15			10
11		85	1,00	1,15	1,30	1,45	1,70	2,00				11
12		90	1,05	1,20	1,35	1,50	1,80	2,15				12

Mittlerer Zuschlag für Ausrichten-An- u. Absetzen
der Klemmschrauben bei mehreren Blechen

0,25	0,30	0,35	0,55	0,70	0,85	1,10	1,25	1,55	1,75	1,85

Tabelle 36. *Spanntabelle*

Richtwerte zum Paketieren und Bohren

≈ Klemmen-abstand mm	Blech-dicke mm	Bohrerdurchmesser mm					
		8···11	12···16	17···22	23···28	30···36	40···50
		Anzahl Bleche je Paket					
450	2	7	9	12	–	–	–
	6	6	7	9	12	–	–
650	8	5	6	7	9	–	–
	10	4	5	6	8	10	–
	12	3	4	5	6	8	12
850	14	3	3	4	5	7	9
	16	2	3	4	5	6	8
	18	2	3	3	4	5	7
1050	20	2	2	3	4	5	7
	22	1	2	3	4	4	6
	25	–	2	2	3	4	6
1250	28	–	1	2	3	3	5
	30	–	–	2	2	3	5
	32	–	–	1	2	3	5
1500	35	–	–	1	2	3	4
	38	–	–	–	2	2	4
	40	–	–	–	2	2	4

Paketdicke im Mittel 3···3,5 × Bohrerdurchmesser.

Tabelle 37. *Auf- und Abspannen von ∢ Ringen, Böden und Flanschen*

A. Winkelringe

∢ Profil	Durchmesser m					
	< 0,5	0,6···0,8	1,0···1,2	1,4···1,8	2,0···2,5	2,6···3,0
30···50	0,04	0,05	0,06	0,07	–	–
60···70	0,06	0,075	0,10	0,12	0,14	–
80···100	0,09	0,11	0,14	0,16	0,19	0,22
120···130	–	0,15	0,18	0,21	0,25	0,28
140···150	–	–	0,22	0,25	0,29	0,32
160···180	–	–	–	0,28	0,32	0,36
200	–	–	–	–	0,36	0,40

B. Böden

Blechdicke mm	Rohrböden – flachumgezogene – Kümpel – Klöpperböden					
< 10	0,075	0,12	0,16	0,24	0,32	–
11···20	0,10	0,15	0,225	0,325	0,45	0,55
21···30	0,125	0,20	0,30	0,425	0,55	0,70
31···40	–	0,30	0,40	0,55	0,70	0,90
41···50	–	–	0,50	0,65	0,90	1,05

C. Flansche

Dicke	Lichter Durchmesser bzw. *NW* mm							
	bis 150	200 bis 300	350 bis 400	500 bis 600	700 bis 900	1000 bis 1200	1400 bis 1600	1800 bis 2000
< 12	0,03	0,04	0,05	0,06	0,07	0,08	–	–
13···20	0,04	0,05	0,06	0,075	0,09	0,11	0,13	0,15
21···30	–	0,06	0,075	0,09	0,12	0,14	0,16	0,18
31···40	–	–	–	0,12	0,14	0,16	0,18	0,20
41···50	–	–	–	–	0,16	0,18	0,20	0,22
51···60	–	–	–	–	–	0,20	0,22	0,24

Zuschlag: Spannen bei 2 Stück:

A + B.	0,25	0,30	0,40	0,55	0,65	0,75	–	–
C.	0,075	0,125	0,175	0,25	0,30	0,40	0,50	0,60

Bemerkungen: Bei ungleichschenkligen ∢ Ringen wird die Summe der Schenkel-
längen halbiert und entsprechend gewertet. Werden zwei Ringe,
Böden oder Flansche zusammen gebohrt, so wird für das Auflegen
des zweiten Stückes 65% vom ersten gerechnet.

Tabelle 38. *Bohren (und Reiben) von Blechen. Einzeln oder in Paketen. – Material St $\sigma_B < 50\ kg/mm^2$*

Zeiten in h einschl. aller Nebenzeiten für 1 Maschine. Beim Einsatz von 2 Maschinen und zum Reiben siehe Faktoren

8···11	12···16	17···22	23···28	30···36	40	50	65	ø	Zum Bohren Zeit in h/100 Loch bei Teilung mm				
25	24	23	22	21	20	18	15	v					
0,15	0,18	0,20	0,25	0,30	0,35	0,40	0,45	s					
1000 bis 725	635 bis 475	430 bis 335	305 bis 250	225 bis 185	160	115	75	n					
Blech- oder Paketdicke Paketdicke = x · Blechdicke + x · 1 mm Luftspalt									< 75	< 150	< 250	< 400	> 400
6	–	–	–	–	–	–	–		0,50	0,60	0,70	0,85	–
9	–	–	–	–	–	–	–		0,55	0,65	0,75	0,90	–
11	6	–	–	–	–	–	–		0,60	0,70	0,80	0,95	–
13	8	–	–	–	–	–	–		0,65	0,75	0,85	1,00	–
16	10	–	–	–	–	–	–		0,70	0,80	0,90	1,05	–
19	12	6	–	–	–	–	–		0,75	0,85	0,95	1,10	1,25
22	14	7	–	–	–	–	–		0,80	0,90	1,00	1,15	1,30
24	16	9	–	–	–	–	–		0,85	0,95	1,05	1,20	1,35
27	18	10	–	–	–	–	–		0,90	1,00	1,10	1,25	1,40
30	20	12	–	–	–	–	–		0,95	1,05	1,15	1,30	1,45
35	25	16	11	–	–	–	–		1,00	1,10	1,20	1,35	1,50
40	30	20	15	10	–	–	–		1,10	1,20	1,30	1,45	1,60
50	35	24	20	14	–	–	–		1,25	1,35	1,45	1,60	1,75
60	40	28	23	17	12	–	–		1,35	1,45	1,55	1,70	1,85
65	45	32	27	20	15	–	–		1,45	1,55	1,65	1,80	1,95
70	50	35	30	23	18	–	–		1,55	1,65	1,75	1,90	2,05
80	60	43	36	28	23	13	–		1,75	1,85	1,95	2,10	2,25
–	70	51	43	34	30	18	–		2,00	2,10	2,20	2,35	2,50
–	80	58	50	40	34	22	–		2,30	2,40	2,50	2,65	2,80

–	95	65	57	46	42	29	15	2,50	2,60	2,70	2,85	3,00
–	–	74	63	53	47	33	18	2,70	2,80	2,90	3,05	3,20
–	–	87	70	62	56	40	24	3,00	3,10	3,20	3,35	3,50
–	–	100	80	72	64	47	30	3,30	3,40	3,50	3,65	3,80
–	–	–	90	78	70	52	34	3,55	3,65	3,75	3,90	4,05
–	–	–	100	84	76	57	37	3,75	3,85	3,95	4,10	4,25
–	–	–	106	91	82	62	41	4,00	4,10	4,20	4,35	4,50
–	–	–	115	100	90	69	47	4,25	4,35	4,45	4,60	4,75
–	–	–	–	110	98	75	52	4,60	4,70	4,80	4,95	5,10
–	–	–	–	119	106	82	58	4,90	5,00	5,10	5,25	5,40
–	–	–	–	–	115	90	63	5,25	5,35	5,45	5,60	5,75
–	–	–	–	–	123	96	69	5,55	5,65	5,75	5,90	6,05
–	–	–	–	–	130	103	74	5,90	6,00	6,10	6,25	6,40
–	–	–	–	–	–	110	82	–	6,40	6,50	6,65	6,80
–	–	–	–	–	–	120	90	–	6,80	6,90	7,05	7,20
–	–	–	–	–	–	130	98	–	7,25	7,35	7,50	7,65
–	–	–	–	–	–	–	105	–	–	7,75	7,90	8,05
–	–	–	–	–	–	–	112	–	–	8,15	8,30	8,45
–	–	–	–	–	–	–	120	–	–	8,50	8,65	8,80

Anbohrung größerer Löcher je 100 Loch bei Teilung $<150 = 0,35$ h, $<250 = 0,45$ h, $<400 = 0,60$ h, $>400 = 0,75$ h.

Faktoren bei:

    Bohren mit 2 Maschinen = Faktor 0,65.

Material: St 60 (170 H_B) = Faktor 1,20, St 70 (200 H_B) = Faktor 1,35 St 85 (240 H_B) = Faktor 1,50,
    Plattierte Bleche = Faktor 1,20 über Grundwerkstoff, Aluminium weich = Faktor 0,65,
    Aluminium mittelhart = Faktor 0,55,   Kupfer-Messing = Faktor 0,55.

	Reiben–Senken	Bohren und Reiben komplett
Aufreiben nach dem Bohren: mit zylindrischer Reibahle	= Faktor 1,65	2,65
mit konischer Reibahle	= Faktor 0,85	1,85
Senken nach dem Bohren: evtl. vor dem zyl. Reiben	= Faktor 0,95	

Auflegen der Blech–Böden nach Tab. 35 bis 37

Tabelle 39. *Bohren mit Sasse-Bohrmesser*

Zeiten in h einschl. aller Nebenzeiten an 1 Maschine;
bei 2 Maschinen = Faktor 0,70. – Material: Stahl $\sigma_B < 50$ kg/mm²

Ø Sasse-Bohrmesser						Zeiten h/100 Loch 300 mm Abstand
40…52	52,5…65	66…80	81…105	106…125	126…150	
Vorbohren mit Spiralbohrer						
20…24	28	32	38	46	58	
Blechdicke mm						
8	7	–	–	–	–	2,50
12	10	6	–	–	–	2,75
16	12	8	–	–	–	3,00
19	16	10	8	–	–	3,25
23	18	12	9	8	–	3,50
27	21	14	11	10	8	3,75
30	23	16	12	11	10	4,00
37	30	20	15	15	12	4,50
44	36	23	18	16	14	5,00
51	42	27	21	19	17	5,50
58	47	31	23	21	19	6,00
66	54	35	26	24	22	6,50
73	60	38	30	26	24	7,00
80	66	42	33	30	27	7,50
88	72	47	36	32	29	8,00
96	77	50	38	34	31	8,50
103	83	54	41	37	33	9,00
110	89	58	44	40	36	9,50
117	95	61	47	42	38	10,00
124	101	65	50	45	40	10,50
–	107	69	52	47	43	11,00
–	113	73	55	50	45	11,50
–	120	77	58	53	48	12,00
–	125	80	61	55	50	12,50
–	–	84	64	58	52	13,00
–	–	88	67	61	54	13,50
–	–	92	70	64	57	14,00
–	–	96	73	66	60	14,50
–	–	100	76	68	62	15,00
–	–	104	79	71	64	15,50
–	–	108	82	74	67	16,00
–	–	111	85	76	69	16,50
–	–	115	88	79	71	17,00
–	–	119	90	82	74	17,50
–	–	122	93	84	76	18,00
–	–	126	96	87	78	18,50
–	–	–	98	90	81	19,00
–	–	–	102	92	83	19,50
–	–	–	105	95	86	20,00
–	–	–	108	97	88	20,00
–	–	–	111	100	91	21,50

Tabelle 39 (Fortsetzung)

⌀ Sasse-Bohrmesser						Zeiten h/100 Loch < 300 mm Abstand
40···52	52,5···65	66···80	81···105	106···125	126···150	
Vorbohren mit Spiralbohrer						
20–24	28	32	38	46	58	
Blechdicke mm						
–	–	–	113	103	95	21,50
–	–	–	116	106	95	22,00
–	–	–	119	108	97	22,50
–	–	–	122	111	100	23,00
–	–	–	125	113	102	23,50
–	–	–	–	116	105	24,00
–	–	–	–	118	107	24,50
–	–	–	–	121	110	25,00
–	–	–	–	124	112	25,50
–	–	–	–	–	115	26,00
–	–	–	–	–	117	26,50

Faktoren:

bei Dicke mm	< 20	< 40	< 60	< 80	≦ 100
Gußstahl	1,50	1,60	1,70	1,80	1,85
Al-Cu	0,70	0,65	0,60	0,55	0,55

Auflegen der Bleche nach Tab. 35, Vorbohren nach Tab. 38.

Tabelle 41. *Rillenschneiden*

Zeiten in h/100 Loch kpl. einschließlich Nachreiben und Entgraten
Material $\sigma_B < 50$ kg/mm²

Loch ⌀ mm	< 20	26	30	38	44	57	70	76	83	89	108
h/100 Loch	1,25	1,50	1,70	2,00	2,25	3,00	3,50	4,00	4,30	4,60	5,00

Bemerkung: Material < 60 kg/mm² = Faktor 1,25
Material < 70 kg/mm² = Faktor 1,40
Material < 85 kg/mm² = Faktor 1,60
Material ... Alu-Cu   = Faktor 0,80

Auf- und Ablegen der Bleche-Böden; ggf. nach Tab. 35 u. 37.

Tabelle 40. *Einzelbohrungen – Tiefbohrungen*

Zeiten in h/Loch einschließlich aller Nebenzeiten, wie Anstellen, Lüften, Kontrollieren, Messen usw. – Material: St $\sigma_B < 50$ kg/mm²/GS 52/GG 26

	Mechanische Richtwerte									Lochart		
Ø	8···11	12···16	17···22	23···28	30···36	40	50	65	80	Durchgangslöcher mit Kontrolle	ohne Kontrolle	Sacklöcher
v	25	24	23	22	21	20	18	15	12			
s	0,15	0,18	0,20	0,25	0,30	0,35	0,40	0,45	0,60			
n	1000 < 725	635 < 475	430 < 335	305 < 250	225 < 185	160	115	75	48			
t_r	Bohrtiefe mm									h/Loch		
	10	–	–	–						0,015		
	20	12	–	–	ab ≈30Ø vorbohren					0,018		
	30	18	15	–						0,021		
	40	25	20	15	–	–	–	–	–	0,024		
	50	35	25	20	15	–	–	–	–	0,027		
	60	45	30	25	22	15	–	–	–	0,03		
	75	55	40	35	30	20	15	–	–	0,035		
	90	70	50	45	40	25	20	15	–	0,04		
	105	85	60	55	50	35	25	20	15	0,045		
	120	100	75	65	60	45	30	25	20	0,05		
	140	115	90	75	70	55	35	30	25	0,055		
	160	130	105	85	80	65	45	35	30	0,06		
	180	145	120	100	90	75	55	40	35	0,065		
	200	160	135	115	100	85	65	45	40	0,07		
	220	180	150	130	110	95	75	50	45	0,075		
	240	200	170	145	120	105	85	55	50	0,08		
	–	220	190	160	135	115	95	60	55	0,085		
	–	240	210	175	150	125	105	65	60	0,09		
	–	260	230	190	165	135	115	75	65	0,095		
	–	280	250	210	180	150	125	85	70	0,10		
	–	–	325	275	230	200	160	110	90	0,12		
	–	–	400	350	290	250	200	140	110	0,14		
	–	–	500	425	360	300	250	175	130	0,16		
	–	–	–	525	430	350	300	200	150	0,18		
	–	–	–	–	510	425	350	225	170	0,20		
	–	–	–	–	–	575	425	300	225	0,25		
	–	–	–	–	–	–	550	375	275	0,30		
	–	–	–	–	–	–	600	450	325	0,35		
	–	–	–	–	–	–	–	525	400	0,40		
	–	–	–	–	–	–	–	600	450	0,45		
	–	–	–	–	–	–	–	–	525	0,50		
	–	–	–	–	–	–	–	–	600	0,55		

Linke Randbeschriftung: Rüstzeit einmalig 0,15···0,25 h

Lochart: *ohne Kontrolle* nach Schablone oder Vorrichtung = Faktor 0,70 — *Sacklöcher* = Faktor 1,15···1,20

Auf- und Ablegen s. Tab. 35 bis 37

Tabelle 40 (Fortsetzung)

Auf- und Abspannen von Sonderkonstruktionen bei Gewicht in:

kg	< 30	50	100	200	300	500	1000	2000	3000	5000
Normal	0,10	0,15	0,20	0,25	0,30	0,35	0,40	0,50	0,60	0,80
Seitlich oder hochkant mit zusätzlicher Abstützung	0,20	0,25	0,30	0,35	0,40	0,50	0,65	0,80	0,95	1,10

Faktoren zum Bohren:

$$\text{St } \sigma_B \begin{cases} 60 \text{ kg/mm}^2 - \text{GS } 60 = 1,2 \\ 70 \text{ kg/mm}^2 \qquad\ \ = 1,4 \\ 90 \text{ kg/mm}^2 \qquad\ \ = 1,6 \end{cases}$$

Rostfreie Stähle	$= 1,5\cdots2,00$
GG 18$\cdots$22	$= 0,8$
Al weich	$= 0,7$
Al mittelhart/Cu-Me	$= 0,6$

auf Drehbank allgemein $= 2,00$

Tabelle 43. *Versenken von Löchern an Bohrmaschine*

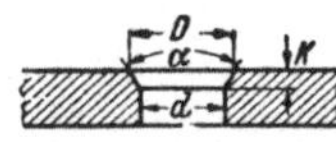

Zeiten in h/100 Loch. – Material Stahl $\sigma_B < 50$ kg/mm²
Richtwerte nach DIN 301–303 (Niete)
Für Senk- und Zylinderkopfschrauben s. Faktoren

d mm	D mm	K mm	α	Teilung mm				
				< 75	< 150	< 250	< 400	> 400
<11	<15	<3		0,50	0,65	0,85	1,05	1,25
12–16	<26	<6	75°	0,75	0,90	1,10	1,30	1,50
17–22	<35	<9		1,00	1,15	1,35	1,55	1,75
23–28	<42	<15	60°	1,25	1,40	1,60	1,80	2,00
30–36	<52	<18		1,50	1,65	1,85	2,05	2,25
~40	<57	<20	45°	1,75	1,90	2,10	2,30	2,50
<50	62	22		2,00	2,15	2,35	2,55	2,75

Bemerkungen: Bei Senkungen für Senkschrauben und Zylinderkopfschrauben ist, unbeschadet der Richtwerte $D - K - \alpha$, nur vom Schrauben- und damit Lochdurchmesser d auszugehen.

Senkungen nach DIN 63 und 87 – Senkschrauben .... = Faktor 1,15
Senkungen nach DIN 84 – Zylinderkopfschrauben ...... = Faktor 1,25
Senkungen nach DIN 6912 – Inbus-Schrauben .... = Faktor 1,30

Auflegen der Bleche gegebenenfalls nach Tab. 35 bis 37.
Materialgüten und Werkstoffaktoren gegebenenfalls nach Tab. 44.

Tabelle 42. *Bohren von Flach- und Winkelstahlringen*

Zeiten in h/Stück einschließlich Rüsten, Auf- und Ablegen,
Anbohren, Bohrer wechseln usw.
Material: Stahl $\sigma_B < 50$ kg/mm²

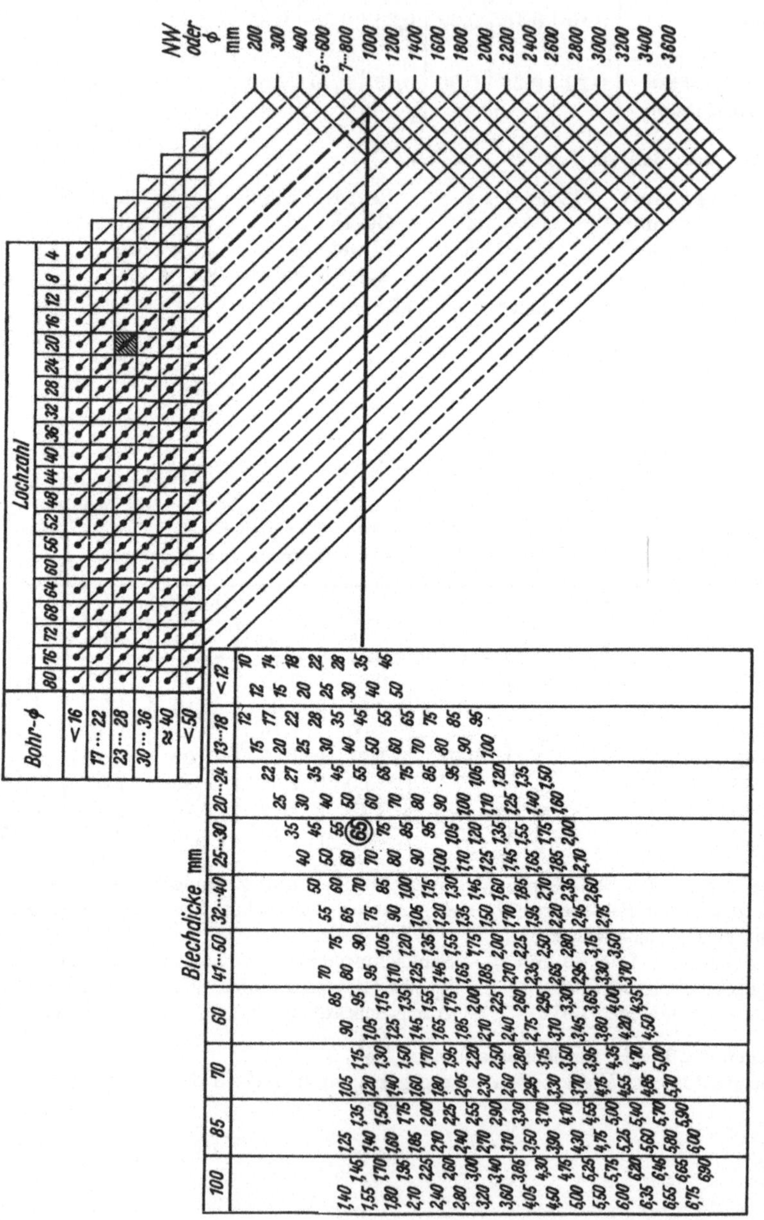

Tabelle 44. *Abflächen von Mutter- oder Schraubensitzen*

Zeiten in h/100 Sitz- oder Frässtellen einschl. t_r und t_v
Material Stahl $\sigma_B < 50$ kg/mm²

Loch-durchmesser mm	Ungefährer Sitz-durchmesser mm	Ungefähre Bearbeitungs-tiefe mm	Sitzart und damit Fräsmöglichkeit	
			von oben	von unten
8···11	<35	3	3,00	+
12···16	<40	4	3,25	25%
17···22	<50		3,50	+
23···28	<60	5	3,75	35%
30···36	<72		4,00	
<40	<85		4,50	+
<50	<110	6	5,00	50%
<65	<140		6,00	

Bemerkung: Faktoren:
St 60 .... = 1,25
St 70 .... = 1,40
St 85 .... = 1,60
Edelstähle .... = 1,40···1,50
Gußeisen .... = 0,80
Al weich .... = 0,70
Al hart .... = 0,60
Cu-Me .... = 0,60

Auf- und Ablegen gegebenenfalls nach Tab. 35 bis 37.

Tabelle 45. *Entgraten von Bohrlöchern*

Zeiten in h/100 Loch beidseitig für Rohrböden, Bleche, Flansche
einschl. $t_r + t_v$

Werkzeug	Durchmesser mm									
	<11	<22	<30	<40	<50	<65	80	100	125	150
Krauskopf	0,15	0,175	0,20	0,25	0,30	–	–	–	–	–
Schaber	–	–	–	0,60	0,75	0,90	1,10	1,30	1,50	1,75
Feile	–	–	–	–	–	–	2,00	2,25	2,75	3,50

Tabelle 46. *Bohren von Profilstählen*

Zeiten in h/100 Loch an 1 Maschine. Auf- und Ablegen, Wenden je Stück

Bezeichnung			80 bis 120	140 bis 200	220 bis 280	300 bis 360	400 bis 450	500	–
(C-Profil)			< 120	140 bis 200	220 bis 300	320 bis 400	–	–	–
(Profil)			–	100 bis 120	140 bis 180	200 bis 260	280 bis 400	450 bis 550	600 bis 800
h/100 Loch bei Teilung mm		Bohrerdurchmesser mm							
	<100	<16	0,65	0,70	0,80	0,90	1,00	1,15	1,25
		<28	0,90	1,00	1,15	1,25	1,45	1,65	1,75
		>30	1,05	1,25	1,35	1,50	1,75	1,95	2,05
	<250	<16	0,80	0,85	1,00	1,10	1,25	1,40	1,50
		<28	1,05	1,15	1,35	1,45	1,70	1,90	2,00
		>30	1,20	1,40	1,55	1,70	2,00	2,20	2,30
	<500	<16	0,95	1,00	1,15	1,30	1,45	1,65	1,75
		<28	1,20	1,35	1,50	1,65	1,90	2,15	2,25
		>30	1,35	1,55	1,70	1,85	2,20	2,45	2,55
	<1000	<16	1,45	1,55	1,70	1,85	2,00	2,20	2,35
		<28	1,70	1,85	2,05	2,20	2,45	2,70	2,85
		>30	1,85	2,10	2,25	2,45	2,75	3,00	3,15
	<1200	<16	2,40	2,50	2,65	2,80	2,95	3,15	3,30
		<28	2,65	2,80	3,00	3,15	3,40	3,65	3,85
		>30	2,80	3,05	3,20	3,40	3,70	4,00	4,20
Auf- und Ablegen je Stück bei Länge in Meter		<1,5	0,05	0,06	0,07	0,09	0,12	–	–
		<3,0	0,06	0,07	0,09	0,11	0,13	0,15	0,17
		<5,0	0,07	0,08	0,11	0,13	0,15	0,17	0,20
		>5,0	0,08	0,10	0,12	0,14	0,17	0,20	0,25
Umlegen – Drehen einmalig je Stück bei Länge in Meter		<1,5	0,02	0,02	0,03	0,04	0,07	–	–
		<3,0	0,03	0,04	0,05	0,07	0,09	0,11	0,125
		<5,0	0,04	0,06	0,075	0,09	0,11	0,13	0,15
		>5,0	0,06	0,08	0,10	0,12	0,14	0,17	0,20

Bemerkungen:

Beim Bohren mit 2 Maschinen .... = Faktor 0,70
Stark gebogene Profile unter Radialbohrmaschine normal bohren = Faktor 1,50
Stark gebogene Profile unter Radialbohrmaschine mit Kran bohren = Faktor 2,50

Gebogene Profile an Horizontalbohrmaschine bohren:
      bei Radius: < 8 m = Faktor 2,00
                < 15 m = Faktor 1,90
                < 20 m = Faktor 1,75
                ≧ 25 m = Faktor 1,60

5*

Tabelle 47. *Bohren von Flach- und Winkelstählen.* Zeiten in h/100 Loch an 1 Maschine. Auf- und Ablegen, Wenden je Stück

Auf- und Ablegen je Stück bei Länge m				Umlegen, Drehen zum Bohren des 2. Schenkel je Stück bei Länge m				Material oder Flansch-dicke	h/100 Loch bei Teilung mm														
									<100			<250			<500			<1000			>1200		
									Bohrerdurchmesser mm														
<1,5	<3	<5	>5	<1,5	<3	<5	>5	mm	<16	<28	>30	<16	<28	>30	<16	<28	>30	<16	<28	>30	<16	<28	>30
												A. Flacheisen											
0,03	0,04	0,05	0,06	–	–	–	–	<12	0,70	1,00	1,25	0,85	1,15	1,45	1,00	1,30	1,55	1,50	1,80	2,05	2,45	2,75	3,00
0,05	0,06	0,07	0,08	–	–	–	–	<20	0,85	1,25	1,50	1,00	1,40	1,65	1,15	1,55	1,80	1,70	2,10	2,35	2,65	3,05	3,30
0,06	0,07	0,08	0,10	–	–	–	–	<30	1,10	1,60	1,90	1,30	1,80	2,10	1,45	1,95	2,25	2,00	2,50	2,80	2,95	3,45	3,75
0,07	0,08	0,10	0,12	–	–	–	–	<40	1,30	1,90	2,20	1,50	2,10	2,40	1,70	2,30	2,60	2,25	2,85	3,15	3,20	3,80	4,10
												B. Winkel und T-Eisen											
0,04	0,05	0,06	0,08	0,01	0,02	0,03	0,04	<8	0,60	0,85	1,05	0,75	1,00	1,20	0,90	1,15	1,35	1,40	1,65	1,85	2,35	2,60	2,80
0,06	0,07	0,08	0,10	0,02	0,03	0,04	0,06	10···16	0,75	1,05	1,30	0,90	1,20	1,45	1,05	1,35	1,60	1,60	1,90	2,15	2,55	2,85	3,10
0,07	0,085	0,10	0,12	0,03	0,04	0,06	0,08	18···24	0,90	1,30	1,60	1,10	1,50	1,80	1,25	1,65	1,95	1,80	2,20	2,50	2,75	3,15	3,50
0,08	0,10	0,12	0,15	0,04	0,06	0,08	0,10	26···30	1,05	1,55	1,85	1,25	1,75	2,05	1,45	1,95	2,25	2,00	2,50	2,80	3,00	3,50	3,80

Bemerkung:

Beim Bohren mit 2 Maschinen .... = Faktor 0,70
Beim Bohren geschmiegter gerader Winkel .... = Faktor 1,20
Geschmiegte und gebogene Winkel bohren an Maschine:

	Radial	Horizontal
< 8 m = Faktor	1,75	2,50
<15 m = Faktor	1,65	2,25
<20 m = Faktor	1,50	2,00
≦25 m = Faktor	1,30	1,75

Tabelle 48. *Metrisches Gewindeschneiden an Maschine*

Zeiten in h/100 Loch für Vor- und Fertigbohrer. – Material $\sigma_B < 50$ kg/mm²

Schnitt-geschwin-digkeit V	Drehzahl n	Steigung mm	Gewinde M	Vorbohren $\varnothing$ mm	Durchgang Loch / Sackloch	Gewindetiefe mm								
						10	20	30	40	50	60	70	85	100
7,0	440	0,8	5	4,2	D	2,80	2,95	–	–	–	–	–	–	–
					S	4,35	4,75	–	–	–	–	–	–	–
6,9	350	1,00	6	5,00	D	2,85	3,00	3,10	–	–	–	–	–	–
					S	4,30	4,80	5,40	–	–	–	–	–	–
6,8	270	1,25	8	6,7	D	2,95	3,10	3,25	3,40	–	–	–	–	–
					S	4,35	4,85	5,55	6,00	–	–	–	–	–
6,6	210	1,5	10	8,5	D	3,05	3,25	3,40	3,60	–	–	–	–	–
					S	4,40	4,95	5,70	6,20	–	–	–	–	–
6,4	170	1,75	12	10,00	D	3,20	3,35	3,55	3,80	4,00	–	–	–	–
					S	4,50	5,05	5,90	6,40	6,80	–	–	–	–
6,1	120	2,00	16	13,75	D	–	3,75	4,00	4,25	4,50	4,75	–	–	–
					S	–	5,20	6,10	6,60	7,20	8,00	–	–	–
5,8	92	2,5	20	17,00	D	–	4,05	4,35	4,55	4,80	5,00	5,25	–	–
					S	–	5,35	6,30	6,80	7,60	8,40	9,00	–	–
5,6	74	3,00	24	21,00	D	–	4,35	4,65	4,90	5,15	5,35	5,65	6,10	6,60
					S	–	5,55	6,50	7,10	7,90	8,70	9,30	10,40	11,00

5,6	66	3,00	27	24,00	D	–	4,80	5,10	5,45	5,60	5,90	6,20	6,60	7,10
					S	–	5,75	6,70	7,35	8,20	9,00	9,60	10,75	11,50
5,3	56	3,5	30	26,00	D	–	–	5,45	5,75	6,00	6,30	6,60	7,00	7,50
					S	–	–	6,90	7,60	8,50	9,30	9,90	11,10	12,00
5,2	47	4,00	36	31,5	D	–	–	6,00	6,35	6,65	7,00	7,35	7,75	8,20
					S	–	–	7,10	7,85	8,80	9,60	10,30	11,45	12,50
5,1	39	4,5	42	37,00	D	–	–	6,55	7,00	7,25	7,50	7,90	8,35	8,85
					S	–	–	7,30	8,20	9,10	9,90	10,70	11,80	13,00
5,0	33	5,00	48	43,00	D	–	–	7,10	7,50	7,85	8,25	8,60	9,10	9,60
					S	–	–	7,50	8,50	9,40	10,25	11,10	12,20	13,50
5,0	28	5,5	56	50,00	D	–	–	–	8,25	8,65	9,00	9,40	10,00	10,50
					S	–	–	–	8,80	9,70	10,60	11,50	12,70	14,00

Bemerkung: Auf- und Ablegen (Bleche – Flansche) s. Tab. 35 bis 37.
Sacklöcher = 10 mm größere Lochtiefe rechnen.

Schneiden mit Mutterbohrer .... = Faktor 0,60
St 60 .... = Faktor 1,20
Gußstahl .... = Faktor 1,20
Gußeisen .... = Faktor 0,80
Rotguß – Bronze – Messing .... = Faktor 0,65
Leichtmetall weich .... = Faktor 0,55
Leichtmetall hart .... = Faktor 0,50

Für spräde Werkstoffe, die kaum oder nur wenig auftragen, wie Gußeisen, Bronze, Messing, werden die Bohrerdurchmesser beim Vorbohren 0,1 bis 0,25 mm kleiner gewählt. – Für Aluminium sind diese Werte zu verdoppeln (entspr. 0,2 bis 0,5 mm).

Tabelle 49. *Metrisches Gewindeschneiden von Hand*

Zeiten in h/100 Loch für Vor- und Fertigbohren einschl. $t_r + t_v$. – Material Stahl $\sigma_B < 50$ kg/mm²

Gewinde M	Vorbohren ⌀ mm	Gewindetiefe mm											
		5	10	15	20	25	30	35	40	45	50	60	70
5	4,2	4,50	6,00	7,50	8,50	9,50	10,50	–	–	–	–	–	–
6	5,0	4,25	6,00	7,25	8,15	9,15	10,00	10,75	11,50	–	–	–	–
8	6,7	4,00	5,75	6,75	7,50	8,75	9,50	10,10	10,75	11,50	–	–	–
10	8,5	–	5,00	6,00	6,80	7,65	8,40	9,00	9,70	10,30	11,00	–	–
12	10,00	–	4,50	5,25	6,15	6,85	7,35	8,10	8,75	9,25	9,60	10,50	–
16	13,75	–	5,00	5,75	6,75	7,40	8,00	8,75	9,35	10,00	10,50	11,50	12,50
20	17,00	–	–	6,35	7,35	8,10	8,80	9,50	10,25	10,80	11,35	12,50	13,40
24	21,00	–	–	7,35	8,20	9,45	10,30	11,10	11,65	12,35	13,10	14,40	15,50
27	24,00	–	–	–	9,65	10,75	11,75	12,75	13,60	14,30	15,25	16,65	17,90
30	26,00	–	–	–	11,30	12,50	13,60	14,70	15,50	16,40	17,50	19,00	20,50

Bemerkung: Sacklöcher = 10 mm größere Lochtiefe rechnen.

Schneiden mit Mutterbohrer ... = Faktor 0,60
St 60 .... = Faktor 1,20
Gußstahl .... = Faktor 1,20
Gußeisen .... = Faktor 0,80
Rotguß – Bronze – Messing .... = Faktor 0,65
Leichtmetall weich .... = Faktor 0,55
Leichtmetall hart .... = Faktor 0,50

Tabelle 50. *Diverse Bohrarbeiten mit Handbohrmaschine*

Zeiten einschl. aller Nebenzeiten in h/100 Loch und für 2 Mann

Blech-dicke mm	Bohrerdurchmesser mm									
	10	12…14	16	18…20	22	24	27	30	33	36
10	3,60	4,40	5,20	6,10	–	–	–	–	–	–
12	4,00	4,80	5,70	6,80	7,70	8,50	–	–	–	–
15	4,60	5,50	6,50	7,70	8,80	9,60	10,50	11,60	–	–
18	5,30	6,30	7,40	8,60	9,80	10,60	11,75	12,75	14,00	15,00
21	6,00	7,00	8,20	9,50	10,80	11,90	13,00	14,00	15,25	16,25
24	6,60	7,80	9,00	10,40	11,80	13,00	14,20	15,30	16,40	17,50
27	7,30	8,50	9,80	11,30	12,80	13,90	15,00	16,40	17,70	19,00
30	8,10	9,20	10,50	12,20	13,90	15,20	16,40	17,80	19,00	20,50
35	9,10	10,50	12,00	13,70	15,50	17,10	18,50	20,00	21,20	22,50
40	–	11,70	13,30	15,40	17,30	18,80	20,50	21,70	23,40	25,00
50	–	–	16,20	18,50	20,70	22,80	24,20	26,00	28,00	29,50
60	–	–	–	21,70	24,00	26,00	28,00	30,50	33,00	36,00
ver-senken nach DIN 301-3	3,5	4,5		6,25		8,00		11,00		

Bemerkung: Bohrbügel anschrauben und jedes versetzen .... = 0,25 h

Betr.
Bohren
Bei einfachen leichten Bohrarbeiten, z.B. Bleche an ebener Erde oder wo durch besondere Umstände der Einsatz nur eines Arbeiters erforderlich ist .... = Faktor 0,65
Von der Seite bohren (horizontal) .... = Faktor 1,20

Betr.
Versenken
Halbversenken .... = Faktor 0,60

Aufreiben s. Tab. 84 bis 86.

≈ Drehzahl bei Belastung n	200	160	135	120	110	100	95	90	85	80
Vorschub von Hand ≈ S					0,10					

VIII. Walzen

Die Drei- oder Vierwalzen-Rundbiegemaschine ist eine der wichtigsten Werkzeugmaschinen der Apparatebauwerkstätten. Eine laufende oder intensive Behälterfertigung ist eben ohne die Walze nicht möglich. Betriebe mit vielseitigem Fertigungsprogramm haben, um allen Anforderungen gerecht zu werden, in der Regel mehrere Walzen in den verschiedensten Größen und Leistungsstärken aufgestellt. Nur so ist man in der Lage, daß jeweils anstehende Walzprogramm nach den Gesichtspunkten der Zweckmäßigkeit und Wirtschaftlichkeit durchzubringen.

Die Kaltverformbarkeit des Stahles, insbesondere beim Walzen, ist natürlich nicht unbegrenzt. Der zu walzende Schußdurchmesser und die Blechdicke spielen dabei die größte Rolle. Bei der dabei zu respektierenden Grenze spricht man von der Dehnungs- oder Reckgrenze, die mit 5% in den Bauvorschriften festgelegt ist. Diese sollte unter keinen Umständen beim Kaltwalzen überschritten werden, da sonst die Gefahr der Materialzerstörung akut wird. Schon bei etwaiger Erreichung dieser Grenze ist eine spannungsarme Zwischenglühung zu empfehlen. Bei Kesselblechen mit niedriger Dehnung bis etwa 20% ist bei kleineren Durchmessern und größeren Blechdicken u.U. schon bei etwa 4% eine normalisierende Zwischenglühung ratsam. Dies ist von Fall zu Fall und örtlich zu entscheiden.

Dasselbe gilt für nichtrostende, säurebeständige Stähle mit sehr hohem Chromgehalt und einer Dehnung bis etwa 20%. Bei nichtrostenden säure- und hitzebeständigen Stählen mit hohem Chrom- und Nickelgehalt und mit der üblichen Dehnung von etwa 40 bis 45% erübrigt sich im allgemeinen eine Glühbehandlung.

Müssen aber Schüsse mit hohen Blechdicken und kleineren bis mittleren Durchmessern gewalzt werden, und die Überschreitung der Reckgrenze ist dabei unvermeidlich, so muß unter allen Umständen warm vor- wie auch nachgewalzt werden. Dabei können etwa 60 bis 65% zusätzlich, d.h. im Mittel etwa doppelt so dicke Bleche, verarbeitet werden.

Die Dehnungs- oder Reckgrenze errechnet sich aus der Formel:

$$\frac{s\,100}{d_i + s} = \%$$

s Blechdicke in mm; d_i innerer Durchmesser in mm.

Für die Festlegung der Vorgabezeit sind die Blechdicke, der zu walzende Radius und die Blechbreite entscheidend. Nach diesen Größen ist auch die **Tab.** 51 (S. 76) aufgebaut. Das Vorbiegen der Köpfe sowie Einrichte- und alle Nebenzeiten sind in den Vorgabezeiten enthalten. Die Werte gelten je nach den Erfordernissen für 2 bis 3 Mann.

Die Kranhilfe für das Einlegen der Bleche, Ablegen des Schusses und zwischenzeitliche Hilfe beim Walzen ist hier nicht einbegriffen, da Kräne unter allgemeine Unkosten fallen oder auch ein von der Walze aus elektrisch gesteuerter Hilfskran zur Verfügung steht.

Das Verlangen nach völliger Rundheit eines Mantelschusses bedingt, vor allem bei dickeren Blechen, das exakte Vorbiegen der Köpfe vor dem Walzen.

Die Länge der dabei vorzubiegenden Enden ändert sich mit dem zu walzenden Schußdurchmesser und beträgt etwa bei:

Durchmesser in mm

<500	750	1000	1500	2000	2500	3000	>3000
1,0	1,05	1,10	1,25	1,40	1,55	1,70	2,0 bis 2,50

mal die jeweils zu walzende Blechdicke, also s.

Für das Nachwalzen (Nachrichten) der Schüsse nach dem Schweißen der Längsnaht, Bleche mit einer größeren Anzahl Niet- oder Schraubenlöcher, konische Schüsse oder plattierte Bleche sowie mehrteilige Schüsse als Einzelbleche gewalzt, sind die untenstehenden Faktoren anzuwenden.

Ebenso sind die Zuschläge für größere Blechdicken als die der Tabelle zugrunde gelegten zu beachten.

Das Nachwalzen (Nachrichten) vorgewalzter und in der Langnaht geschweißter Schüsse sollte unter keinen Umständen weggelassen werden. Die geforderte und zulässige Toleranz in der Rundheit, meist bis zu 1%, seltener bis zu 2% des Durchmessers, muß gewahrt werden. Übersteigt bei Stählen bis etwa St 42 der Durchmesser, in Millimeter geteilt durch die Blechdicke in Millimeter, den Wert 100, so kann die exakte Rundheit des Behälters oder Schusses nur durch Aussteifungsringe, Sterne, Zwischenböden oder auch äußere Versteifungsringe gewährleistet werden.

Bei niederen Außen- wie auch Werkstattemperaturen etwa unter $+10\,°C$ ist beim Kaltwalzen hochwertiger oder höhergekohlter Baustähle über 25 mm Dicke größte Vorsicht geboten.

Der Sprödbruchgefahr wegen ist u. U. eine sorgfältige und gleichmäßige Erwärmung des Materials auf etwa 150 bis 200 °C ratsam und geboten.

In **Tab.** 52 (S. 75) für das Walzen von Mantelblechen des Großbehälter- oder Großtankbaues sind entgegen der ersteren Festlegung hier die

Zeitwerte für je 1 m zu walzende Blechlänge festgelegt. Der Ausdruck „je Schuß" ist hier in dieser Form nicht angebracht, da bei den z.T übergroßen Radien nie bekannt ist, aus wieviel Teilen dieser Schuß bestehen wird. Die Aufteilung des Blechmantels richtet sich dabei nach der konstruktiven Eigenart, der Zweckmäßigkeit und Kostenfrage, den örtlichen Verhältnissen und nach dem Walzprogramm der Hüttenwerke oder des Lieferanten.

Ausgehend von der Blechdicke, dem zu walzenden Radius und der Blechbreite, multipliziert man nur den so ermittelten Tabellenwert mit der Länge des zu walzenden Bleches in Meter.

Rohrschüsse, die aus bereits weiter oben beschriebenen Gründen warm gewalzt werden müssen, sind nach **Tab. 53** zu berechnen.

Für das Nachwalzen ist der angegebene Faktor zu beachten. Warm zu walzende Schüsse werden in der Regel, d.h., wenn eine gewisse Maßhaltigkeit in der Schußlänge und für die Nahtform verlangt wird, mit Überlängen gewalzt.

Die Köpfe werden dann später nach dem Schweißen der Langnaht und Nachrichten des Schusses – auf der Kesseldrehbank formgerecht – und der Schuß dabei gleichzeitig auf die eventuell vorgeschriebene Länge gedreht.

Die Zerspanungsleistung für das Bei- und Formdrehen dieser Köpfe ist ebenfalls in der Tab. 53, und zwar den Schußgrößen nach geordnet, mit angegeben.

Diese Werte geben die Leistungen in Kubikzentimeter je Stunde an und schließen darin alle gerade hierbei sehr hohen Rüst- und Nebenzeiten mit ein.

Es ist nur das Gesamtvolumen der zu zerspanenden Überlängen in Kubikzentimeter zu errechnen und durch den entsprechenden Tabellenwert zu dividieren. Der so ermittelte Wert ergibt die Vorgabezeit, also die Drehzeit einschließlich Rüst-, Spann- und Nebenzeiten, in Stunden.

Tabelle 52. *Walzen einschl. Anbiegen von Mantelblechen für Großbehälter*

Zeiten in h/m Blechlänge für 2 bis 3 Mann

Blech- breite mm	Blechdicke mm	Durchmesser mm							[1]
		4000	6000	8000	10000	12000	15000	20000	
<500	<6	0,15	0,13	0,11	0,09	0,07	0,06	0,05	10
	7…9	0,18	0,16	0,14	0,12	0,10	0,08	0,06	
	10…13	0,22	0,19	0,16	0,14	0,12	0,10	0,08	
	14…16	0,26	0,23	0,20	0,17	0,14	0,12	0,10	
	18…22	0,30	0,26	0,22	0,19	0,16	0,14	0,12	
1000	<6	0,20	0,18	0,16	0,14	0,12	0,10	0,08	15
	7…9	0,23	0,20	0,18	0,16	0,14	0,12	0,10	
	10…13	0,27	0,24	0,21	0,18	0,16	0,14	0,12	
	14…16	0,31	0,27	0,24	0,21	0,18	0,16	0,14	
	18…22	0,35	0,31	0,27	0,23	0,20	0,18	0,16	
1500	<6	0,25	0,22	0,19	0,16	0,14	0,12	0,10	25
	7…9	0,28	0,24	0,21	0,18	0,16	0,14	0,12	
	10…13	0,32	0,28	0,24	0,21	0,18	0,16	0,14	
	14…16	0,36	0,32	0,28	0,24	0,21	0,18	0,16	
	18…22	0,40	0,35	0,31	0,27	0,23	0,20	0,18	
2000	<6	0,30	0,26	0,22	0,19	0,16	0,14	0,12	35
	7…9	0,33	0,29	0,25	0,22	0,19	0,16	0,14	
	10…13	0,37	0,32	0,28	0,24	0,21	0,18	0,16	
	14…16	0,41	0,36	0,32	0,28	0,24	0,20	0,18	
	18…22	0,45	0,40	0,35	0,30	0,26	0,22	0,20	
3000	<6	0,35	0,30	0,26	0,22	0,19	0,16	0,14	50
	7…9	0,38	0,34	0,30	0,26	0,22	0,18	0,16	
	10…13	0,42	0,37	0,32	0,28	0,24	0,20	0,18	
	14…16	0,46	0,40	0,35	0,30	0,26	0,22	0,20	
	18…22	0,50	0,44	0,38	0,33	0,28	0,24	0,22	

Faktor wie vor (Tab. 51).

---

[1] Zuschlag in Prozent für jede weitere 10 mm Blechdicke.

Tabelle 51. *Rundwalzen einschl. Anbiegen von Blechmänteln (kalt)*
Zeiten in h/St. für 2 bzw. 3 Mann

Blech-breite mm	Blechdicke mm	Durchmesser mm								[1]
		< 500	750	1000	1500	2000	2500	3000	> 3000	
<500	3···4	0,40	0,50	0,60	0,70	0,85	–	–	–	10
	5···6	0,50	0,60	0,70	0,80	0,95	–	–	–	
	7···9	0,65	0,75	0,85	0,95	1,10	1,25	1,40	1,60	
	10···13	0,80	0,90	1,00	1,10	1,25	1,40	1,60	1,80	
	14···16	1,00	1,10	1,20	1,30	1,45	1,60	1,80	2,00	
	18···22	–	1,30	1,40	1,50	1,65	1,80	2,00	2,20	
	25···30	–	1,50	1,60	1,75	1,90	2,10	2,30	2,50	
	35	–	–	1,85	2,05	2,25	2,40	2,60	2,75	
	40	–	–	2,15	2,35	2,50	2,65	2,85	3,00	
1000	3···4	0,75	0,85	0,95	1,10	1,30	1,50	–	–	15
	5···6	0,90	1,00	1,10	1,25	1,45	1,65	1,85	2,10	
	7···9	1,10	1,20	1,30	1,45	1,65	1,80	2,00	2,25	
	10···13	1,25	1,35	1,50	1,65	1,80	2,00	2,20	2,40	
	14···16	–	1,60	1,70	1,90	2,10	2,30	2,45	2,65	
	18···22	–	–	1,90	2,10	2,30	2,45	2,65	2,85	
	25···30	–	–	2,10	2,30	2,50	2,70	2,90	3,10	
	35	–	–	–	2,60	2,80	3,00	3,20	3,45	
	40	–	–	–	2,90	3,15	3,35	3,35	3,75	
1500	3···4	0,90	1,00	1,10	1,30	1,50	1,70	–	–	25
	5···6	1,05	1,15	1,25	1,45	1,70	1,90	2,15	2,35	
	7···9	1,25	1,35	1,45	1,65	1,90	2,15	2,35	2,55	
	10···13	1,50	1,60	1,75	1,95	2,20	2,40	2,65	2,85	
	14···16	–	1,95	2,10	2,30	2,50	2,70	2,95	3,15	
	18···22	–	–	2,30	2,50	2,75	2,95	3,20	3,45	
	25···30	–	–	2,50	2,70	2,95	3,20	3,45	3,75	
	35	–	–	–	3,10	3,35	3,60	3,90	4,10	
	40	–	–	–	3,50	3,75	4,00	4,25	4,55	
2000	3···4	1,00	1,15	1,25	1,45	1,70	1,90	–	–	35
	5···6	1,15	1,30	1,40	1,60	1,85	2,10	2,25	2,55	
	7···9	1,40	1,55	1,65	1,90	2,15	2,35	2,60	2,80	
	10···13	1,65	1,80	1,95	2,20	2,45	2,65	2,90	3,15	
	14···16	–	2,10	2,25	2,50	2,75	3,00	3,25	3,50	
	18···22	–	–	2,50	2,75	3,00	3,25	3,50	3,80	
	25···30	–	–	2,75	3,00	3,30	3,60	3,90	4,25	
	35	–	–	–	3,50	3,80	4,10	4,40	4,65	
	40	–	–	–	4,00	4,25	4,50	4,80	5,40	
3000	3···4	–	–	–	–	–	–	–	–	50
	5···6	1,35	1,50	1,65	1,90	2,20	2,45	2,75	3,00	
	7···9	1,60	1,75	1,90	2,20	2,45	2,70	2,95	3,25	
	10···13	1,95	2,10	2,25	2,55	2,80	3,05	3,35	3,60	
	14···16	2,30	2,45	2,60	2,85	3,15	3,45	3,70	4,00	

Tabelle 51 (Fortsetzung)

Blech-breite mm	Blechdicke mm	Durchmesser mm								1
		< 500	750	1000	1500	2000	2500	3000	> 3000	
3000	18···22	–	–	2,85	3,15	3,50	3,80	4,10	4,40	50
	25···30	–	–	3,20	3,50	3,90	4,30	4,65	5,00	
	35	–	–	–	4,10	4,45	4,80	5,15	5,50	
	40	–	–	–	4,70	5,00	5,35	5,65	6,00	
4000	3···4	–	–	–	–	–	–	–	–	75
	5···6	–	1,75	1,95	2,30	2,65	2,95	3,30	3,60	
	7···9	–	2,10	2,30	2,60	2,90	3,20	3,55	3,90	
	10···13	–	2,45	2,65	3,00	3,30	3,65	4,00	4,35	
	14···16	–	2,90	3,10	3,40	3,75	4,10	4,45	4,80	
	18···22	–	–	3,50	3,80	4,20	4,55	4,95	5,30	
	25···30	–	–	4,00	4,30	4,75	5,15	5,55	6,00	
	35	–	–	–	4,90	5,35	5,75	6,20	6,60	
	40	–	–	–	5,60	6,00	6,40	6,80	7,20	

Faktoren:

Mäntel nach dem Schweißen der Langnaht nachwalzen .... = Faktor 0,35
Mäntel mit Niet- oder Schraubenlöchern .... = Faktor 0,90
Konen walzen, schwach < 1:15 .... = Faktor 1,30
Konen walzen, stark   > 1:20 .... = Faktor 3,50
Edelstahl, plattierte Bleche .... = Faktor 1,35···1,50
Warmwalzen (niedere bis höhere Temperaturen) .... = Faktor 1,35···1,50

Bei mehrteiligen Mänteln:

Teile	2	3	4	6
Faktor	0,65	0,55	0,50	0,45

[1] Zuschlag in Prozent für jede weitere 10 mm Blechdicke.

Tabelle 53. *Warmwalzen von Rohrschüssen einschl. Köpfe warm vorpressen.* Zeiten in h/St. für 2 Mann einschl. t_r und t_v

Blechdicke mm (nach lichtem ⌀ mm)

lichter ⌀ mm												
<2000	–	–	–	–	–	–	50	60	–	–	–	–
<1600	–	–	–	–	–	45	60	–	–	–	–	–
<1200	–	–	–	–	40	45	50	–	–	–	–	–
<1000	–	–	–	40	45	50	–	–	–	–	–	–
<800	–	–	35	40	45	50	–	–	–	–	–	–
<600	–	30	35	40	45	–	–	–	–	–	–	–
<500	25	30	35	40	–	–	–	–	–	–	–	–

Köpfe nach dem Walzen und Schweißen der Langnaht auf Maß drehen cm³/h (einschl. Rüst-, Spann- und Nebenzeiten):

	cm³/h
	690
	620
	580
	480
	420
	350
	300

Zeiten in h

Schußlänge mm												
<1000	3,00	3,50	4,00	4,75	–	–	–	–	–	–	–	–
<1500	3,50	4,00	4,50	5,25	6,00	6,75	7,50	–	–	–	–	–
<2000	4,00	4,50	5,25	6,00	6,75	7,50	8,25	–	–	–	–	–
<3000	4,75	5,25	6,00	6,75	7,50	8,25	9,00	9,75	10,50	–	–	–
<4000	5,50	6,00	6,75	7,50	8,25	9,00	9,75	10,50	11,25	12,00	13,00	14,00
>4000	6,00	6,50	7,25	8,00	8,75	9,50	10,25	11,00	12,00	13,00	14,00	15,00

Bemerkung: Bei großen Blechdicken ist zum Vorpressen an den Köpfen $1,5 \times S$ Überstand zu lassen.
Nachwalzen = Faktor 0,30···0,35. Bei Teilschüssen können die Faktoren von Tab. 51 angewandt werden.

IX. Schmieden — Biegen

Das Schmieden, der einzige mechanische Bearbeitungsvorgang bei ausgesprochen hohen Temperaturen, hat, vor allem in der reinen Einzelfertigung des Stahl- und Apparatebaues, eine wichtige Funktion im Rahmen der Gesamtfertigung zu erfüllen.

Trotz des heute stärker betonten Einsatzes von Fertig- und Normteilen beträgt der prozentuale Anteil der Schmiede an den Produktivstunden im Jahresmittel einer vielseitigen Fertigung und je nach Art des Betriebes immer noch etwa 2 bis 5%.

Dieser u.U. relativ hohe Anteil kommt von der ausschließlichen Kolonnenarbeit in der Schmiede, die immer wenigstens mit zwei, oft sogar wegen der Größe und des Gewichtes der Werkstücke mit 3 Mann arbeitet.

Hinzu kommen die individuellen Anforderungen, welche an die Freiformschmiede gestellt werden und vielseitigster Art sind.

Der erhöhte Anfall von Rüst- und Nebenzeiten und den bedingt hohen Erholungszuschlägen läßt die Vielseitigkeit, die Eigenart und vor allem die Schwere der Schmiedearbeit eindeutig erkennen.

In den folgenden Tabellen sind die immer wieder anfallenden Schmiede- und Biegearbeiten zusammengefaßt. Auf die Festlegung besonderer, der Eigenart des einzelnen Betriebes entsprechender Schmiedestücke muß hier natürlich verzichtet werden. Für diese aus dem Rahmen der allgemeinen Fertigung fallenden Werkstücke wird der Kalkulator von Fall zu Fall und gegebenenfalls in Zusammenarbeit mit der Werkstatt die Kosten und damit den Preis bestimmen.

Sämtliche in den Tabellen festgelegten Werte entsprechen der reinen Einzelfertigung und schließen grundsätzlich, unter Berücksichtigung von Profilgrößen und Dicken, Biegeradien und Durchmesser sowie dem sich allgemein als notwendig erweisenden Nachrichten, alle erforderlichen Wärmebehandlungen ein.

Kleinserien können etwa mit dem Faktor 0,90 bis 0,85 gerechnet werden.

Beim Einsatz in entsprechenden Großglühöfen und kontinuierlicher Fertigung ist für kpl. Ringe (Tab. 55, 59, 60 u. 62) mit dem Faktor 0,75, beim Vorbiegen von Segment- oder Ringteilen (Tab. 56 u. 61) mit dem Faktor 0,65 zu rechnen.

Die reinen Walzzeiten bleiben dabei in jedem Falle unberührt.

Die Einzelanfertigung diverser Schmiedeteile, wie Rohrschellen, Halterungen, Anker-, Stein- und Zugschrauben, Handgriffe und Maloten, ist fast eine Alltäglichkeit in der Schmiede einer Stahlbauanstalt.

In **Tab.** 54 sind die Werte entsprechend den Werkstückgrößen und den Materialdicken geordnet und gelten jeweils für ein Stück und die Kolonne von 2, gegebenenfalls 3 Mann.

Auch bei gewissen, von den bebilderten Arbeitsbeispielen abweichenden Konstruktionen, kann die Tabelle sinnvoll angewandt werden.

Der besseren Übersicht wegen sind die Kosten für die Fertigbearbeitung der Malottenaugen den Schmiedezeiten unmittelbar nachgeordnet.

Der Bedarf an Winkelringen ist in der Behälter- und Apparatefertigung sehr erheblich. Sie finden außen als Flansch- oder Anschlußringe und innen als Aussteifungs- und Tragringe Verwendung. Die Schenkeldicken werden im allgemeinen wegen der Beanspruchung und Belastung sowie des Verlangens nach Bearbeitungszugabe für mechanische Nacharbeiten ziemlich hoch gewählt. Das erhöht natürlich die Schwierigkeiten und Kosten beim Biegen.

Normale große Ringe werden, soweit die Reckgrenze nicht überschritten wird und die Maschinenleistung ausreicht, kalt gewalzt.

Die Köpfe der Profile werden mit entsprechenden Überlängen warm vorgebogen und nach dem Walzen des Ringes auf Maß geschnitten.

Ringgrößen außerhalb der Reckgrenze sowie überschwere Profile sind warm zu walzen.

Kleinere Ringe unter etwa 600 $\varnothing$ werden fast ausnahmslos warm und von Hand gebogen.

In **Tab.** 55 (S. 86 bis 87) ist das Biegen und Walzen normaler gleichschenkliger Winkelringe festgelegt. Die Werte sind nach Ringdurchmesser und Profilgrößen geordnet und erfahren eine zusätzliche Unterteilung nach der Schenkeldicke. Die Zeiten gelten für die Kolonne von 2 bis 3 Mann, das Vorbiegen der Köpfe und Nachrichten der Ringe nach dem Schweißen ist eingerechnet.

Für Ringe mit nach innen liegendem Schenkel sowie ungleichschenklige Profile sind die untenstehenden Faktoren unbedingt zu beachten.

Das Maßbrennen der beiden Köpfe kann ebenfalls der Tabelle entnommen werden.

In der Regel und aus Zweckmäßigkeitsgründen werden die Ringenden nach dem Abrollen und der Maßfestlegung durch den Vorzeichner an Ort und Stelle, d.h. in der Schmiede, auf Maß gebrannt und der Ring elektrisch stumpfgeschweißt und abschließend nachgerichtet.

Für diese Widerstandsschweißung sind in der Sparte „Stumpfstoßschweißen" 2 Werte je Profil und Schenkeldicke angegeben. Diese beiden Werte drücken die Schweißzeiten einschließlich der Nebenzeiten, wie Begradigen und Nachrichten, für den kleinsten und den größten tabellarischen Ringdurchmesser aus. Die dazwischenliegenden Größen sind zu interpolieren.

Die Schließung der Stöße durch die elektrische Handschweißung ist der Einfachheit halber hier mit aufgeführt. Das vorher Gesagte bezüglich der Wertbemessung gilt auch für diese Sparte.

Die Werte sind Mittelwerte. Bei größeren sperrigen Ringen ist ein Zuschlag von 15 % zu empfehlen.

In dem Kapitel „Elektrische Schmelzschweißung" erscheinen diese Angaben nicht mehr.

Das Biegen und Walzen von Winkelringteilen nach **Tab. 56** (S. 85) gilt für Durchmesser über 3 m und wenn der Ring mindestens zweiteilig wird oder auch für einzelne Ringsegmente.

Die Tabelle ist ebenfalls nach den Profilgrößen und den Schenkeldicken geordnet. Alle Werte gelten für die komplett erforderliche Kolonne und sind einschließlich des Walzens und Nachrichtens auf den laufenden Meter bezogen.

Bei der Kalkulation ist also der entsprechende Tabellenwert mit der Länge in Meter des zu walzenden Profils zu multiplizieren. Die so errechnete Vorgabezeit für das Walzen und Nachrichten ist zu dem Zeitwert für das Vorbiegen der beiden Köpfe zu addieren.

Die so errechnete Summe kennzeichnet den Richtwert für das komplette Biegen des betreffenden Winkelringsegmentes. Die Faktoren der Tab. 55 gelten sinngemäß auch hierfür.

Die Richtwerte für das Schmiegen sowie das Biegen geschmiegter Winkel nach **Tab. 57** beziehen sich alle auf einen laufenden Meter Winkelstahl. Diese Arbeiten sind besonders stark individueller Art und können je nach den Erfordernissen und Gegebenheiten beim Schmiegen an der Presse oder von Hand und beim Biegen von Hand oder an der Walze ausgeführt werden.

Das vorherige Hobeln oder Abmeißeln der Winkelrücken ist wegen der zu erwartenden Wulstbildung zu beachten. Die Werte hierfür sind der Einfachheit halber in dieser Tabelle mit aufgeführt.

Die Faktoren für die einzelnen Winkelstellungen bei deren eventuellen Änderungen sowie die Längenfaktoren sind unbedingt zu berücksichtigen.

Für das spezielle Biegen, Abwinkeln und Absetzen von Winkelstählen gelten die Werte der **Tab. 58**.

An Hand der Sinnbilder ist der Vorgang klar erkennbar. Die Werte gelten je nach den Umständen und Größen für 2 bis 3 Mann und Längen bis zu 2500 mm.

6 Ruckes, Betriebskalkulation, 3. Aufl.

Darüber hinaus sind die Längenfaktoren anzuwenden. Sinngemäß kann die Tabelle auch, entsprechend dem Querschnitt des einen Winkelschenkels, für Flachstahlbiegungen über die hohe Kante mit dem Faktor 0,85 angewandt werden.

Die **Tab. 59** für das Biegen, Brennen und Schweißen von Domflanschwinkelringen ähnelt in ihrer Anlage der normalen Winkelringtabelle 55, S. 86 u. 87.

Die Ausführungen dazu können sinngemäß auch hierauf angewendet werden und bedürfen keiner weiteren Erläuterung.

Die sehr starken und unsymmetrischen Profile haben hohe Querschnitte. Entsprechend steigern sich die Vorgabezeiten für das Biegen wie auch das Brennen und Schweißen merklich gegenüber anderen normalen Profilen.

Der Bedarf an Flachstahlringen wie auch Flachstahl-Ringsegmenten ist im allgemeinen Apparatebau ebenfalls sehr erheblich.

Die allgemeinen Ausführungen der Winkelringtabelle 55, S. 80 u. 81 gelten sinngemäß auch für die **Flachstahltabelle 60.** Die Werte sind klar und übersichtlich geordnet und ohne weiteres verständlich.

Beim Biegen und Walzen von Flachstahl-Ringteilen hat sich formell nur der Aufbau der **Tab. 61** geändert.

Der Wert für das Vorbiegen umfaßt beide Köpfe, während der dem Radius entsprechende Biegewert sich auf den laufenden Meter bezieht, also mit der Werkstücklänge in Meter multipliziert wird und diese Summe zum Biegewert zugeschlagen werden muß.

Das Biegen und Walzen sowie Brennen und Schweißen von U-Stahlringen ist in **Tab. 62** erfaßt.

Die Tabelle ist so zu handhaben wie die zusätzlich erläuterte Winkelringtabelle 55, S. 86 u. 87.

Zu beachten sind die speziellen Faktoren.

Für das Biegen von U-Stähle über den Steg und größeren Radien sind in **Tab. 63** Richtwerte erstellt.

U-Stähle haben generell, gleich, über welche Achse sie gebogen werden, das Bestreben, sich stark zu deformieren und erfordern dadurch erhebliche Nachrichtarbeiten.

Durch Einlegen von dem Profil entsprechenden Paß- oder Distanzstücken und sachgemäße Durchbiegung erzielt man aber einwandfreie Werkstücke.

Die unter diesen Gesichtspunkten erstellten Richtwerte gelten für das einwandfreie Biegen je laufenden Meter Werkstückprofil und für die Kolonne von 2 Mann. Entsprechend der Werkstücklänge sind die Werte zu multiplizieren.

Alle Rüst- und Nebenzeiten sind eingeschlossen.

Bei möglicher Anwendung der Winkelwalze ist der Faktor zu berücksichtigen.

Tabelle 54. *Einzelanfertigung diverser Schmiedeteile*

Zeiten in h/St. für 2 bis 3 Mann (große Stückzahlen im Gesenk)

NW	< 25	32···50	60···80	100···150	175···250	300···350	400	500
(Symbol)	25 · 5	30 · 6	40 · 8	50 · 8	60 · 10	80 · 10	90 · 15	100 · 15

Rohrschellen-Halterungen

	< 25	32···50	60···80	100···150	175···250	300···350	400	500
(Symbol)	0,125	0,15	0,20	0,35	0,55	0,75	1,00	1,25
(Symbol)	0,40	0,45	0,55	0,80	1,10	1,35	1,65	2,00
(Symbol)	0,30	0,35	0,45	0,70	1,00	–	–	–
(Symbol)	0,50	0,55	0,70	1,00	1,35	–	–	–

Anker-, Stein-, Zugschrauben

$\varnothing$ mm	< 12	18	25	35	50	60	75
(Symbol)	0,08	0,12	0,20	0,30	0,40	0,50	0,65
(Symbol)	0,125	0,15	0,25	0,40	0,55	0,75	1,00
(Symbol)	0,20	0,25	0,40	0,75	1,25	1,75	2,50
(Symbol)	0,30	0,45	0,60	0,90	1,25	–	–
(Symbol)	0,10	0,15	0,25	0,35	0,55	0,75	1,00
(Symbol)	0,15	0,20	0,30	0,50	0,80	1,10	1,40
(Symbol)	0,20	0,30	0,40	0,60	1,00	1,30	1,60

Handgriffe – Malotten

	< 12	18	25	35	50	60	75
(Symbol)	0,15	0,20	0,25	–	–	–	–
(Symbol)	0,25	0,30	0,40	–	–	–	–
(Symbol) Schmieden	–	–	3,00	5,00	7,00	9,00	12,00
Bohren u. planfräsen kpl.	–	–	1,50	1,75	2,00	2,50	3,00

Stumpfstoßschweißungen einschl. Glätten, Entgraten

	< 12	18	25	35	50	60	75
Elektrisch	0,15	0,20	0,25	0,35	0,50	0,65	0,80
Feuerschweißen von Hand	0,30	0,40	0,50	0,60	0,80	1,10	1,50

Tabelle 56. *Biegen – Walzen von Winkelringteilen*
Zeiten für 2 bis 3 Mann in h/m einschl. Nachrichten

Bezeichnung ⌐	Schenkeldicke mm	2 Köpfe vorbiegen zum Walzen	Walzen und Nachrichten je laufender Meter bei Radius	
			< 5 m	> 5 m
30···35	3···8	0,40	0,10	0,08
40···45	4···10	0,50	0,11	0,08
50···55	5···12	0,60	0,12	0,09
60···65	6···13	0,80	0,13	0,10
70···75	7···14	1,00	0,14	0,11
80	8···14	1,10	0,16	0,12
	16···20	1,40	0,18	0,14
90	9···15	1,40	0,18	0,14
	18···26	1,80	0,20	0,16
100	10···16	1,70	0,20	0,16
	18···26	2,40	0,22	0,18
110	10···16	2,00	0,22	0,18
	18···26	2,80	0,24	0,20
120	11···16	3,60	0,30	0,24
	18···26	4,80	0,33	0,27
130	12···18	3,95	0,33	0,26
	20···30	5,40	0,36	0,29
140	13···17	4,50	0,35	0,28
	20···30	6,00	0,38	0,31
150	14···20	4,95	0,37	0,30
	23···30	6,60	0,40	0,33
160	15···22	5,55	0,39	0,32
	24···30	7,20	0,42	0,35
180	17···23	6,30	0,42	0,35
	26···30	8,25	0,45	0,38
200	18···22	7,50	0,48	0,40
	24···30	9,75	0,51	0,43

Bemerkung: Faktoren für Schenkelanordnung sowie für ungleichschenklige Winkel sinngemäß wie Tab. 55.
Brennen und Schweißen wie Tab. 55.
Weitere Hinweise s. S. 79, Abs. 7 bis 10.

Tabelle 55. *Komplettes Biegen – Walzen von Winkelringen einschl. Brennen und Schweißen*

Zeiten in h/St. für 1 bis 3 Mann einschl. Vorbiegen, Richten, Entgraten, Begradigen, Nachrichten

Be-zeichnung ∢	Schenkel-dicke mm	∢ Ringdurchmesser mm								Brennen zum Schweißen	Elektr. Hand-schweißung je nach Schenkeldicke	Stumpfstoß-schweißen je nach Durchmesser
		400	600	800 bis 1000	1200 bis 1400	1600 bis 1800	2000	2500	3000			
30···35	3···8	0,90	0,80	0,90	1,10	–	–	–	–	0,05	0,10···0,20	0,15···0,30
40···45	4···10	1,00	0,90	1,00	1,20	1,50	1,60	–	–	0,06	0,15···0,25	0,20···0,40
50···55	5···12	1,20	1,10	1,20	1,40	1,60	1,75	–	–	0,07	0,20···0,35	
60···65	6···13	1,40	1,30	1,40	1,60	1,80	2,00	2,25	–	0,08	0,25···0,40	0,30···0,50
70···75	7···14	1,75	1,60	1,70	1,80	2,00	2,25	2,50	–	0,09	0,35···0,50	
80	8···14	–	1,75	1,85	2,00	2,25	2,50	2,75	3,00	0,10	0,40···0,55	0,50···0,60
	16···20	–	2,00	2,20	2,40	2,65	2,90	3,20	3,50	0,12	0,60···0,70	
90	9···15	–	–	2,10	2,30	2,50	2,75	3,10	3,50	0,10	0,50···0,65	0,60···0,70
	18···26	–	–	2,60	2,80	3,00	3,25	3,65	4,25	0,12	0,75···0,90	
100	10···16	–	–	2,40	2,65	3,00	3,30	3,75	4,25	0,12	0,55···0,75	0,60···0,70
	18···26	–	–	3,00	3,25	3,50	4,00	4,50	5,00	0,15	0,80···0,95	0,70···0,90
110	10···16	–	–	2,75	3,00	3,50	4,00	4,50	5,00	0,12	0,60···0,80	0,65···0,75
	18···26	–	–	3,00	4,25	4,75	5,25	5,75	6,25	0,15	0,85···1,00	0,80···1,00
120	11···16	–	–	3,50	4,00	4,50	5,00	5,50	6,00	0,12	0,65···0,85	0,70···0,80
	18···26	–	–	4,75	5,25	5,75	6,25	6,75	7,50	0,15	0,90···1,10	0,90···1,15

130	12···18	–	–	4,25	4,75	5,25	5,75	6,35	7,00	0,15	0,70···0,90	0,75···0,90
	20···30	–	–	5,75	6,25	6,75	7,25	8,00	8,75	0,175	0,95···1,20	1,00···1,30
140	13···17	–	–	5,25	5,75	6,25	6,75	7,35	8,00	0,15	0,80···1,00	0,80···1,00
	20···30	–	–	6,75	7,25	7,25	8,25	9,00	9,75	0,175	1,00···1,30	1,10···1,50
150	14···20	–	–	6,25	6,75	7,25	7,75	8,35	9,00	0,15	0,90···1,10	0,90···1,20
	23···30	–	–	7,75	8,25	8,75	9,25	10,00	10,75	0,175	1,10···1,40	1,20···1,70
160	15···22	–	–	7,25	7,75	8,25	8,75	9,35	10,00	0,16	1,00···1,20	1,00···1,40
	24···30	–	–	8,75	9,25	9,75	10,25	11,00	11,75	0,20	1,25···1,50	1,30···1,90
180	17···23	–	–	–	9,00	9,50	10,00	10,75	11,50	0,175	1,10···1,35	1,15···1,65
	26···30	–	–	–	10,50	11,00	11,50	12,25	13,50	0,225	1,50···1,75	1,45···2,20
200	18···22	–	–	–	10,50	11,00	11,50	12,25	13,50	0,20	1,25···1,50	1,30···1,90
	24···30	–	–	–	12,00	12,75	13,50	14,25	15,00	0,25	1,60···2,00	1,60···2,50

Bemerkungen: Zeiten für Biegen – Walzen gelten für Winkelringe mit nach außen liegendem Schenkel.

Ringe mit nach innen liegendem Schenkel = Faktor 1,10

Ungleichschenklige Winkel

Kurzer Schenkel außen $= \dfrac{\text{Summe der Schenkel}}{2}$ (entsprechend der Tab.)

Länger Schenkel außen $= \dfrac{\text{Summe der Schenkel}}{2} \cdot$ Faktor 1,12.

Weitere Hinweise s. S. 79, Abs. 7 bis 10.

Tabelle 57. *Schmiegen und Biegen von (geschmiegten) Winkeln*

Zeiten für 1 bis 3 Mann in h/m einschl. aller Nebenarbeiten (Nachrichten usw.)

Bezeichnung ∢	Schenkeldicke mm	Winkelrücken Meißeln Hobeln	Schmiegen <120° an Presse	Schmiegen (Winkelöffnung >120° = Faktor 1,30)	Schmiegen <120° bis >60° von Hand	Schmiegen (Winkelöffnung >120° oder <60° = Faktor 1,30)	2 Köpfe vorbiegen nur für Walze	Walzen <120° Radius in Meter <1,5	<5	>5	Biegen von Hand komplett <120° >60° Radius in Meter <1,5	5	>5
30···35	3···8	Winkelrücken zum Schmiegen } Abmeißeln je Meter 0,075···0,25 h Hobeln siehe Bemerkung	0,20		0,60		0,40	0,40	0,30	0,20	0,80	0,65	0,50
40···45	4···10		0,25		0,90		0,50	0,40	0,30	0,20	0,90	0,70	0,60
50···55	5···12		0,25		1,25		0,60	0,45	0,35	0,25	1,00	0,80	0,65
60···65	6···13		0,30		1,50		0,80	0,50	0,40	0,30	1,10	0,90	0,75
70···75	7···14		0,35		1,75		1,00	0,55	0,45	0,35	1,20	0,95	0,80
80	8···14		0,35		2,00		1,10	0,60	0,50	0,40	1,20	0,95	0,80
	16···20		0,45		2,25		1,40	0,70	0,55	0,45	1,35	1,10	0,90
90	9···15		0,45		2,25		1,40	0,70	0,55	0,45	1,30	1,05	0,85
	18···26		0,55		2,75		1,80	0,75	0,60	0,50	1,50	1,20	1,00
100	10···16		0,50		2,50		1,70	0,70	0,55	0,45	1,45	1,15	0,95
	18···26		0,65		3,25		2,40	0,90	0,70	0,55	1,75	1,40	1,15

Winkelöffnungen >120° oder <60° beim Walzen und Biegen = Faktor 1,30

	Abmeß.-Bereich	Winkelrücken zum Schmiegen { Abmeißeln je Meter 0,075…0,25 h / Hobeln siehe Bemerkung }	Winkelöffnung >120° = Faktor 1,30	Winkelöffnung >120° oder <60° = Faktor 1,30							Winkelöffnungen >120° oder <60° beim Walzen und Biegen = Faktor 1,30
110	10…16 18…26	0,55 0,70	3,00 4,00	2,00 2,80	0,80 1,00	0,65 0,80	0,50 0,65	1,60 2,00	1,30 1,60	1,05 1,30	
120	11…16 18…26	0,60 0,75	3,75 5,00	3,60 4,80	0,95 1,15	0,75 0,90	0,60 0,75	1,80 2,25	1,45 1,80	1,20 1,50	
130	12…18 20…30	0,65 0,85	4,50 5,75	3,95 5,40	1,10 1,25	0,85 1,00	0,70 0,80	2,00 2,50	1,60 2,00	1,30 1,65	
140	13…17 20…30	0,75 1,00	5,25 6,50	4,50 6,00	1,20 1,40	0,95 1,10	0,75 0,90	2,25 2,75	1,80 2,20	1,50 1,90	
150	14…20 23…30	0,90 1,25	6,00 7,25	4,95 6,60	1,30 1,50	1,05 1,20	0,85 1,00	2,50 3,00	2,00 2,40	1,65 1,95	
160	15…22 24…30	1,10 1,50	6,75 8,00	5,55 7,20	1,45 1,65	1,15 1,30	0,95 1,10	2,75 3,25	2,20 2,60	1,90 2,15	
180	17…23 26…30	1,35 1,75	7,50 9,00	6,30 8,25	1,55 1,75	1,25 1,40	1,00 1,15	3,00 3,50	2,40 2,80	2,00 2,30	
200	18…22 24…30	1,50 2,00	8,50 10,00	7,50 9,75	1,70 1,90	1,35 1,50	1,15 1,25	3,25 3,75	2,60 3,00	2,15 2,50	

Bemerkung: Brennen und Schweißen s. Tab. 55. Presse einrichten …… = 2 h

Betr. Kurzlängen beim Schmieden:

< 250 mm Länge = Faktor 0,20
< 500 mm Länge = Faktor 0,35
< 750 mm Länge = Faktor 0,65

Betr. Winkelrücken (Rundschlag) hobeln:

Bezeichnung ∢ { 100 = 0,15 h/m; 120 = 0,20 h/m; 140 = 0,25 h/m; 160 = 0,30 h/m; 180 = 0,35 h/m; 200 = 0,40 h/m }

Weitere Hinweise s. S. 81.

Tabelle 58. *Schmieden – Biegen von Winkelstählen*

Zeiten in h/St. für Kolonne von 2 bis 3 Mann (s. Längenfaktoren)

Be-zeich-nung ∠	Schenkel-dicke mm		Biegungswinkel 90°				Biegungs-winkel <20°		Biegungs-winkel <35°		
			Äußerer Radius ≈ 2B		Äußerer Radius ≈ 3B		außen	innen	außen	innen	
			außen	innen	außen	innen					
30···35	3···8	0,15	0,20	0,25	0,50	0,65	0,20	0,35	0,25	0,40	0,20
40···45	4···10	0,20	0,25	0,35	0,60	0,80	0,25	0,45	0,30	0,50	0,25
50···55	5···12	0,25	0,30	0,40	0,75	1,00	0,30	0,55	0,40	0,65	0,30
60···65	6···13	0,30	0,40	0,50	0,90	1,25	0,35	0,65	0,45	0,75	0,40
70···75	7···14	0,40	0,55	0,65	1,20	1,60	0,45	0,80	0,60	0,95	0,50
80	8···14	0,45	0,55	0,75	1,35	1,80	0,50	0,90	0,65	1,05	0,55
	16···20	0,50	0,65	0,80	1,60	2,20	0,55	1,00	0,70	1,10	0,60
90	9···15	0,50	0,65	0,80	1,50	2,00	0,55	1,00	0,70	1,10	0,60
	18···26	0,65	0,80	1,05	2,00	2,75	0,70	1,20	0,90	1,45	0,75
100	10···16	0,60	0,75	0,95	1,80	2,50	0,65	1,15	0,85	1,35	0,70
	18···26	0,80	1,00	1,30	2,50	3,40	0,85	1,50	1,15	1,85	0,95
110	10···16	0,75	0,95	1,20	2,25	3,00	0,80	1,40	1,05	1,70	0,90
	18···26	1,00	1,25	1,60	3,00	4,00	1,05	1,80	1,40	2,25	1,15
120	11···16	0,90	1,10	1,50	2,75	3,75	0,95	1,65	1,35	2,35	1,05
	18···26	1,25	1,55	2,10	3,75	5,00	1,35	2,40	1,80	2,90	1,45
130	12···18	1,10	1,40	1,80	3,50	4,75	1,20	2,10	1,55	2,50	1,30
	20···30	1,50	1,90	2,40	4,50	6,00	1,60	2,80	2,10	3,40	1,75
140	13···17	1,30	1,65	2,10	4,00	5,50	1,40	2,40	1,85	3,00	1,50
	20···30	1,75	2,20	2,80	5,25	7,00	1,85	3,25	2,50	4,00	2,05
150	14···20	1,50	1,90	2,40	4,50	6,25	1,60	2,80	2,10	3,40	1,75
	23···30	2,00	2,50	3,25	6,00	8,25	2,10	3,70	2,80	4,50	2,30
160	15···22	1,65	2,10	2,70	5,00	6,75	1,75	3,10	2,30	3,75	1,95
	24···30	2,20	2,80	3,60	6,60	8,75	2,35	4,10	3,10	5,10	2,60
180	17···23	1,80	2,30	3,00	5,50	7,50	1,90	3,30	2,55	4,25	2,10
	26···30	2,35	3,00	3,90	7,00	9,50	2,50	4,40	3,30	5,40	2,75
200	18···22	1,90	2,40	3,20	6,00	8,25	2,00	3,60	2,70	4,50	2,25
	24···30	2,50	3,20	4,20	7,50	10,00	2,65	4,75	3,50	5,80	3,00

Bemerkung: Werte gelten für Profile < 2,50 m Länge

Längenfaktoren:
$$\begin{cases} 2,6\cdots4,00\ \text{m} = 1,25 \\ \quad <6,00\ \text{m} = 1,50 \\ \quad >6,00\ \text{m} = 1,75 \end{cases}$$

Weitere Hinweise s. S. 81 u. 82.

Tabelle 59. *Komplettes Biegen – Walzen von Domflanschwinkelringen einschl. Brennen und Schweißen*
Zeiten in h/St. für 1 bis 3 Mann einschl. Vorbiegen, Richten, Entgraten, Begradigen, Nachrichten

Bezeichnung		≈ G kg/m	≈ F cm²	Innen-Durchmesser mm							Brennen zum Schweißen	Elektrische Handschweißung	Stumpfstoßschweißen je nach Durchmesser
				600	800 bis 1000	1200 bis 1400	1600 bis 1800	2000	2500	3000			
80 · 19	80 · 11	17,4	22,2	–	–	–	–						
80 · 22	80 · 12	19,3	24,5	2,75	2,50	2,75	3,00	3,25	3,50	5,50	0,12	0,70	0,50···0,60
80 · 25	90 · 12	21,8	26,5	–	–	–	–						
80 · 30	90 · 17	27,7	35,2	3,00	2,75	3,00	3,50	4,00	5,00	6,00	0,13	0,85	0,65···0,80
84 · 22	72 · 22	23,2	29,5										
85 · 33	105 · 18	32,2	41,0	3,50	3,00	3,50	4,00	5,00	5,75	6,75	0,14	1,00	0,85···1,10
85 · 40	105 · 19	35,6	45,0										
85 · 43	105 · 24	39,7	50,5	5,00	4,50	5,00	5,50	6,00	6,75	7,75	0,16	1,05	0,95···1,20
95 · 33	110 · 18	36,7	47,0										
100 · 35	110 · 22	40,3	51,2	6,00	5,50	6,00	6,50	7,00	7,75	8,75	0,18	1,05	1,00···1,30
106 · 40	88 · 20	40,9	52,0										
100 · 42	120 · 25	48,5	61,5	7,25	6,75	7,25	7,75	8,25	9,00	10,00	0,20	1,10	1,10···1,40
105 · 42	135 · 30	56,5	72,0	9,00	8,25	9,00	9,75	10,50	11,50	12,50	0,20	1,30	1,20···1,60
115 · 45	145 · 35	69,0	88,0	12,00	11,00	12,00	13,00	14,00	15,00	16,00	0,25	1,60	1,40···2,00
150 · 24	160 · 50	95,0	120,0	20,00	18,50	19,50	21,00	22,50	24,00	26,00	0,50	3,00	1,75···2,50

Bemerkung: Weitere Hinweise s. S. 82 (79 bis 81).

Tabelle 60. *Komplettes Biegen – Walzen von Flachstahlringen einschl. Brennen und Schweißen*

Zeiten in h/St. für 1 bis 3 Mann einschl. Vorbiegen, Richten, Entgraten, Begradigen, Nachrichten

Bezeichnung		Innen-Durchmesser mm							Brennen zum Schweißen	Elektrische Hand-schweißung	Stumpfstoß-schweißung je nach Durchmesser
Breite mm	Dicke mm	600	800···1000	1200···1400	1600···1800	2000	2500	3000			
20	10	0,50	0,60	–	–	–	–	–	0,05	0,10	0,15···0,20
	20	0,40	0,60	0,80	–	–	–	–	0,05	0,20	
30	10	0,60	0,90	1,25	–	–	–	–	0,05	0,15	0,20···0,25
	20	0,50	0,75	0,95	1,20	–	–	–	0,06	0,25	0,25···0,35
	30	0,85	1,10	1,30	1,50	1,65	–	–	0,07	0,40	0,30···0,40
40	10	0,80	1,20	1,50	–	–	–	–	0,06	0,25	0,25···0,35
	25	1,00	1,20	1,40	1,50	–	–	–	0,07	0,35	0,35···0,45
	40	1,35	1,50	1,65	1,80	2,00	–	–	0,08	0,50	0,40···0,55
50	12	1,25	1,50	1,75	–	–	–	–	0,07	0,25	0,30···0,40
	20	1,35	1,50	1,60	1,80	2,00	–	–	0,08	0,35	0,35···0,45
	30	1,50	1,60	1,70	1,90	2,20	2,50	–	0,09	0,45	0,40···0,55
	50	2,00	2,25	2,50	2,75	3,00	3,25	3,50	0,10	0,70	0,50···0,70
60	12	1,50	1,75	2,25	2,50	–	–	–	0,08	0,30	0,35···0,45
	25	1,80	2,00	2,25	2,50	2,75	3,00	4,50	0,09	0,40	0,40···0,55
	40	2,25	2,40	2,60	2,80	3,00	4,75	5,25	0,10	0,70	0,50···0,70
	60	4,75	5,00	5,25	5,50	5,75	6,00	6,25	0,12	0,90	0,65···0,90
80	15	2,25	2,00	2,50	2,75	3,00	3,25	3,50	0,09	0,40	0,45···0,60
	25	2,50	2,50	2,65	2,80	3,25	4,00	5,50	0,10	0,60	0,50···0,70
	40	4,50	4,50	4,65	4,80	5,00	5,50	6,00	0,11	0,80	0,65···0,90
	60	5,25	5,00	5,50	5,75	6,00	6,50	7,00	0,125	1,00	0,75···1,00
	80	–	7,00	7,50	8,00	8,25	8,50	9,00	0,15	1,10	0,85···1,10

100	15	2,75	2,50	2,75	3,00	3,25	3,50	4,00	0,10	0,50	0,50···0,70
	30	3,75	3,75	4,00	4,25	5,25	5,50	6,00	0,12	0,75	0,60···0,90
	50	6,50	6,00	6,50	6,75	7,00	7,25	7,50	0,14	1,00	0,75···1,00
	75	8,00	7,50	8,00	8,25	8,50	9,00	9,50	0,17	1,35	0,90···1,20
	100	–	9,00	9,75	10,50	11,25	12,00	12,75	0,20	1,75	1,10···1,50
120	15	6,00	5,75	6,00	6,25	6,50	6,75	7,00	0,12	0,55	0,55···0,75
	30	6,75	6,50	6,75	7,00	7,25	7,50	8,00	0,14	0,90	0,70···1,00
	45	8,00	7,50	7,75	8,00	8,25	8,50	9,00	0,16	1,10	0,80···1,10
	60	–	8,75	9,00	9,25	9,50	9,75	10,00	0,18	1,30	0,90···1,20
140	20	–	6,25	6,50	6,75	7,00	7,50	8,00	0,15	0,75	0,65···0,90
	35	–	8,00	8,25	8,50	8,75	9,25	9,75	0,18	1,00	0,80···1,10
	50	–	10,00	10,25	10,50	11,00	11,75	12,50	0,21	1,25	0,95···1,25
	70	–	12,00	12,50	13,00	13,50	14,25	15,00	0,24	1,75	1,10···1,50
160	20	–	7,50	7,75	8,00	8,25	8,75	9,25	0,18	0,80	0,70···0,95
	40	–	9,50	9,75	10,00	10,50	11,00	11,50	0,21	1,15	1,00···1,25
	60	–	12,00	12,25	12,50	13,00	13,50	14,00	0,24	1,70	1,20···1,60
	80	–	14,50	15,00	15,50	16,00	16,75	17,50	0,27	2,25	–
180	30	–	10,50	10,75	11,00	11,50	12,00	12,50	0,21	1,10	0,90···1,20
	50	–	13,50	14,00	14,50	15,00	15,50	16,00	0,24	1,60	1,20···1,60
	75	–	15,50	16,00	16,50	17,25	18,00	19,00	0,27	2,40	–
	100	–	17,50	18,00	18,50	19,00	20,00	21,00	0,30	3,20	–
200	30	–	12,50	12,75	13,00	13,50	14,00	14,75	0,25	1,10	1,00···1,30
	50	–	15,50	16,00	16,50	17,00	17,50	18,25	0,30	1,75	1,30···1,70
	75	–	18,50	19,00	19,50	20,25	21,00	22,00	0,35	2,70	–
	100	–	20,50	21,00	21,50	22,00	23,00	24,00	0,40	3,50	–

Bemerkung: Kleinere Ringe von Hand biegen u. U. Faktor 1,75···1,50. Weitere Hinweise s. S. 82 (79 bis 81).

Tabelle 61. *Biegen – Walzen von Flachstahlringteilen*

Zeiten in h für 2 bis 3 Mann für 2 Köpfe Vorbiegen bzw. ☐☐ Walzen, Nachrichten je m. Brennen und Schweißen wie Tab. 61

Breite mm	Arbeitsgang Vorbiegen Walzen		Dicke mm													
			10	12	15	20	25	30	35	40	45	50	60	70	75	80	100
20	Vorbiegen		0,40	–	–	0,50	–	–	–	–	–	–	–	–	–	–	–
	Radius	<5	0,10	22	–	0,12	–	–	–	–	–	–	–	–	–	–	–
	m	>5	0,07	–	–	0,09	–	–	–	–	–	–	–	–	–	–	–
30	Vorbiegen		0,50	–	–	0,60	–	0,70	–	–	–	–	–	–	–	–	–
	Radius	<5	0,10	–	–	0,12	–	0,14	–	–	–	–	–	–	–	–	–
	m	>5	0,07	–	–	0,09	–	0,11	–	–	–	–	–	–	–	–	–
40	Vorbiegen		0,60	–	–	–	0,75	–	–	0,90	–	–	–	–	–	–	–
	Radius	<5	0,10	–	–	–	0,12	–	–	0,16	–	–	–	–	–	–	–
	m	>5	0,08	–	–	–	0,09	–	–	0,12	–	–	–	–	–	–	–
50	Vorbiegen		–	0,80	–	0,90	–	1,00	–	–	–	1,75	–	–	–	–	–
	Radius	<5	–	0,10	–	0,12	–	0,15	–	–	–	0,20	–	–	–	–	–
	m	>5	–	0,08	–	0,09	–	0,11	–	–	–	0,15	–	–	–	–	–
60	Vorbiegen		–	1,00	–	–	1,25	–	–	1,50	–	–	2,25	–	–	–	–
	Radius	<5	–	0,11	–	–	0,14	–	–	0,20	–	–	0,30	–	–	–	–
	m	>5	–	0,08	–	–	0,11	–	–	0,15	–	–	0,22	–	–	–	–
80	Vorbiegen		–	–	1,40	–	1,75	–	–	2,75	–	–	3,25	–	–	4,25	–
	Radius	<5	–	–	0,13	–	0,16	–	–	0,25	–	–	0,30	–	–	0,35	–
	m	>5	–	–	0,10	–	0,12	–	–	0,18	–	–	0,22	–	–	0,25	–

100	Vorbiegen		–	–	1,75	–	–	3,50	–	–	–	4,25	–	–	5,25	–	6,00
	Radius	<5	–	–	0,15	–	–	0,30	–	–	–	0,35	–	–	0,42	–	0,50
	m	>5	–	–	0,12	–	–	0,23	–	–	–	0,26	–	–	0,32	–	0,38
120	Vorbiegen		–	–	2,50	–	–	4,25	–	–	5,25	–	6,00	–	–	–	7,00
	Radius	<5	–	–	0,20	–	–	0,30	–	–	0,35	–	0,40	–	–	–	0,55
	m	>5	–	–	0,16	–	–	0,24	–	–	0,28	–	0,32	–	–	–	0,44
140	Vorbiegen		–	–	–	3,00	–	–	5,00	–	–	6,00	–	7,00	–	–	8,00
	Radius	<5	–	–	–	0,25	–	–	0,35	–	–	0,42	–	0,50	–	–	0,60
	m	>5	–	–	–	0,20	–	–	0,28	–	–	0,34	–	0,40	–	–	0,48
160	Vorbiegen		–	–	–	4,50	–	–	–	7,00	–	–	8,00	–	–	9,00	10,00
	Radius	<5	–	–	–	0,30	–	–	–	0,42	–	–	0,50	–	–	0,60	0,65
	m	>5	–	–	–	0,24	–	–	–	0,34	–	–	0,40	–	–	0,48	0,52
180	Vorbiegen		–	–	–	–	–	6,50	–	–	–	9,00	–	–	10,50	–	12,00
	Radius	<5	–	–	–	–	–	0,35	–	–	–	0,45	–	–	0,55	–	0,70
	m	>5	–	–	–	–	–	0,28	–	–	–	0,36	–	–	0,44	–	0,56
200	Vorbiegen		–	–	–	–	–	7,50	–	–	–	10,00	–	–	12,00	–	15,00
	Radius	<5	–	–	–	–	–	0,45	–	–	–	0,55	–	–	0,65	–	0,75
	m	>5	–	–	–	–	–	0,36	–	–	–	0,44	–	–	0,52	–	0,60

Bemerkung: Flachstahlringteile Biegen in horizontaler Biegepresse = Faktor 1,35.
(Vorbiegen ohne Zuschlag.)
Weitere Hinweise s. S. 82 (79 bis 81).

Tabelle 62. *Komplettes Biegen – Walzen von ⸦-Ringen einschl. Brennen und Schweißen*

Zeiten in h/St. für 2 bis 3 Mann einschl. Vorbiegen, Entgraten, Begradigen, Nachrichten

Be-zeich-nung ⸦	Ringdurchmesser mm							Köpfe brennen zum Schweißen	Stumpfstoß-schweißen je nach Durchmesser	Elektrische Hand-schweißung
	800 bis 1000	1200 bis 1400	1600 bis 1800	2000	2500	3000	3500			
100	1,65	1,95	2,20	2,50	2,75	–	–	0,125	0,35···0,50	0,55
120	1,80	2,10	2,35	2,70	2,95	–	–		0,45···0,55	0,60
140	1,95	2,25	2,50	2,90	3,20	3,60	4,25	0,14	0,50···0,60	0,65
160	2,30	2,50	2,80	3,20	3,60	4,00	4,75	0,16	0,60···0,65	0,70
180	2,55	2,80	3,10	3,60	4,00	4,50	5,25	0,18	0,65···0,75	0,80
200	2,80	3,10	3,50	4,00	4,50	5,00	5,75	0,20	0,70···0,80	0,90
220	3,00	3,40	3,80	4,40	5,00	5,75	6,50	0,225	0,75···0,90	1,00
240	3,30	3,70	4,20	4,90	5,60	6,50	7,50	0,25	0,80···1,00	1,10
260	3,80	4,10	4,90	5,80	6,50	7,50	8,50		0,90···1,10	1,20
280	–	–	5,75	7,00	7,50	8,50	10,00	0,30	1,00···1,20	1,35
300	–	–	–	8,00	8,75	10,00	11,50		1,10···1,35	1,50

Bemerkung: Zeiten gelten beim Biegen für außenliegende Schenkel –

für innenliegende Schenkel .... = Faktor 1,10

⸦-Ringe flach walzen ▭◁ .... = Faktor 1,25
(nur begrenzt möglich)

I-Profile walzen ggf. .... = Faktor 1,20···1,25

Weitere Hinweise s. S. 82 u. 83.

Tabelle 63. *Biegen und Nachrichten von [-Profilen an horizontaler Biegepresse*

Zeiten in h/m für 2 Mann – einschl. aller Rüst- und Nebenzeiten – bei:

Bezeichnung [	Radius mm											
	2000	3000	4000	5000	6500	8000	10 000	12 000	15 000	20 000	25 000	> 30 000
80	0,75	0,65	0,60	0,55	0,45	0,35	0,25	0,20	–	–	–	–
100	0,90	0,80	0,75	0,65	0,55	0,45	0,35	0,25	0,15	–	–	–
120	1,10	1,00	0,90	0,80	0,70	0,60	0,50	0,40	0,30	0,20	–	–
140	1,30	1,20	1,10	1,00	0,90	0,80	0,70	0,60	0,45	0,30	–	–
160	1,55	1,40	1,30	1,20	1,10	1,00	0,90	0,75	0,60	0,45	0,35	–
180	1,80	1,65	1,50	1,40	1,30	1,20	1,10	0,95	0,80	0,65	0,50	–
200	2,00	1,85	1,75	1,60	1,50	1,40	1,30	1,15	1,00	0,80	0,70	0,55
220	2,30	2,15	2,00	1,85	1,75	1,65	1,55	1,40	1,20	1,00	0,90	0,75
240	2,60	2,40	2,25	2,10	2,00	1,85	1,75	1,60	1,40	1,20	1,05	0,90
260	2,90	2,70	2,50	2,35	2,25	2,05	1,95	1,80	1,55	1,40	1,25	1,10
280	–	3,00	2,80	2,55	2,45	2,25	2,10	1,95	1,70	1,55	1,40	1,25
300	–	3,35	3,10	2,85	2,70	2,50	2,30	2,15	1,90	1,70	1,55	1,40
320	–	–	3,50	3,25	3,00	2,80	2,60	2,40	2,15	1,95	1,75	1,55

Bemerkung: Leichte bis mittlere Profile mit größeren Radien,
gegebenenfalls maschinell gewalzt .... = Faktor 0,60···0,50
T Profile Biegen – Nachrichten................ = Faktor 1,30
Weitere Hinweise s. S. 82.

X. Bördeln — Aushalsen — Schärfen

Bördeln

Im Apparatebau mit seinem ungeheuer vielseitigen Fertigungsprogramm gehört das Bördeln, Schmiegen, Aufhalsen oder Einziehen an Böden, Schüssen oder konischen Übergangsstücken zu den Arbeitsgängen, die wegen ihrer Individualität ausschließlich Handzeit darstellen.

Aus diesem Grunde und wegen des zusätzlichen hohen Wärmebedarfs ist das Bördeln natürlich relativ teuer. Dies braucht aber nicht unbedingt und in jedem Falle zuzutreffen. Es gibt Konstruktionen, bei denen, bedingt durch ihre konstruktive Eigenart, ihre Größe und ihre Materialdicke, sich die Bördelung weit billiger stellt als irgendeine andere technische Lösung. Bei einfachen meist drucklosen Doppelmänteln dagegen stellt sich u. U. der Übergang und Abschluß durch einen Flachstahlring billiger.

Gebördelt wird sowohl in der Schmiede als auch in den Zusammenbauwerkstätten unmittelbar vor und bei der Montage. Die Zweckmäßigkeit der einen oder anderen örtlichen Ausführung wird von Fall zu Fall entschieden.

Angewärmt wird überwiegend mit Brenner, d. h. wegen der größeren Heizleistung mit Azetylen-Sauerstoff-Gemisch. Dabei ist eine gleichmäßige kontinuierliche Wärmung und eine ebensolche Bördelung möglich. Der Einsatz im Schmiedefeuer ist gerade wegen dieser Gesichtspunkte nicht immer zu empfehlen. Das soll aber seine mögliche Verwendung unter gewissen Umständen, wie große Blechdicken und sehr große Bordbreiten, nicht ausschließen.

Die beiden Schaubilder weisen als **Tab. 64** die Werte für das Bördeln und Schmiegen von Böden und als **Tab. 65** die Werte für das Einziehen oder Aufhalsen von Schüssen, Rohren oder Konen aus.

Die von der Abszisse aufsteigenden Strahlen markieren die Blechdicken. Links der Ordinate liegen die Durchmesser mit den entsprechenden Bördellängen der Abwicklung sowie den Einrichtezeiten. Die Werte unter der Abszisse geben die Zeit in Stunden je 1 m Bördelung wieder. Die errechneten Werte gelten für die gesamte Kolonne von 2 bis 3 Mann für eine komplette, saubere, falten- und kerbfreie Bördelung einschließlich Nach- und Beirichten.

Beispiel: Es ist ein Flachboden von 3000 mm $\varnothing$ — $s = 12$ mm, Bordhöhe $= 60$ mm, zu bördeln.

Man geht vom Durchmesser 3000, entsprechend 9,5 lfd. m nach rechts, auf den 12-mm-Strahl. Vom Schnittpunkt senkrecht abwärts liest man auf der Abszisse den Wert 1,47 h/m ab.

Ausrechnung: 9,5 × 1,47 .... = 14,0 h

Einrichtezeit .... = 1,5 h

Vorgabezeit für die gesamte Kolonne ... = 15,5 h

Für Kümpelböden, Bördeln oder Schmiegen anderer Bordbreiten sowie bei den Schüssen der Unterschied beim Einziehen oder Aufhalsen, abweichende Winkelstellung und Halsbreiten, aber auch sich ändernde Materialgüten sind die entsprechenden Faktoren unbedingt zu beachten und in Anwendung zu bringen.

Stutzen aufhalsen

Über die Aushalsung für die glatte Anbringung von Stutzen an Dampfkesseln, Druckgefäßen oder sonstigen Aggregaten gibt es keine Muß-Vorschrift.

Ihre Zweckmäßigkeit und Anwendung hängt von der Art der Anlage, ihrem Verwendungszweck sowie u.U. dem Verlangen des Kunden, gestützt auf eigene innerbetriebliche Vorschriften oder Normen, ab.

Die Arbeit wird an Behältern und Schüssen aus fertigungstechnischen Gründen in der Regel in der Zusammenbauwerkstatt unmittelbar vor dem Anbringen der Stutzen ausgeführt. Außerdem hat diese Ordnung den Vorteil der besseren Paßfertigkeit.

Abhängig von der Nennweite des Stutzens, der Materialdicke und der vorgesehenen Bordhöhe wird ein entsprechendes Loch, bei kleineren Durchmessern gebohrt, bei den Größeren gebrannt.

Kleinere Durchmesser können mittels Dorn aufgetrieben werden, gegebenenfalls lohnt auch die Herstellung einer einfachen Vorrichtung, mit der man eine der Nennweite entsprechende Kugel unter Zuhilfenahme einer Matrize durchzieht.

Größere Durchmesser müssen schon nach örtlicher schrittweiser Anwärmung mittels einer Gabel aufgezogen sowie nach- und beigerichtet werden.

Anschließend wird dann die Aushalsung je nach den Erfordernissen durch Brennen, Meißeln oder Schleifen begradigt und anschweißfertig hergerichtet.

Tab. 66 bringt, unterteilt nach flachen Böden oder Blechen sowie gewölbten Böden und Schüssen, die Richtzeiten für komplette einwandfreie Aushalsungen. Das Vorbrennen oder Bohren sowie alle Nacharbeiten sind eingeschlossen.

Die Zeiten gelten für die Kolonne von 2 Mann und schließen Rüst- und Nebenzeiten ein.

Ausschärfen

Mit dem Rückgang der Nietung allgemein wird sich mit der Zeit auch die Schärfung erübrigen. Als Ergänzung zu dem Kapitel Nieten muß sie aber im Rahmen dieses Werkes noch erscheinen.

Geschärft wird, um an Überlappungsstellen bei Nietverbindungen glatte Übergänge zu schaffen, um so größtmögliche Dichtheit zu erreichen.

Die Arbeit wird von 2 Mann bei Blechdicken bis 3 mm kalt, darüber hinaus warm bei Wärmung im Feuer durch Strecken mit dem Hammer ausgeführt.

Der Arbeitsumfang und damit die Vorgabezeit richtet sich nach der Blechgröße und Dicke sowie nach der Art und Größe der Schärfung, ob ein- oder zweireihig.

Tab. 67 ist nach diesen Gesichtspunkten aufgebaut. Für die zweireihige, also die breitere Schärfung, ist der Faktor zu berücksichtigen

Laschen werden ab etwa 14 mm zweckmäßig vorgehobelt. Die Kosten hierfür wurden in der Tabelle aus Gründen der Zweckmäßigkeit berücksichtigt. Die eigentliche Schärfung wird natürlich wegen des damit verbundenen geringeren Arbeitsaufwandes billiger.

Tabelle 64. *Bördeln und Schmiegen von Böden von Hand*

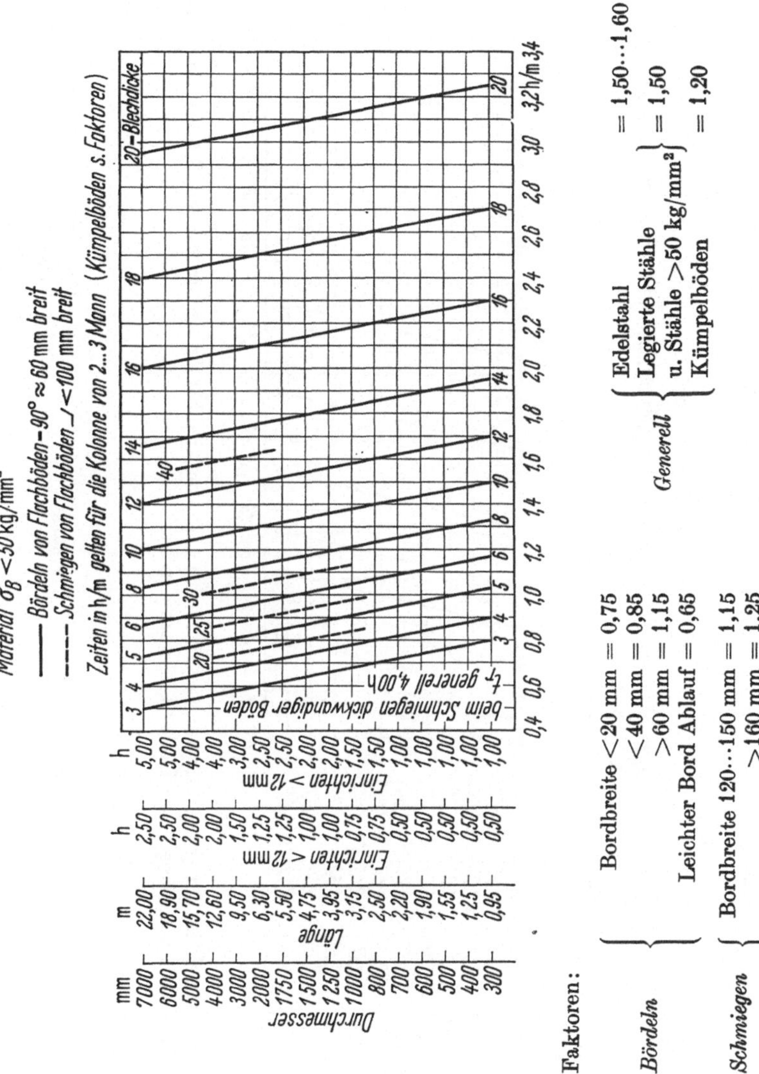

Faktoren:

Bördeln
Bordbreite < 20 mm = 0,75
< 40 mm = 0,85
> 60 mm = 1,15
Leichter Bord Ablauf = 0,65

Schmiegen
Bordbreite 120…150 mm = 1,15
> 160 mm = 1,25

Generell
Edelstahl = 1,50…1,60
Legierte Stähle u. Stähle > 50 kg/mm² = 1,50
Kümpelböden = 1,20

Tabelle 65. *Aufhalsen – Einziehen von Schüssen Rohren und Konen von Hand*

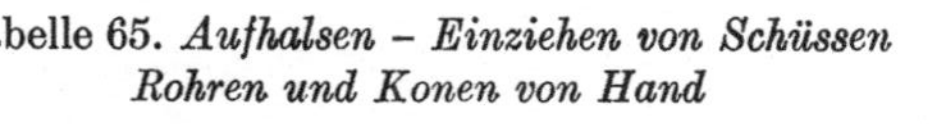

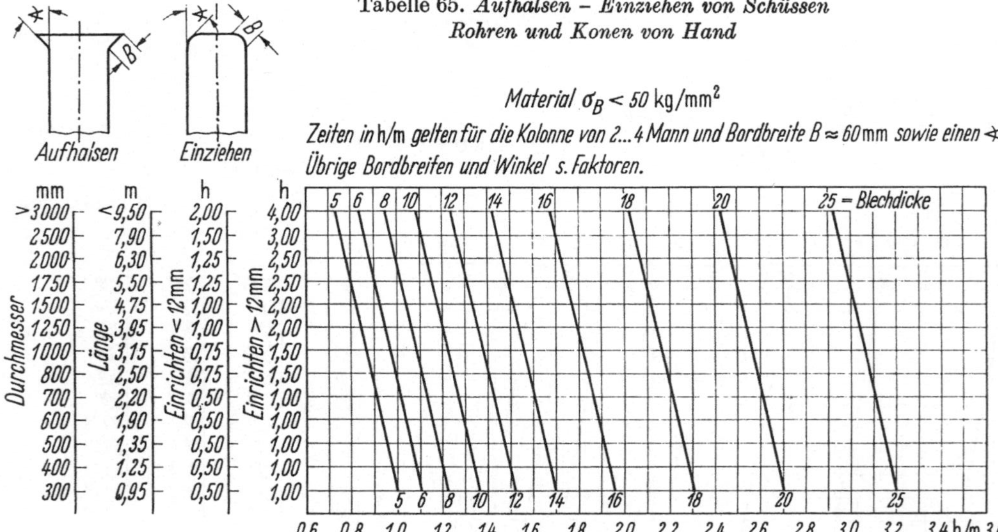

Bemerkung: Die Einrichtezeit ist für jeden Durchmesser zu rechnen. Davon unabhängig ist für Stutzen, Schrägstutzen und Konen mit beidseitigen Bördelungen der Faktor 1,50 anzuwenden.

Faktoren:

bei B.
- 40 mm = 0,85
- 80 mm = 1,15
- 100 mm = 1,25
- 150 mm = 1,75
- 200 mm = 2,25
- 250 mm = 2,75
- 300 mm = 3,50

	Einziehen	Aufhalsen
bei ⬦ ≈50°	1,25	1,10
≈65°	1,50	1,15
≈90°	1,75	1,25

Generell

Bördeln an Konen oder Schrägstutzen (Anschluß an zylindrische Behälter

- einseitig = 1,30
- beidseitig = jeweils 1,50

Legierte Stähle und Stähle >50 kg/mm^2 = 1,50

Tabelle 66. *Stutzen aushalsen*

einschl. aller Nacharbeiten wie Begradigen u. Schweißkante brennen
oder meißeln. – Material $\sigma_B < 50$ kg/cm²

A. An geraden Böden oder Blechen

Blech-dicke mm	Nennweite mm										
	25	50	75	100	150	200	250	300	400	500	600
4	0,50	0,60	0,70	0,80	0,90	1,00	1,10	1,20	–	–	–
6	0,60	0,70	0,80	0,90	1,00	1,10	1,25	1,40	1,65	–	–
8	0,70	0,80	0,90	1,00	1,10	1,20	1,40	1,60	1,90	2,20	–
10	0,80	0,90	1,00	1,10	1,20	1,40	1,60	1,85	2,15	2,50	3,00
12	–	1,00	1,10	1,20	1,40	1,60	1,85	2,15	2,50	3,00	3,50
14	–	–	1,25	1,40	1,70	2,00	2,25	2,60	3,10	3,65	4,25
16	–	–	1,40	1,65	2,00	3,25	2,65	3,05	3,70	4,30	5,00
18	–	–	–	1,90	2,30	2,75	3,15	3,55	4,40	5,20	6,00
20	–	–	–	2,25	2,80	3,30	3,85	4,40	5,40	6,50	7,50

B. Zentrisch an gewölbten Böden oder gewalzten Schüssen

Blech-dicke mm	Nennweite mm										
	25	50	75	100	150	200	250	300	400	500	600
4	0,65	0,75	0,85	0,95	1,05	1,20	1,35	1,50	–	–	–
6	0,75	0,85	0,95	1,05	1,20	1,35	1,50	1,65	2,00	–	–
8	0,85	0,95	1,05	1,20	1,35	1,50	1,65	1,85	2,25	2,75	–
10	0,95	1,05	1,20	1,35	1,50	1,70	1,90	2,15	2,65	3,20	3,75
12	–	1,20	1,35	1,50	1,70	1,90	2,20	2,55	3,25	4,00	4,75
14	–	–	1,55	1,75	2,00	2,35	2,75	3,20	4,00	5,00	6,00
16	–	–	1,80	2,10	2,45	3,00	3,50	4,00	5,00	6,00	7,50
18	–	–	–	2,50	3,00	3,60	4,25	5,00	6,00	7,25	9,25
20	–	–	–	3,00	3,75	4,50	5,25	6,00	7,50	9,00	11,50

Faktoren zu:

A + B: Legierte Stähle $\sigma_B > 50$ kg/mm² sowie Edelstähle ... = Faktor 1,5···1,6
       Kupfer .... = Faktor 1,1
       Aluminium .... = Faktor 0,9
       Bei Schrägstutzen oder Stutzen in Bodenkrempen ... = Faktor 1,5

zu B: Ist R/D kleiner als 1,00, wobei R der Wölbungsradius des Bodens oder des
Schusses und D der Stutzendurchmesser, beides in mm, so gelten folgende Faktoren:
bei $\approx 0,85$ = Faktor 1,15, bei $\approx 0,75$ = Faktor 1,25.

Tabelle 67. *Schärfen von Blechen – Laschen – Winkelstählen*

Zeiten in h je Schärfe oder Kopf ($\nless$) und für die Kolonne bis 3 Mann

A. Bleche – einreihige Schärfung

Blechgröße	Kalt	Warm					
		Blechdicke mm					
m²	< 3	4…6	7…9	10…13	14…16	18…22	25…30
< 5	0,20	0,25	0,30	0,40	0,50	0,65	0,80
8	–	0,30	0,35	0,50	0,65	0,80	1,00
12	–	0,35	0,45	0,60	0,80	1,00	1,25
>12	–	0,45	0,55	0,70	0,95	1,20	1,50

Bemerkung: Zweireihige Schärfung .... = Faktor 1,30
Einschl. Ecke abhauen – begradigen .... = Faktor 1,50

B. Laschen – 1 Kopf

Breite mm						
250	vorhobeln	–	–	0,70	1,00	1,25
	schärfen	0,50	0,75	0,50	0,60	0,75
	Σ	0,50	0,75	1,20	1,60	2,00
500	vorhobeln	–	–	0,85	1,35	1,75
	schärfen	0,75	1,25	0,75	0,90	1,10
	Σ	0,75	1,25	1,60	2,25	2,85
750	vorhobeln	–	–	1,00	1,80	2,25
	schärfen	1,25	1,75	1,00	1,20	1,50
	Σ	1,25	1,75	2,00	3,00	3,75

C. Winkelstähle – 1 Kopf = beide Schenkel – < 5000 lg

Profil								
< 50	60…70	80…90	100…110	120…130	140…150	160	180	200
0,75	1,20	1,65	2,25	3,00	3,75	4,50	5,25	6,00

Bemerkung: Ein Schenkel = Faktor 0,7. $\nless$ > 5000 lg = Faktor 1,20.

XI. Rohre und Halbrohre biegen

Die industrielle Fertigung im Apparatebau bedingt oft die Herstellung einzelner Details in Abweichung herkömmlicher oder Normteile.

Dazu gehören u.a. Rohrbogen, Krümmer, Rohrformstücke oder Rohrschlangen. Der Bedarf ist zwar im allgemeinen nicht sehr groß, für die Kalkulation als auch für die Fertigung sind aber die Kenntnisse über den Arbeitsaufwand hierfür doch von erheblicher Bedeutung.

Entscheidend für die Höhe der Kosten beim Rohrbiegen sind die fertigungstechnischen Möglichkeiten des Betriebes, d.h., ob er „von Hand" biegen muß oder „maschinell" biegen kann. Nicht jede Kesselschmiede oder Apparatebauanstalt wird über eine moderne Hochleistungs-Rohrbiegemaschine verfügen. Die dafür erforderlichen Anschaffungsmittel müssen sich in jedem Falle amortisieren, und deshalb ist die Anschaffung für kleinere, mit Rohrbiegearbeiten nicht so ausgelasteten Werkstätten, nicht immer tragbar. Zusätzlich erschwerend sind weiter die immer wieder anfallenden Kosten der benötigten auswechselbaren Biegevorrichtungen oder Schablone, also den Formstücken und Dorne, für die einzelnen Rohrquerschnitte und Biegeradien. Die Möglichkeiten zu solchen Anschaffungen und laufenden Kosten sollten aber im Interesse der allgemeinen Rationalisierung sorgfältig und ernsthaft geprüft werden, da die Kosten für das Biegen von Hand im Mittel 1000 bis 3000 % über der Maschinenbiegung liegen.

Dieser wesentliche Unterschied erklärt sich aus den ungleich höheren Schwierigkeiten bei der manuellen Biegung. Die Rohre müssen, um glatt, d.h. faltenlos, zu bleiben und die Form des ursprünglichen Querschnittes zu behalten, mit trockenem Sand fest gefüllt sein. Die beiden Rohrenden werden durch Holzpfropfen geschlossen. Bei der Füllung längerer und auch größerer Rohre kann man sich durch eine einfache Füll- und Klopfvorrichtung, die ohne wesentliche Kosten selbst zu erstellen ist, die Arbeit bedeutend erleichtern und vereinfachen. Abgesehen von kleineren Durchmessern sind für die Handbiegung 2 Mann, für größere Durchmesser aber meist 3 Mann erforderlich. Hinzu kommen die Kosten für das Anwärmen der Rohre von Hand, mit Brenner oder im Feuer.

In der modernen Rohrbiegemaschine dagegen werden die Rohre kalt und ohne Füllung gebogen. Die Form, d.h. der Rohrquerschnitt, bleibt durch den Einsatz entsprechender Formen und Dorne gewahrt. Rohre bis etwa 4 Zoll können von einem Mann gebogen werden. Bei größeren Durchmessern und damit entsprechend größeren Radien und auch Rohrlängen ist der Einsatz des zweiten Mannes nicht mehr zu umgehen.

Zum Biegen eignen sich alle sauberen und glatten Rohre aus Stahl, Kupfer, Messing und Aluminium. Kupferrohre sind vorzuglühen. Harte, unrunde, stark rostige oder narbige Rohre eignen sich nicht zur maschinellen Biegung. Zum Biegen selbst sollten die Rohre mit Öl, Tran oder ähnlichem gefettet werden. Durch Umkehren der Biegeschablone ist Rechts- und Linksbiegung möglich.

In **Tab. 68** (S. 108) sind die Werte für das Biegen von Stahlrohren von Hand festgelegt. Für Rohrbogen, Krümmer oder einfache Biegungen sind entsprechend den Sinnbildern unter dem Rohrdurchmesser die Vorgabezeiten zu ermitteln. Der Zuschlag für die Sandfüllung, in der Tabelle auf 1 m Rohr bezogen und folglich der zu biegenden Rohrlänge um- und zuzurechnen, ergibt dann den Endwert für die Biegung.

Die Zeiten für das Biegen von Rohrschlangen sind nach den lichten Schlangen- und Rohrdurchmessern geordnet. Sie beziehen sich auf einen laufenden Meter Rohr einschließlich der Füllung.

Im übrigen sind die Faktoren für Bodenschlangen oder andere Werkstoffe zu beachten.

Die Vorgaben für das maschinelle Biegen an modernen Hochleistungsmaschinen sind in **Tab. 69** (S. 109) niedergelegt. Für Rohrbogen gelten die Zeiten je Stück. Vergleichsweise sind die möglichen Biegungen je Stunde angegeben. Bei zylindrischen Rohrschlangen gelten die Werte, unter Berücksichtigung der Schlangendurchmesser, je Windung.

Für jede zu biegende Rohrgröße oder Maschinenumbau ist die entsprechende Rüstzeit vorzusehen.

Die Faktoren und Hinweise sind zu beachten.

Für Kühl- oder Heizregister, umlaufend an Behältermänteln oder als Schlange an Behälter- oder Apparateböden, werden ihres günstigen Querschnittes und hohen Wirkungsgrades wegen, vielfach Halbrohre verwandt. Als Mantelrohre sind sie, nach dem Einsatz entsprechender Formwalzen, maschinell auf jeder Winkelwalze relativ einfach zu biegen. Schwierigkeiten bereitet eigentlich nur das Runden von Bodenschlangen. Dabei sollte man kleine Radien grundsätzlich von Hand und unmittelbar am Bauwerk biegen und anpassen. Bei größeren Radien oder auch erheblichen Stückzahlen und Längen kann natürlich die maschinelle Biegung oder zumindest Vorbiegung Vorteile bringen. Das kann aber, wie immer in der Fertigung des Apparatebaues, nur örtlich und von Fall zu Fall entschieden werden, außerdem setzt das maschinelle Biegen solcher Boden-Halbrohrschlangen eine gewisse Erfahrung und Praxis voraus.

Unter Berücksichtigung der ungleich kürzeren Lagerlängen für Halbrohre gegenüber normalen Rohren, weist die **Tab.** 70 die Biegezeiten für je 1 m Halbrohr der gängigsten Querschnitte in Verbindung mit den zu biegenden Radien aus.

Bei den noch kürzeren Edelstahl-Halbrohren gilt der angegebene Faktor.

Die Faktoren für das unmittelbare Biegen, Anpassen und Anheften von Halbrohren an Behälter oder Apparate von Hand, berücksichtigt nicht nur die Schwierigkeiten der Arbeit, sondern auch, daß der zweite Mann gleichzeitig heften kann.

Tabelle 70. *Biegen – Walzen von Halbrohren*

Werkstoff St – Zeiten in h/m Halbrohr für 1 bis 2 Mann
einschließlich Vorbiegen und Nachrichten bei:

Halbrohr bei Rohr-Außendurch-messer mm	Radius mm					
	< 750	1000	1500	2000	2500	≦ 3000
	h/m					
≈ 40	0,35	0,30	0,25	0,22	0,19	0,16
≈ 60	0,40	0,35	0,30	0,26	0,23	0,20
≈ 80	0,45	0,40	0,35	0,31	0,28	0,25
≈100	0,50	0,45	0,40	0,36	0,33	0,30

Bemerkung: Mittlere Halbrohrlänge in Stahl = 5000 mm
    Mittlere Halbrohrlänge in Edelstahl = 2000 mm = Zeitfaktor 2,00

Von Hand und warm unmittelbar an Behälter oder Apparate biegen und anpassen:

  in Stahl = Faktor 4⋯5   in Edelstahl = Faktor 5⋯6

Tabelle 68. *Rohrbogen und Rohrschlangen biegen von Hand*
Zeiten in h/Bogen oder m für 1 bis 3 Mann; einschließl. t_r und t_v

A. Diverse Rohrbogen – Zeiten in h/Bogen; Radius = 2···5 × Rohrdurchmesser
je nach Wanddicke

Vorgang	Rohrdurchmesser D mm									
	21,3	26,9	33,7	48,3	60,3	76,1	88,9	114,3	165,1	219,1
Sandfüllung je laufender Meter	0,15	0,15	0,20	0,25	0,30	0,40	0,50	0,65	0,80	1,00
< 45°	0,15	0,20	0,30	0,50	0,70	1,00	1,20	1,65	2,50	3,50
≈ 90°	0,20	0,30	0,50	0,80	1,15	1,60	2,00	2,60	4,00	5,50
≈135°	0,25	0,40	0,65	1,15	1,65	2,40	3,00	4,10	6,40	9,00
≈180°	0,30	0,50	0,75	1,35	2,00	2,90	3,70	5,20	8,20	11,50

Bemerkung: Jeder weitere maßhaltige Bogen in gleicher Ebene = Faktor 1,30
Jeder weitere maßhaltige Bogen in anderer Ebene = Faktor 1,50

B. Zylindrische Rohrschlangen – (spiralförmige Bodenschlangen siehe Faktoren)
Zeiten in h/m Rohr,
eingeschlossen erforderlicher Sandfüllung

Lichter Schlangen-durchmesser mm	Rohrdurchmesser D mm									
	21,3	26,9	33,7	48,3	60,3	76,1	88,9	114,3	165,1	219,1
200	0,65	0,75	1,00	–	–	–	–	–	–	–
400	0,55	0,65	0,85	1,10	1,50	–	–	–	–	–
600	0,45	0,55	0,75	1,00	1,35	1,65	2,35	3,80	–	–
800	0,40	0,50	0,65	0,90	1,25	1,55	2,15	3,40	–	–
1000	0,35	0,45	0,55	0,80	1,15	1,45	1,95	3,00	–	–
1250	0,30	0,40	0,50	0,70	1,05	1,30	1,75	2,65	–	–
1500	0,25	0,35	0,45	0,65	0,95	1,20	1,55	2,25	–	–
1750	0,25	0,30	0,40	0,60	0,85	1,10	1,35	1,90	3,00	–
2000	0,20	0,25	0,35	0,55	0,80	1,00	1,25	1,65	2,50	3,75
2500	–	–	0,35	0,50	0,75	0,90	1,10	1,35	2,00	3,30
3000	–	–	0,30	0,45	0,70	0,85	1,00	1,20	1,50	2,60
4000	–	–	0,25	0,40	0,65	0,75	0,90	1,10	1,40	2,20
6000	–	–	–	0,35	0,60	0,70	0,80	1,00	1,30	2,00

Bemerkung: Für spiralförmige Bodenschlangen = Faktor 1,25···1,50 (bezogen auf
mittleren Durchmesser).
Generelle Faktoren: Kupfer = 1,10, Aluminium = 0,90,
Edelstahl = 1,50.

Tabelle 69. *Rohrbiegen an Hochleistungs-Rohrbiegemaschinen*

Zeiten in h/St. oder Windung für 1 bis 2 Mann

Rüstzeit	Rohr-durch-messer D	Rohrbogen Zeiten h/St. bei St./h					Zylindrische Röhrschlangen Zeiten h/Windung = 360° bei lichtem Durchmesser mm					
h	mm	Bogen 90°	≈ St./h	Bogen 135°	Bogen 180°	≈ St./h	< 400	< 800	< 1250	< 2000	< 4000	< 6000
0,25	26,9	0,01	100		0,015	67	0,04	0,05	0,065	0,08	0,11	0,15
0,25	33,7	0,011	90		0,016	63	0,05	0,06	0,075	0,09	0,13	0,18
0,30	48,3	0,02	51		0,028	36	0,06	0,07	0,085	0,11	0,15	0,22
0,40	60,3	0,033	35		0,045	22	0,075	0,09	0,105	0,13	0,19	0,28
0,50	76,1	0,044	23	inter-	0,06	17	–	0,12	0,135	0,165	0,24	0,35
0,60	88,9	0,057	17,5	polieren	0,075	13	–	0,15	0,175	0,21	0,30	0,45
0,75	114,3	0,10	10		0,125	8	–	0,22	0,25	0,31	0,50	0,60
2 Mann { 2,00	165,1	0,45	4,5		0,50	4	–	–	–	0,50	1,30	1,70
2,50	219,1	0,80	2,5		0,90	2,2	–	–	–	–	2,00	2,50
3,00	267,0	1,50	1,3		1,70	1,2	–	–	–	–	–	4,25

Bemerkung: Diese Werte gelten bis einschließlich Kleinserien. Bei Großserien liegen die Biegeleistungen bis zu 25% höher.

XII. Werkstattmontage

Die werkstattmäßige Montierung von Schweiß- wie auch Nietkonstruktionen ist wegen ihres relativ hohen, fast ausschließlich als Handzeit anfallenden Fertigungsanteils wohl der wichtigste Bauabschnitt einer Fertigung schlechthin.

Dieser Anteil beträgt im Stahl- und Apparatebau bei vielseitigster Fertigung im Jahresmittel etwa 35%.

Je nach Größe, Bauart und Gewicht schwankt der prozentuale Anteil für das Einzelobjekt zwischen 15 und 60% der Gesamtfertigung.

Normale Tanke und Behälter, Wascher, Sättiger, Abscheider u.ä. liegen ziemlich konstant bei 35%.

Wärmeaustauscher, Kondensatoren, Tief-, Umlauf- und Nachkühler, also Aggregate, wo oft erhebliche Mengen Siederohre eingebaut werden, liegen ebenso gleichmäßig bei etwa 50%.

Beide Gruppen zeigen eine ziemliche Gesetzmäßigkeit in diesen Bereichen und geben damit wichtige Anhaltspunkte für Überschlagsrechnungen.

Schweißkonstruktionen schwanken je nach ihrer Eigenart, Größe, Gewicht und ihres dadurch bedingten, oft erheblich abweichenden Anteils an Vorbereitungs-, Schmiede- oder mechanischen Stunden zwischen etwa 15 bis 40%.

Die Bewertung und Kalkulation des werkstattmäßigen Zusammenbaues und der Montierung ist neben den schon früher erwähnten Vorzeichnern ebenso schwierig und erfordert neben praktischem Vorstellungsvermögen eine möglichst solide und umfassende eigene Werkstatt- und Betriebspraxis.

Nur so ist es möglich, die internen Zusammenhänge bei diesen hohen Handzeiten wirklich zu erkennen und bei ihrer Bemessung richtig einzukalkulieren.

Gegenüber den meisten übrigen Arbeitsgängen bietet die Montierung kaum rechnerische Anhaltspunkte. Vielmehr ist gerade hier der Mensch und seine persönliche Eignung und Fähigkeit der wichtigste Faktor und meist entscheidend für die Qualität der Arbeit und ihren Kostenumfang. Ein erfahrener und guter Monteur wird auch aus einer weniger guten Sache immer noch etwas zu machen wissen, aber schlechte und unerfahrene Monteure haben schon die beste Vorarbeit zunichte gemacht.

Daneben spielt natürlich für den Umfang des Zeitbedarfs die Güte der vorgerichteten Werkstückteile sowie Einrichtungen, Vorrichtungen und Werkzeuge der Werkstatt, Materialfluß, Betriebsorganisation u.a. eine wesentliche Rolle.

Gestützt durch intensive Beobachtungen ist man im Laufe der Zeit zu der Erkenntnis gelangt, daß Kalkulationen oder Preisbestimmungen für die Montierung am richtigsten und sichersten nur aus dem Gewicht des Werkstückes resultieren können.

Der Umfang und Schwierigkeitsgrad einer Arbeit wird bei Handzeiten im wesentlichen schon durch das Werkstückgewicht und die Anzahl der einzelnen Bauteile bestimmt.

Die bestimmende Formel zur Errechnung der Grund-Stückzeit als Basis für die Vorgabezeit, steht, mit Erläuterungen versehen, jeweils zweifach den Tab. 71 u. 74 voran.

Die Frage zur Alternative hier bestimmen bauliche Größenordnungen, aber auch Umstände und Zweckmäßigkeit.

Bei sehr hohen Baugewichten, einer zusätzlich hohen Anzahl von Bauteilen, damit in der Multiplikation vielstelligen Zahlenwerten, ist es immer einfacher und ratsam, über das Teilgewicht TG zu rechnen.

Relativ niedere Baugewichte und eine geringere Anzahl von Bauteilen, die gut übersehbare Zahlenwerte ergeben, erlauben dagegen den einfacheren Rechenvorgang unmittelbar aus dem Gesamt-Baugewicht.

Bestimmte, d.h. artgleiche Fertigungen, faßt man dann in ebenso zu bestimmenden Bewertungsgruppen zusammen. Der jeder Bewertungsgruppe zugeordnete Faktor ist gleichzeitig Multiplikator für die aus Teil- oder Gesamtgewicht errechnete Grund-Stückzeit zur Vorgabe- oder Gesamtzeit.

Hier müssen sich das Fingerspitzengefühl und die Kenntnisse des Kalkulators bei der richtigen Eingruppierung ergänzen. Ratsam ist, für den eigenen Betrieb eine eigene Skala der Bewertungsgruppen zu erstellen.

Es ist wohl ohne weiteres verständlich, daß z.B. der Zusammenbau und die Verschraubung eines Binders, der genietet wird, spezifisch einen wesentlich geringeren Zeitaufwand benötigt als der Zusammenbau und die Heftung eines großen mehrteiligen Getriebekastens mit mehreren Lagerstellen. Die Winkel und Knotenbleche sind restlos vorgebohrt und dürften beim Zusammenbau ohne weiteres passen. Eine einfache Zusammenbauarbeit also, die keine weitere geistige Beanspruchung darstellt.

Der Zusammenbau des Getriebekastens auf der Richtplatte stellt schon wesentlich höhere Anforderungen an den Monteur. Die in der Vorbereitung zugeschnittenen, vorgebrannten und hergerichteten Teile müssen sorgfältig zusammengepaßt und geheftet werden. Die Lagerstellen und der Fuß bedürfen dabei der besonderen Aufmerksamkeit, um die Bearbeitungszugabe für die spätere, nach der Glühung stattfindende mechanische Bearbeitung zu erhalten.

Dieser Zusammenbau erfordert also schon eine wesentlich größere Geschicklichkeit, mehr Können und stellt schon einen gewissen Anspruch an das geistige Niveau des Ausführenden.

Diese Gesichtspunkte müssen bei der Einstufung und Eingruppierung bedacht und einkalkuliert werden. Der Kalkulator soll sich dabei bewußt sein, daß Handzeiten mit Maschinenzeiten in keiner Weise vergleichbar sind. Bei Zusammenbauarbeiten ergeben sich oft Umstände, die überhaupt nicht vorauszusehen sind, aber in irgendeiner Form legalisiert werden müssen. Man kann von einem Monteur nicht die exakten Handgriffe erwarten, die bei fließenden Arbeiten, z. B. an der Maschine, selbstverständlich sind. Der Mann muß auch überlegen können und sich seine Arbeit zweckmäßig einteilen. Das verleitet dann sehr leicht Leute, die nicht die richtige Einstellung zu diesen Dingen haben, zu falschen Schlüssen. Man sollte eines nicht vergessen: Der wahre Könner beweist seine Überlegenheit nicht durch eine überhastete unorthodoxe Arbeitsweise. Wahre Ruhe ist noch lange kein Mangel an Bewegung, sondern Gleichgewicht der Bewegung.

In **Tab. 71** (S. 114 u. 115) ist das Montieren von Schweiß- und Nietkonstruktionen auf Grund der Gewichtsbestimmung des Werkstückes nach Gruppen geordnet und mit Arbeitsbeispielen versehen festgelegt.

Die Gruppen können gegebenenfalls eine noch schärfere Unterteilung erfahren, im allgemeinen wird man aber mit der Anzahl der vorstehenden auskommen.

Die Vorgabezeiten schließen sämtliche Verputz- und Entgratungsarbeiten ein. Das erweist sich bei den meisten Zusammenbauarbeiten als zweckmäßig, da Hilfskräfte des Monteurs zwischenzeitlich immer mit solchen Arbeiten beschäftigt werden können.

Tab. 72 (S. 116) legt die Werte für das Heften von Lang- und Rundnähten (Schüsse) im Behälter- und Apparatebau fest. Die nach Schußdurchmesser und Blechdicken geordneten Werte gelten für die Kolonne und schließen alle Rüst- und Nebenzeiten sowie evtl. Bei- und Nachrichten einschließlich Verputzen ein.

Beim Wegfall dieser Arbeiten ist der Faktor zu beachten. Gerade bei dem Zusammenbau und der Heftung von Rund- und Langnähten muß größte Sorgfalt angewandt und sauberste Arbeit verlangt werden. Versetzt stehende Blechkanten ergeben unsauber aussehende Schweißnähte mit einem u. U. weit höheren Schweißgutbedarf. Bei auszukleidenden Behältern kann die Egalisierung der Schweißwurzel dadurch ebenfalls wesentliche Mehrarbeit und damit Mehrkosten verursachen. Es ist also immer ratsam, bei den Vorarbeiten eine gewisse, im Rahmen des Möglichen liegende Präzision zu verlangen.

Tab. 73 bringt die Montierungswerte der im Apparatebau gängigsten normalen Flansche und Stutzen. Im übrigen gilt das vorher Gesagte auch ohne Einschränkung für diese Arbeiten.

Tab. 74 ähnelt in Aufbau und Anlage der Tab. 71, gilt aber im Gegensatz zu dieser für reine Schlosserarbeiten, d.h. für den Zusammenbau und die Fertigmontage von überwiegend bearbeiteten Bau- und Maschinenteilen.

Schrauben- und Sonderzuschläge sind der Tab. 71 zu entnehmen.

Die **Tab.** 75 u. 76 bringen die Richtwerte für das Verlegen oder Anpassen von Rohrleitungen und der Montage, dem An- oder Einbau von Flanschen und Armaturen.

Zu beachten sind die Faktoren für die Demontage sowie andersgeartete oder abweichende Arbeitsbedingungen.

Ergänzend zur Tab. 74, Schlosserarbeiten – Zusammenbau und Montage, werden die folgenden **Tab. 77 bis 81** verwandt.

Lager und Kupplungen sind nach Art und Größe der Bauteile geordnet. Der Arbeitsumfang umfaßt dabei, außer dem Einpassen der Keile bei den Kupplungen, ausschließlich Einbau und Montage von Fertigteilen.

Bei Anwendung der Tabellen sind immer die Schwierigkeiten einer individuellen Fertigung zu berücksichtigen.

Tabelle 71. *Montieren von Niet- und Schweißkonstruktionen*
Zeiten errechnen sich für die gesamte Kolonne und schließen Entgraten und Verputzen ein

Errechnung der Gesamtzeit für den Zusammenbau und die Werkstattmontage von Konstruktionen nach der Formel:

$$\sqrt{TG} \cdot \frac{x}{60} = \text{Grund-Stückzeit in h}$$

In der Formel bedeuten:

$$TG = \text{Teilegewicht in kg} = \left(\frac{G}{x} = \frac{\text{Baugewicht kg}}{\text{Anzahl Bauteile}} \right)$$

x = Anzahl Bauteile
60 = Divisor als Zeitfaktor
h = Stunde

Beispiel:

$$\text{Baugewicht } 130 \text{ kg} = 10 \text{ Bauteile} = \frac{130}{10} = 13 = \sqrt{13} \cdot \frac{10}{60} = 3,6 \cdot \frac{10}{60} = 0,60 \text{ h.}$$

Je nach Art der Arbeit und entsprechender Einstufung in eine der folgenden Gruppen wird die Grund-Stückzeit mit dem Multiplikator der entsprechenden Gruppe multipliziert und ergibt daraus die eigentliche Vorgabe- oder Gesamtzeit.

Bis zu einer gewissen Größenordnung und bei ausreichender Übung kann auch die einfachere Formel $\sqrt{G \cdot x}/60$ (Erklärung s. oben) angewandt werden.

Gruppen:		*Art:*	*Arbeitsbeispiele:*
a) $1 \cdot \sqrt{TG} \cdot \dfrac{x}{60}$		einf. norm. Konstr. ohne Paßarbeit	Binder, Maste, Bühnen, Treppen
b) $2 \cdot \sqrt{TG} \cdot \dfrac{x}{60}$	einfachste Niet-konstruk-tionen	maßhaltige Konstruktionen	Stützen, Träger, einfache Drehgestelle
c) $3 \cdot \sqrt{TG} \cdot \dfrac{x}{60}$		leichte oder schwierige Konstruktionen — normale ohne Paßarb. oder in Vorrichtung	Profile $< \angle 50$, $\sqsubset + \text{I}\ 80$ Wagengestelle — Stützen, Konsolen, Hebel, Böcke
d) $4 \cdot \sqrt{TG} \cdot \dfrac{x}{60}$	normale Schweiß-konstruktionen	Konstruktionen ohne wesentliche Paßarbeit	Rahmen, Grundplatten, kleine Seiltrommeln ohne Zapfen
e) $5 \cdot \sqrt{TG} \cdot \dfrac{x}{60}$		maßhaltige Konstruktionen $\lesseqgtr S = 7$ mm	Bunker, Rutschen, Pratzen und Konsolen, an Apparate, offene Wannen, Unterbauten, große schwere Seiltrommeln ohne Zapfen
f) $6 \cdot \sqrt{TG} \cdot \dfrac{x}{60}$		maßhaltige Konstruktionen $\lesseqgtr S = 6$ mm oder sehr schwere	Scheidekästen, Gärbottiche, Koffertanke, Laufsegmente, Konverterständer, große schwere Seiltrommeln mit Zapfen
g) $8 \dots 10 \cdot \sqrt{TG} \cdot \dfrac{x}{60}$	schwierige und schwierigste Niet- und Schweiß-konstruktionen	überschwere und konische Konstruktionen, Kuppeln, Kugelabschnitte, Kümpelteile oder ähnliches	komplette Gießpfannen, Konverter, Mischer, Reaktoren, Cowperkuppeln, einschließlich Beirichtarbeiten
		relativ leichte Mittelblech-Schweißkonstruktionen	Ein- und doppelwandige Maschinenhäuser oder Kabinen

Zuschläge: Stöße-Verbindungsstellen mennigen – streichen = Faktor 1,05; Stöße-Verbindungsstellen mennigen – streichen und Dichtband einlegen = Faktor 1,10.

Tabelle 71 (Fortsetzung)

Einziehen von Heftschrauben mit Muttern oder einfache Stiftschrauben ohne Muttern:

		Loch ⌀ mm									
		< 10	12/14	16	18/20	22	24	27	30	33	36
Schrauben	Me.	8···10	12···14	14···16	16···18	20···22	22···24	24···27	27···30	30···33	33···36
	Wi.	$3/8''$	$1/2''$	$5/8''$	$3/4''$	$7/8''$	$7/8''$	$1''$	$1^1/_8''$	$1^1/_4''$	$1^3/_8''$
h/₀₀ St.		2,75	3,25	3,75	4,25	4,75	5,25	5,75	6,25	6,75	7,25

Stiftschrauben eindrehen mit Mutter oder mit Keilbolzen .... = Faktor 1,60
Stiftschrauben eindrehen mit Mutter und stemmen .... = Faktor 2,00
Stiftschrauben eindrehen ohne Mutter und stemmen .... = Faktor 1,35

Kran-Arbeitshübe in der Werkstatt:

einfaches Verlegen von

Apparaten – Konstruktionen .... $1{,}5\cdots2 \cdot \sqrt[3]{\overline{G}}/60 = h$ (G = Baugewicht kg)

Drehen – Kanten – Umlegen von

Apparaten – Konstruktionen .... $3\cdots3{,}5 \cdot \sqrt[3]{\overline{G}}/60 = h$ (G = Baugewicht kg)

Demontage:

nach probeweisem Zusammenbau
von gehefteten Schweißkonstruktionen = Faktor 0,15···0,25 ⎫ der
nach probeweisem Zusammenbau ⎪ Probe-
von verschraubten Nietkonstruktionen = Faktor 0,25···0,30 ⎭ montage

---

Diverse Arbeiten:

Blechkanten von Heftstellen egalisieren und säubern .... = 0,075 h/m
nach probeweisem Werkstatt-Zusammenbau schwerer Konstruktionen
(Mischer – Konverter – Reaktoren o. ä.)
komplett reinigen, säubern und entgraten .... = 0,5 h/t

---

Zum Versand fertig machen einschließlich signieren – bündeln:

einfache Konstruktionen = x (Anzahl der Teile) $\cdot 1{,}5 \cdot \sqrt[3]{\overline{TG}}/60 = h$ (TG = Teilegewicht kg)
schwierige Konstruktionen = x (Anzahl der Teile) $\cdot 2 \cdot \sqrt[3]{\overline{TG}}/60 = h$ (TG = Teilegewicht kg)

Verladen:

1. Großräumige überschwere Apparate,
   Behälter und Bauwerke .... = 0,50 h/t Verladegewicht
2. Schwere Apparate und Konstruktionen
   Blech > 10 mm
   Profile ∠ >160 ⊥ > 400 ⊥ PB > 280 .... = 0,75 h/t Verladegewicht
3. Halbschwere Apparate und Konstruktionen
   Blech 6···8 mm ∠ 100···150 T 120···160
   ⊏ 260···400 ⊥ PB 160···260 .... = 1,00 h/t Verladegewicht
4. Mittelschwere Apparate und Konstruktionen
   Blech ≈ 5 mm ∠ 80···90 T 90···100 TB 60
   ⊏ 200···240 ⊥ 160···180 ⊥ PB 100 .... = 1,25 h/t Verladegewicht
5. Halbmittelschwere Apparate und Konstruktionen
   Blech ≈ 4 mm ∠ 70 T 70···80 TB 45···50
   ⊏ 120···180 ⊥ 160···180 ⊥ PB 100 .... = 1,50 h/t Verladegewicht
6. Leichte Apparate und Konstruktionen
   Blech ≈ 3 mm ∠ 60 T 50···60 TB 30···40
   ⊏ < 100 ⊥ < 140 .... = 2,00 h/t Verladegewicht
7. Superleichte Apparate und Konstruktionen
   Blech < 3 mm ∠ < 50 T 40
   Rohre < $1^1/_2''$ .... > 3,00 h/t Verladegewicht

8*

Tabelle 72. *Montieren und Heften von Rund- und Langnähten*

Zeiten gelten für Kolonnen von 2 bis 3 Mann und schließen
Rüst- und Nebenzeiten ein

Mittelnähte sowie **Bodennähte** an gepreßte oder gekümpelte Böden montieren
und heften – beirichten einschl. nachrichten und verputzen. Abstand der Heftstellen = 20···25 S

Zeiten in h für die komplette Rundnaht

Naht ⌀ mm	Blechdicke mm							
	4···6	7···9	10···13	14···16	18···22	25···30	35	40
300	0,80	–	–	–	–	–	–	–
400	1,20	–	–	–	–	–	–	–
500	1,50	–	–	–	–	–	–	–
600	1,75	1,25	–	–	–	–	–	–
800	2,00	1,50	1,75	2,75	–	–	–	–
1000	2,25	1,75	2,25	2,25	4,25	6,50	8,00	10,00
1200	2,50	2,00	2,75	3,75	4,75	7,25	8,50	10,50
1400	3,00	2,50	3,25	4,25	5,25	7,75	9,00	11,00
1600	3,50	3,00	3,75	4,75	5,75	8,25	9,75	11,50
1800	4,00	3,50	4,25	5,25	6,25	8,75	10,50	12,00
2000	4,50	4,00	4,75	5,75	6,75	9,25	11,25	12,50
2200	–	4,50	5,00	6,00	7,00	9,50	12,00	13,00
2400	–	5,00	5,25	6,25	7,25	9,75	12,50	13,50
2600	–	5,50		6,50	7,50	10,00	13,00	14,00
2800	–	5,75		6,75	7,75	10,25	13,50	14,50
3000	–	6,00		7,00	8,00	10,50	14,00	15,00
3500	–	–	6,75	7,50	8,75	11,25	15,50	16,50
4000	–	–	7,50	8,25	9,50	12,00	17,00	18,00
4500	–	–	8,25	9,00	10,50	13,00	18,50	20,00
5000	–	–	9,25	10,00	11,50	14,00	20,00	22,00
5550	–	–	10,25	11,00	13,00	15,50	22,00	25,00

Faktoren:

Glatte Böden und Scheiben   0,50 | 0,45 | 0,40

⊟ und ⨯ Ringe bündig an Schußkante um- oder einziehen 0,75

⊐ und ⨯ Ringe, Böden – in Schüsse mittig einziehen:
ab 1000⌀ wie vor – unter 1000⌀ = Faktor 1,25

Ohne Bei- und Nachrichten, Verputzen = generell Faktor 0,65

Langnähte

A. Montieren und heften. – B. Nach dem Schweißen richten und verputzen
Zeiten in h/m

A	0,20	0,25	0,35	0,50	0,70	1,00
B	0,35	0,35	0,50	0,70	1,00	1,50

Tabelle 73. *Montieren einschl. Heften von Stutzen und Flanschen*
Zeiten in h/St. für 1 bzw. 2 Mann

NW oder ∅ mm	Auf Zurichtplatte		An Apparate-Behälter					
	Vor-schweiß-flansche	Glatte Flansche	Stutzen glatt ein-gesetzt	Stutzen auf Aus-halsung	Stutzen durch-gehend	Stutzen mit V-Ring	Block-flansche auf-gesetzt	Block-flansche ein-gesetzt
<25	0,125	0,10	0,25	0,20	0,15	0,30	0,10	0,15
32···65	0,15	0,10	0,30	0,25	0,175	0,35	0,125	0,20
70···80	0,175	0,125	0,35	0,30	0,20	0,40	0,15	0,25
100···125	0,20	0,15	0,45	0,35	0,25	0,50	0,20	0,30
150···175	0,25	0,175	0,55	0,40	0,30	0,60	0,25	0,40
200···250	0,30	0,20	0,65	0,50	0,40	0,75	0,30	0,50
300···350	0,35	0,25	0,80	0,65	0,50	0,90	–	–
400···450	0,40	0,30	1,00	0,80	0,60	1,10	–	–
500	0,50	0,35	1,15	0,95	0,70	1,30	–	–
600	0,60	0,40	1,30	–	0,80	1,50	–	–
700	0,70	0,45	1,50	–	0,95	1,70	–	–
800	0,80	0,55	1,70	–	1,10	1,95	–	–
1000	0,95	0,65	2,10	–	1,25	2,40	–	–
1200	1,20	0,80	2,50	–	1,50	2,80	–	–

Faktoren: Schrägstutzen oder solche an Bodenkrempe .... = Faktor 1,70
Glatt eingesetzte Stutzen mit V-Ring .... = Faktor 1,60
Stutzen – Flansche auf Zurichtplatte in Boden eingesetzt = Faktor 0,85
Flansche aus montagetechnischen Gründen an schon
eingeschweißte Stutzen an Tank .... = Faktor 1,50
Zeiten gelten für Normal-Wanddicken.

Tabelle 74. *Schlosserarbeiten*

Zusammenbau und Montage

Zeiten errechnen sich ggf. für die Kolonne und schließen Entgraten und Verputzen normaler Löcher, Kanten, Grate und Flächen ein

Errechnung der Gesamtzeit für den Zusammenbau nach der Formel:

$$\sqrt{TG} \cdot \frac{x}{60} = \text{Grund-Stückzeit in h}$$

In der Formel bedeuten:

$$TG = \text{Teilegewicht in kg} = \left(\frac{G}{x} = \frac{\text{Baugewicht kg}}{\text{Anzahl Bauteile}} \right)$$

x = Anzahl Bauteile
60 = Divisor als Zeitfaktor
h = Stunde

Beispiel:

$$\text{Baugewicht } 350 \text{ kg} = 20 \text{ Teile} = \frac{350}{20} = 17{,}5 = \sqrt{17{,}5} \cdot \frac{20}{60} = 1{,}40 \text{ h}.$$

Je nach der Arbeit und entsprechender Einstufung in eine der folgenden Gruppen wird die Grund-Stückzeit mit dem Multiplikator der entsprechenden Gruppe multipliziert und ergibt daraus die eigentliche Vorgabe- oder Gesamtzeit.

> Bis zu einer gewissen Größenordnung und bei ausreichender Übung kann auch die einfachere Formel $\sqrt{G \cdot x}/60$ (Erklärung s. oben) angewandt werden.

Gruppen:	*Art:*
a) $1 \cdot \sqrt{TG} \cdot \dfrac{x}{60}$	Einfache Schlosserarbeiten normal bearbeiteter Bauteile auf Zurichtplatte, Werkbank oder im Schraubstock
b) $1{,}75 \cdot \sqrt{TG} \cdot \dfrac{x}{60}$	Normaler Zusammenbau und Montage überwiegend mechanisch bearbeiteter oder gut hergerichteter unkomplizierter Bauteile an ohne Schwierigkeiten gut zugänglichen Stellen
c) $2{,}75 \cdot \sqrt{TG} \cdot \dfrac{x}{60}$	Schwieriger Zusammenbau und Montage fast ausschließlich mechanisch bearbeiteter und komplizierter Bauteile an weniger gut zugänglichen Stellen und Positionen
d) $3{,}5 \cdot \sqrt{TG} \cdot \dfrac{x}{60}$	Präziser Zusammenbau voll mechanisch bearbeiteter und sorgfältig hergerichteter Maschinenbauteile mit einwandfreier Funktion

Zuschläge:

Einziehen von Maschinen- und Stiftschrauben s. Tab. 71, S. 115.
Paßschrauben .... = Faktor 1,10 dazu.
Löcher zu den Paßschrauben reiben = Faktor 2,25 zu den Paßschrauben.

Tabelle 75. *Verlegen, Heften, Verschrauben von Rohrleitungen außen*

Zeiten in h/m gelten für die Kolonne und schließen kleinere Beirichtarbeiten ein

A. Geschweißte Leitungen. Montieren in Körperhöhe

Bei Länge (Meter)	Nennweite mm										
	25	32	50	65	80	100	150	200	250	300	400
< 5	0,15	0,20	0,30	0,40	0,50	0,70	1,00	1,25	1,50	1,65	1,80
<22	0,15	0,20	0,25	0,35	0,45	0,60	0,85	1,10	1,30	1,45	1,60
<50	0,125	0,175	0,25	0,30	0,40	0,55	0,75	0,95	1,15	1,30	1,40
>50	0,125	0,15	0,20	0,25	0,35	0,50	0,70	0,85	1,00	1,15	1,25

Bemerkung: Montieren über Körperhöhe – Gerüst usw. . . . . = Faktor 1,25
Abnehmen – Demontieren . . . . = Faktor 0,50
Bei provisorischer Verlegung . . . . = Faktor 0,75
Abnehmen – Demontieren . . . . = Faktor 0,40

B. Geflanschte Leitungen montieren . . . . = Faktor 1,20
Geflanschte Leitungen demontieren . . . . = Faktor 0,60
Ausgekleidete Leitungen montieren . . . . = Faktor 1,30
Ausgekleidete Leitungen demontieren . . . . = Faktor 0,65

Betr.
Innen
In geschlossenen Apparaten-Behältern ist generell, d.h. zu jeder Position oder Situation, ein weiterer Zuschlag von rund 40% zu gewähren.

Tabelle 76. *Montieren*

Ventile – Hähne – Stopfbuchsen – Flansche – diverse, montieren in Körperhöhe
Zeiten in h/St.

Bezeichnung	Nennweite mm										
	25	32	50	65	80	100	150	200	250	300	400
1 Flansche mit Dichtung an Rohrleitung usw.	0,50	0,50	0,65	0,65	0,80	0,95	1,10	1,30	1,50	2,00	2,50
2 Blindflansch mit Dichtung an Rohrleitung usw.	0,20	0,20	0,25	0,25	0,30	0,35	0,40	0,45	0,50	0,60	0,75
3 Stopfbuchse verpacken für Hähne, Ventile usw.	0,25	0,30	0,35	0,40	0,45	0,50	0,55	0,65	0,75	0,85	1,00
4 Stopfbuchse verpacken an Wellen, Rührwerken, Pumpen	0,60	0,65	0,80	1,00	1,25	1,75	2,25	2,75	3,25	4,00	5,00
5 Hähne, Ventile usw. neu einbauen	0,35	0,45	0,60	0,75	0,90	1,25	1,75	2,25	3,00	4,00	5,00
6 Hähne, Ventile auswechseln, d.h. Aus- u. Einbau	0,60	0,80	1,00	1,25	1,50	2,25	3,00	3,75	5,00	6,50	8,00
7 Ventile reparieren, einschleifen usw.	2,00	2,25	2,50	2,75	3,25	3,75	4,50	5,00	5,60	6,00	7,00

Bemerkung zu Nr. 5: Sicherheitsventil mit Einstellung und Probe = Faktor 2,00
(Werte beziehen sich für Herrichtung – Einbau – Montage in Körperhöhe).
Generell: Über Körperhöhe, Gerüst usw. .... = Faktor 1,25
Sehr schwierige oder enge Lage und innen .... = Faktor 1,75

Tabelle 77. *Montieren von Lager*

Arbeitsumfang: Herrichten, Ausrichten und Verschrauben
Zeiten in h/St. für 1 bis 2 Mann

Wellen ∅ mm	Flanschlager			Augen-lager	Schalen-Deckellager	Rumpflager	
	ohne Paßansatz	mit Paßansatz				Schalen	Rollen
	2 Schrauben	2 Schrauben	4 Schrauben	2 bis 4 Schrauben	2 bis 4 Schrauben		
32	0,80	0,60		0,60	0,75 bis	1,00 bis	1,25 bis
40	0,90	0,70		0,70	1,00	1,25	1,50
50	1,00	0,80		0,80	1,00 bis	1,25 bis	1,50 bis
60	1,15	0,90		0,95	1,25	1,50	1,75
80	1,30	1,00		1,10	1,25 bis	1,75	2,00
100	1,50	1,15		1,25	1,50	2,00	2,25
120		1,30			1,75	2,25	2,50
140		1,50			2,00	2,75	3,25
160		1,75			2,50	3,25	4,00
200		2,00			3,00	4,00	4,75
250					3,75	5,00	6,00
300					4,75	6,00	7,50
350					5,75	7,50	9,00
400					7,00	9,00	10,50
500					9,00	12,00	14,00
600					12,00	15,00	18,00

In der Spalte "ohne Paßansatz" (unterhalb von Wellen ∅ 100): einschl. Bohren der Schraubenlöcher in Grundplatte oder Konstruktion = Faktor 1,50

In der Spalte "4 Schrauben": = Faktor 1,25

Bemerkung: Korb- oder Hängelager als Festlager = Faktor 0,80 von Schalen-Deckellager.
Korb- oder Hängelager als Loslager = Faktor 0,70 von Schalen-Deckellager.

Tabelle 78. *Schaben und Aufpassen von Lager*

Arbeitsumfang: Spannen, Passen, Schleifen der Schaber
Material Rotguß (Rg.)

Lager Ø mm	Lagerlänge mm															
	20	30	40	50	60	80	100	150	200	250	300	350	400	500	600	750
	Zeiten h/Lager															
32			0,25													
40	0,15	0,20		0,35												
50			0,30		0,50											
60		0,25		0,40		0,70	0,90									
80			0,35		0,55	0,75	0,95	1,40								
100				0,45	0,60	0,80	1,00	1,50	2,15							
160			0,40	0,50	0,65	0,85	1,05	1,60	2,25	2,90						
200					0,70	0,90	1,10	1,70	2,40	3,10	3,80					
250					0,80	1,00	1,20	1,85	2,55	3,30	4,00	4,75				
300							1,30	2,00	2,70	3,50	4,25	5,00	5,85			
350							1,40	2,15	2,90	3,70	4,50	5,35	6,25	7,75		
400								2,30	3,10	3,95	4,85	5,75	6,75	8,50	10,50	
500									3,40	4,50	5,50	6,50	7,50	9,50	11,50	14,00
										5,25	6,25	7,25	8,50	10,75	13,00	16,00

Weißmetall = Faktor 0,6

Tabelle 79. *Schmiernuten hauen von Hand – Komplett einschl. verputzen*

Nuten Richtwerte		Auf geraden, ebenen, gut zugänglichen Flächen – Material St u. GS $< 52\,\sigma_B$																		
		Nutenlänge mm																		
Breite × Tiefe mm	$\approx$ mm²	20	40	60	80	100	120	140	160	180	200	220	240	260	280	300	350	400	450	500
		Zeiten h/Nute																		
4 × 2	8	0,10	0,12	0,14	0,16	0,18	0,21	0,24	0,27	0,30	0,33	0,36	0,39	0,42	0,45	0,50	0,55			
6 × 3	18	0,12	0,15	0,18	0,21	0,24	0,27	0,30	0,33	0,36	0,39	0,43	0,47	0,51	0,55	0,60	0,65	0,75		
8 × 4	32	–	0,18	0,22	0,26	0,30	0,34	0,38	0,42	0,46	0,50	0,55	0,60	0,65	0,70	0,75	0,85	0,95	1,05	
10 × 5	50	–	–	0,25	0,30	0,35	0,40	0,45	0,50	0,55	0,60	0,65	0,70	0,75	0,80	0,90	1,00	1,10	1,25	1,40

Faktoren:

Bei halbverdeckten, seitlich innenliegenden,
tiefliegenden und schlecht zugänglichen Flächen = 1,4

Grauguß = 0,75
Rotguß = 0,6
Weißmetall = 0,45

Bei Wellen und Bohrungen
$< 30\,\emptyset = 1{,}85$
$< 40\,\emptyset = 1{,}7$
$< 50\,\emptyset = 1{,}55$
$< 75\,\emptyset = 1{,}4$
$< 100\,\emptyset = 1{,}3$
$< 250\,\emptyset = 1{,}2$
$> 250\,\emptyset = 1{,}15$

Tabelle 80. *Montieren von Kupplungen*

Arbeitsumfang: Herrichten, Passen, Aufkeilen und Verschrauben
Zeiten in h/St. für 1 bis 2 Mann

Wellen-⌀ mm	Muffen-kupplung	Zweiteilige Schalen-kupplung	Scheiben-kupplung	Diverse elastische Kupplungen
32	1,00	0,80	1,50	2,00···2,50
40	1,15	0,90	1,60	
50	1,30	1,00	1,80	2,50···3,25
60	1,50	1,20	2,00	
80	1,75	1,40	2,30	3,25···4,25
100	2,00	1,60	2,60	
120	2,25	1,80	2,90	4,25···5,50
140	2,75	2,00	3,25	
160	3,25	2,50	3,75	5,50···7,00
200	3,75	3,00	4,50	7,00···8,50
250		4,00	5,50	8,50···10,25
300			6,50	10,25···12,00
350			7,50	12,00···14,00
400				14,00···16,50
500				16,50···20,00
600				20,00···24,00

Tabelle 81. *Schaben* und *Tuschieren*

Grobtuschieren ebener Flächen – Material: Gußeisen
Zeiten in h

A. Leistung:

F cm²	50	100	150	200	300	400	600	800	1000	1200	1400
h	0,40	0,60	0,75	0,90	1,05	1,20	1,35	1,50	1,65	1,80	1,95

F cm²	1600	1800	2000	2200	2400	2600	2800	3000	3500	4000	5000
h	2,05	2,15	2,25	2,30	2,35	2,40	2,45	2,50	2,60	2,70	2,80

B. Faktoren zum Flächenverhältnis:

Flächen-verh. L : B	1 : 1	2 : 1	3 : 1	4 : 1	6 : 1	8 : 1	10 : 1	12 : 1	14 : 1	20 : 1	25 : 1
Umrech-nungsfaktor	1,2	1,15	1,1	1,05	–	0,95	0,9	0,85	0,8	0,7	0,6

C. Allgemeine Faktoren:

Feintuschieren $= 2,00\cdots 2,5$; Prismenflächen $= 1,4$; GS u. St $< 52\,\sigma_B = 1,25$; GBz $= 0,9$; Me $= 0,75$.

$t_r =$ entsprechend Größe, Gewicht und Lage des Werkstückes, gesondert zuschlagen.

XIII. Siederohre und Ankerrohre

Der sachgemäße Einbau von Siede- und Ankerrohren hängt in der Regel schon von den Vorbereitungsarbeiten ab. Die Rohrwände sollten in jedem Falle einwandfrei gerichtet, möglichst paarweise gebohrt und gerieben und die Rohr- oder Gewindelöcher gratfrei und sauber sein. Der Lochdurchmesser muß so gewählt werden, daß die Rohre sich gut ein- und durchführen, aber auch ebensogut ohne außergewöhnliche Materialbeanspruchung aufwalzen oder dornen lassen. Zweckmäßig wähle man den Bohrerdurchmesser für glatt einzuwalzende Rohre mindestens 1 % höher als der Rohrdurchmesser.

Für Bohrungen mit Dichtrillen wähle man dagegen 1,5 % über dem Rohrdurchmesser.

Die dabei zu berücksichtigenden Durchmessertoleranzen liegen bei normalen Rohren bis 51 mm $\varnothing$ bei $\pm\,0,5$ mm, bei Rohren bis 203 mm $\varnothing$ bei $\pm\,1$ %.

Bei kalibrierten Rohren betragen diese Toleranzen bei Rohren bis 102 mm $\varnothing$ $\pm\,0,5$ mm und $\pm\,0,8$ bzw. 0,5 % bei solchen bis 203 mm $\varnothing$.

Die Rohre, insbesondere aufzuwalzende oder zu dornende Siederohre, müssen ebenfalls glatt und sauber sein. In der Regel werden die Rohre auf Maßlänge mit geglühten Enden angeliefert. Ist das nicht der Fall und die Rohre werden in eigener Werkstatt selbst geschnitten und geglüht, so ist darauf zu achten, daß die Köpfe dieser Rohre vor dem Einbau auch ordnungsgemäß entzundert werden.

Durch die Längentoleranz von $+10$ mm bei Rohren bis 150 mm $\emptyset$ und 6000 mm Länge und die über diese Maße hinausgehenden Rohrgrößen mit einer Längentoleranz von $+15$ mm ist fast immer das Abfräsen von überstehenden und ungleichmäßig langen Rohrköpfen auf einer Rohrbodenseite erforderlich. Dies sollte schon bei der Vorkalkulation nicht übersehen werden.

Da die Rohre durch das Walzen länger werden, ist grundsätzlich zuerst eine Seite, d.h. eine Rohrwand, abzuwalzen. Erst dann ist die zweite Seite, möglichst von der Mitte ausgehend nach außen, fertigzuwalzen.

Wird aus konstruktiven oder verfahrenstechnischen Gründen das Verschweißen der Rohrenden mit zusätzlichem Aufwalzen gefordert, so ist immer zuerst leicht anzuwalzen und dann erst zu schweißen.

Anschließend ist, um die neben der Schweiße entstehenden Spannungen und Aufhärtungen in den Rohrenden, die die Gefahr der Rißbildung beim Aufwalzen in sich bergen, zu beseitigen, normalisierend zu glühen. Die Rohrenden können dann ohne Gefahr aufgewalzt werden.

Die Umkehrung des Arbeitsvorganges ist, da durch das Schweißen und die damit verbundene Erwärmung neben den Spannungen und Aufhärtungen mit einer nachfolgenden Schrumpfung die Dichtigkeit der bereits gewalzten Rohre in Frage gestellt wird, falsch.

In der **Tab. 82** ist der gesamte Einbau von Siede- und Ankerrohren festgelegt. Von links nach rechts sind die meist anfallenden Arbeitsgänge, sich deckend mit dem Arbeitsablauf, kostenmäßig bei den Siederohren für 100 und bei den Ankerrohren für 1 Stück je Stunde erfaßt. Entsprechend dem Arbeitsumfang (z.B. große Gewinde an starkwandigen Böden von Hand schneiden) sind bis zu 4 Arbeiter erforderlich und eingerechnet.

Da Ankerrohre nur einzeln beigezogen werden, wurde hier der einfacheren Rechnung wegen auf den üblichen 100er Satz verzichtet.

Werden weniger als 100 Siederohre eingezogen, so sind die entsprechenden Faktoren zu beachten. Ankerrohre bleiben davon unberührt.

Die Einrichtezeiten sind immer nur einmalig je Objekt und Arbeitsgang zu rechnen.

Alle Werte gelten für normale Rohre von etwa 5000 mm Länge. Für davon abweichende Längen sowie für Haarnadelrohre wie auch für das Aufweiten oder Einstauchen von Rohrenden oder der generellen Verarbeitung von Kupferrohren sind die weiteren Hinweise und Faktoren zu beachten.

Tabelle 82. *Siederohre – Ankerrohre*

Kompletter Einbau in h für 1 bis 4 Mann je nach Verhältnissen. Hauptzeiten gelten bei Siederohren für 100 – bei Ankerrohren je 1 Stück

Rohr ∅	Gewicht	Siederohre (100 Stück)									Ankerrohre (je Stück)				
		aus-glühen, säu-bern	ein-ziehen	auf-dornen	auf-walzen	bör-deln	nach-walzen	fräsen < 10 mm	jede weitere 5 mm	schwei-ßen	Ge-winde schnei-den	ein-schrau-ben	auf-walzen	bör-deln	nach-walzen
		Einrichten									Einrichten				
mm	kg/m	1,00	1,00	0,50	1,00	0,50	0,50	1,00		0,50	1,00	1,00	0,50	0,50	0,50
1 20···16	0,9	* 5,50	2,75	5,00	6,25	2,75	2,50	1,25	0,50	6,00	–	–	–	–	–
2 22···18	1,0	5,75	3,00	6,00	6,50	3,00	2,75	1,50	0,60	6,25	–	–	–	–	–
3 26···22	1,2	6,25	3,25	7,50	6,75	3,50	3,00	1,90	0,70	6,75	–	–	–	–	–
4 30···25	1,7	6,75	3,50	–	7,00	4,00	3,25	2,25	0,85	7,25	–	–	–	–	–
5 38···33	2,2	7,75	4,00	–	8,50	5,25	3,50	3,00	1,25	8,25	–	–	–	–	–
6 44,5···39,5	2,6	8,50	4,50	–	9,40	6,00	3,75	3,50	1,50	9,75	1,50	0,60	0,20	0,12	0,08
7 57···51,5	3,7	9,75	5,50	–	11,20	7,75	4,50	4,50	2,00	11,25	1,75	0,70	0,25	0,15	0,08
8 70···64	4,9	11,50	6,75	–	13,60	9,25	5,50	–	–	12,75	2,00	0,80	0,30	0,175	0,10
9 76···70	5,4	12,25	7,50	–	14,60	10,50	6,00	–	–	13,50	2,25	0,90	0,325	0,20	0,10
10 83···76,5	6,4	13,25	8,00	–	15,80	11,50	6,50	–	–	14,50	2,50	1,00	0,35	0,225	0,10
11 89···82,5	6,9	14,25	8,75	–	16,80	12,50	7,00	–	–	15,00	2,75	1,10	0,40	0,25	0,12
12 108···100	9,7	16,00	10,00	–	20,00	15,00	8,00	–	–	17,50	3,00	1,25	0,45	0,30	0,15

Bemerkung:

Sind Rohre geglüht und ist nur ein Kopf aufzuweiten .... = * + 35%
Sind Rohre geglüht und ist nur ein Kopf einzutauchen .... = * + 70%
Ist zum Glühen und Säubern zusätzlich ein Kopf aufzuweiten .. = * + 80%
Ist zum Glühen und Säubern zusätzlich ein Kopf einzutauchen .. = * + 160%
Sind an Siederohren nur Köpfe zu säubern, so ist 25% von * + t_r zu rechnen

Betr. Rohre einziehen: – Zeiten gelten für Rohre von ≈ 5000 mm Länge:
Bei < 2500 mm Länge = Faktor 0,90. – Bei ≈ 7500 mm Länge
= Faktor 1,50
Bei ≈ 10000 mm Länge = Faktor 2,50. – Bei ≈ 12000 mm Länge
= Faktor 3,50
Einziehen von Haarnadelrohren = Faktor 1,75···2,50.

Betr. Einwalzen: – Zeiten gelten für 1 normale Walzstelle je Kopf:
Bei 2 Walzstellen je Kopf = Faktor 1,55. – Bei 3 Walzstellen je Kopf = Faktor 2,00.
Bei Kupferrohren gilt für die mechanischen Arbeits-gänge der Faktor 0,8.

Multiplikationsfaktoren:

Rohrzahl	10	20	30	40	50	60	70	85
Faktor	0,3	0,4	0,45	0,55	0,6	0,7	0,8	0,9

XIV. Nieten — Stemmen

Nieten

Obwohl das Nieten allgemein mehr und mehr an Bedeutung verliert, so kann und soll doch im Rahmen dieses Werkes nicht darauf verzichtet werden.

Durch den ungeheuren Aufschwung der Schweißtechnik in den letzten Jahrzehnten wurde die Nietung als Verbindungselement mehr und mehr zurückgedrängt, und nur in relativ wenigen Fällen, sei es aus konstruktiv-technischen oder aber in der Chemie aus verfahrenstechnischen Gründen, greift man heute noch hin und wieder darauf zurück.

Genietet wird, abgesehen von der mechanischen Nietung, fast ausschließlich mit dem Preßlufthammer. Die Nietkolonne besteht in der Regel aus 3 Mann, nur gelegentlich wird bei großen Nietdicken und schwierigsten Arbeitsbedingungen ein vierter als Helfer hinzugezogen.

Bei der Nietung selbst unterscheidet man grundsätzlich zwischen der Stahlbau- und der Apparatebaunietung. Die erstere kann man als die feste oder tragende bezeichnen, während bei der Nietung im Kessel- oder Apparatebau neben der Festigkeit die Dichtheit das Primäre ist. Deshalb liegen bei den Kesselbaunieten die Maße für den Kopf, Durchmesser wie auch Höhe, um rund 12% über den gleichen Maßen der Stahlbauniete. Senk- und Linsensenkniete sind für beide Bauarten gleich und werden nur dort angewandt, wo kein Platz für Nietköpfe ist oder wo diese aus baulichen Gründen unerwünscht sind.

Für die Bestimmung der Rohnietlängen gelten folgende Werte:

$\varnothing$	Nietart und Form			
	Stahlbau		Kesselbau	
mm	Kopfniete	Senkniete	Kopfniete	Senkniete
<10	1,25 × Klemmlänge			
	+1,2 d	+0,85 d	+1,2 d	+0,85 d
>10	1,20 × Klemmlänge			
	+1,33 d	+0,8 d	+1,5 d	+0,9 d

In den **Tab. 83 bis 86** sind die Rüstzeiten und Gebrauchswerte für die üblich vorkommenden Nietarten des Stahl- und Apparatebaues festgelegt. Die Unterscheidung und Differenzierung zwischen normalen und schweren Stahlkonstruktionen sowie zwischen offenen und geschlossenen Behältern ist zu beachten. Bei Konstruktionen liegen die Schwierigkeiten in der Unzugänglichkeit und der Sperrigkeit der Werkstücke sowie den unterschiedlichen und oft erheblichen Nietabständen. Bei Behältern mit dem zu beachtenden Faktor für geschlossene Behälter muß berücksichtigt werden, daß diese meist zusätzlich noch Druckbehälter sind, und daß damit noch größere Sorgfalt anzuwenden ist. Die in der Regel einmal anzusetzende Rüstzeit umfaßt die Herbeischaffung der Nieten sowie die Her- und Einrichtung des Arbeitsplatzes.

Die summarischen Werte, ausgedrückt in Stunden je 100 Nieten, gelten für die gesamte Kolonne und sind nochmals unterteilt in Nieten und Reiben. Das Reiben wird allgemein von der Nietkolonne mit vorgenommen.

Die Beachtung der Faktoren für Sonderfälle, einschl. der Multiplikationsfaktoren für Nietzahlen unter 100 Stück, ist wichtig.

Tabelle 83. *Rüstzeiten zum Nieten im Stahl- und Apparatebau*

Zeiten in h, einmalig für die Nietkolonne und zu Tab. 84 bis 86

Niet- Ø mm	Rüstzeiten bei Nietzahl							
	250	500	750	1000	2000	3000	4000	5000
<14	1,65	1,80	1,95	2,10	2,40	2,70	3,00	3,30
16···22	1,80	1,95	2,10	2,25	2,55	3,00	3,30	3,75
24···30	1,95	2,10	2,25	2,40	2,70	3,30	3,60	4,20
33···36	2,10	2,25	2,40	2,55	3,00	3,60	3,90	4,65

Tabelle 84. *Nieten und Reiben im Stahlbau*

Zeiten in h/100 Nieten für die komplette Nietkolonne
Bau- und Nietart. Normale Konstruktionen, Hoch- und Stahlbau, Brücken,
Krane, Kranbahnen, Fahrzeuge

Blech-dicke mm	Art der Arbeit	Nieten und Aufreiben bei ⌀ mm									
		10	12···14	16	18···20	22	24	27	30	33	36
25	Nieten	3,00	3,60	4,20	4,80	5,85	6,60	–	–	–	–
	Reiben	0,75	0,90	1,05	1,35	1,65	1,95	–	–	–	–
	Σ	3,75	4,50	5,25	6,15	7,50	8,55	–	–	–	–
50	Nieten	–	4,05	4,65	5,25	6,30	7,20	7,95	8,85	–	–
	Reiben	–	1,05	1,35	1,65	1,95	2,25	2,70	3,15	–	–
	Σ	–	5,10	6,00	6,90	8,25	9,45	10,65	12,00	–	–
75	Nieten	–	–	5,25	5,85	6,90	7,80	8,70	9,75	11,55	13,20
	Reiben	–	–	1,65	1,95	2,25	2,70	3,00	3,45	3,90	4,35
	Σ	–	–	6,90	7,80	9,15	10,50	11,70	13,20	15,45	17,55
100	Nieten	–	–	–	–	7,80	8,55	9,60	10,80	12,90	15,00
	Reiben	–	–	–	–	2,70	3,00	3,45	3,90	4,35	4,80
	Σ	–	–	–	–	10,50	11,55	13,05	14,70	17,25	19,80

Bemerkung: Nieten von der Seite (nicht dreh- oder schwenk-
bare Teile) .... = Faktor 1,20
Reiben von der Seite (nicht dreh- oder schwenk-
bare Teile) .... = Faktor 1,10···1,15
Senkniete, normal .... = Faktor 0,95
Hydraulische Nietpresse .... = Faktor 0,40

$$\text{Drehen – Kanten von Stahlbauteilen} = 3\cdots3,5\,\frac{\sqrt{G}}{60} = h$$

G = Baugewicht kg

Multiplikationsfaktoren bei weniger als 100 Nieten:

Nietzahl	25	40	55	70	85
Faktor	0,4	0,5	0,65	0,8	0,9

Tabelle 85. *Nieten und Reiben im Stahl- und Apparatebau*

Zeiten in h/100 Nieten für die komplette Nietkolonne

Bau- und Nietart. Offene Behälter und Apparate, Gasbehälter, Wannen, Rutschen,
Ponton mit enger Teilung

Blech-dicke mm	Art der Arbeit	Nieten und Aufreiben bei ∅ mm									
		10	12···14	16	18···20	22	24	27	30	33	36
25	Nieten	2,40	2,85	3,45	3,90	4,50	5,25	–	–	–	–
	Reiben	0,60	0,75	0,90	1,05	1,20	1,50	–	–	–	–
	Σ	3,00	3,60	4,35	4,95	5,70	6,75	–	–	–	–
50	Nieten	–	3,30	3,75	4,20	5,10	5,70	6,45	7,20	–	–
	Reiben	–	0,90	1,05	1,20	1,50	1,65	1,95	2,25	–	–
	Σ	–	4,20	4,80	5,40	6,60	7,35	8,40	9,45	–	–
75	Nieten	–	–	4,20	4,80	5,70	6,45	7,20	7,80	9,30	10,50
	Reiben	–	–	1,20	1,50	1,65	1,95	2,25	2,55	2,85	3,15
	Σ	–	–	5,40	6,30	7,35	8,40	9,45	10,35	12,15	13,65
100	Nieten	–	–	–	–	6,15	6,90	7,80	8,70	10,20	11,85
	Reiben	–	–	–	–	1,95	2,25	2,55	2,85	3,15	3,45
	Σ	–	–	–	–	8,10	9,15	10,35	11,55	13,35	15,30

Bemerkung: Bei geschlossenen Behältern und Apparaten .... = Faktor 1,2.
Rüstzeiten sowie Multiplikationsfaktoren s. Tab. 83 u. 84.

Tabelle 86.

Schwere und schwierige Konstruktionen sowie unzugängliche oder Eckniete. –
Konverter, Mischer, Gießpfannen, schwere Wagengestelle

Blech-dicke mm	Art der Arbeit	10	12···14	16	18···20	22	24	27	30	33	36
50	Nieten	–	–	7,50	8,40	10,20	11,55	12,75	14,55	–	–
	Reiben	–	–	1,80	2,40	3,15	3,90	5,10	6,60	–	–
	Σ	–	–	9,30	10,80	13,35	15,45	17,85	21,15	–	–
75	Nieten	–	–	9,00	10,20	12,30	13,80	15,30	17,40	19,50	23,10
	Reiben	–	–	2,25	3,00	3,75	4,80	5,70	7,20	9,00	10,80
	Σ	–	–	11,25	13,20	16,05	18,60	21,00	24,60	28,50	33,90
100	Nieten	–	–	–	–	14,10	15,75	17,25	20,10	23,10	26,25
	Reiben	–	–	–	–	4,35	5,25	6,60	8,25	10,20	12,00
	Σ	–	–	–	–	18,45	21,00	23,85	28,35	33,30	38,25

Bemerkung: Rüstzeiten sowie Multiplikationsfaktoren s. Tab. 83 u. 84.

9*

Stemmen

Dieselben Gesichtspunkte, die für die heutige Stellung der Nietung maßgebend sind, gelten natürlich sinngemäß ebenso für das Stemmen.

Fällt die Nietung weg, dann erübrigt sich damit auch das Stemmen. Denn Stemmen ist ja lediglich ein dem Nieten nachfolgender korrigierender Arbeitsgang, der dazu dient, eventuell noch vorhandene Undichtigkeiten und feinste Spalten zu beheben oder zu schließen.

Gestemmt wird allgemein mit dem Preßlufthammer. Die Arbeit bedingt größte Sorgfalt und setzt weitgehende Erfahrung voraus. Beschädigungen der Blechoberfläche, wie Kerben und Rillen, sind zu vermeiden, da sie u. U. zu ernsthaften Störungen und Reklamationen Anlaß geben können.

Die Stemmkanten werden bei den Blechen in der Vorbereitung schon berücksichtigt und mechanisch durch Scheren, Brennen oder Hobeln hergerichtet.

In Deutschland hat sich allgemein die flache Stemmkante eingebürgert gegenüber der sogenannten Hohl-Stemmkante, die im Ausland (England) meist üblich ist und eine zusätzliche Hohlkehle aufweist.

Gütemäßig unterscheidet man drei Arten der Ausführung:

a) Luft-, gas-, wasserdicht .... bis 3 atü

b) Dampfdicht sowie Benzin–Öl usw. .... bis 20 atü

c) Dampfdicht, wie vor .... über 20 atü

Arbeitsausführung Stemmen:

Zu a) nur außen

Zu b) außen komplett, innen nur vorfüllen

Zu c) innen und außen komplett

Der Aufbau der **Tab.** 87 berücksichtigt weitgehend den Unterschied in den Ausführungsarten. Grundsätzlich gelten die Tabellenwerte für Drücke bis 20 atü. Darüber hinaus ist der Hinweis mit dem Faktor zu beachten. Im übrigen ist der Aufbau der Tabelle klar und läßt in seiner Differenzierung für jede Ausführungsart ohne weiteres die zugehörigen Werte erkennen.

Für einfache Vorputzarbeiten an Nieten sind ebenfalls die Faktoren einzusetzen.

Tabelle 87. *Stemmen von Nieten und Nähten < 20 atü*

A. Nieten – Zeiten in h/100 Kopf- bzw. Senknieten

Behälter Ø mm		Nieten Ø mm									
		10	12 bis 14	16	18 bis 20	22	24	27	30	33	36
<1000	außen	2,45	2,80	3,15	3,85	4,20	5,25	6,00	7,00	–	–
	innen	1,40	1,60	1,80	2,20	2,40	3,00	3,40	4,00	–	–
	Σ	3,50	4,00	4,50	5,50	6,00	7,50	8,50	10,00	–	–
1000	außen	–	–	2,65	3,15	3,50	4,20	5,25	6,15	7,00	8,00
bis	innen	–	–	1,50	1,80	2,00	2,40	3,00	3,50	4,00	4,60
1500	Σ	–	–	3,75	4,50	5,00	6,00	7,50	8,75	10,00	11,50
>1600	außen	–	–	–	2,80	3,15	3,85	4,75	5,60	6,50	7,00
und	innen	–	–	–	1,60	1,80	2,20	2,70	3,20	3,70	4,00
gerade	Σ	–	–	–	4,00	4,50	5,50	6,75	8,00	9,25	10,00

Bemerkung: t_r – Normal einmalig = 0,50 h
Senkniete glatt hauen, meißeln .... = Faktor 0,60 ⎱ von Σ
Kopfniete verputzen .... = Faktor 0,15 ⎰

B. Nähte – *außen* – Zeiten in h/m (über 20 atü auch innen)

Behälter Ø mm	Blechdicke mm									
	< 8	9 bis 12	13 bis 16	17 bis 20	22 bis 25	28 bis 30	32 bis 35	38 bis 40	42 bis 45	48 bis 50
<1000	0,20	0,23	0,27	0,30	0,35	–	–	–	–	–
1000–1500	0,17	0,20	0,23	0,26	0,30	0,35	0,40	0,50	–	–
>1600 und gerade	–	0,15	0,18	0,21	0,25	0,30	0,35	0,42	0,50	0,60

Bemerkung: Innen < 20 atü stemmen .... = Faktor 0,5
Wechsel stemmen .... = je Wechsel wie 1 m Naht
Stemmkante schräg hauen von Hand . = Faktor 2,5
Über 20 atü gelten für innen dieselben
Werte wie für außen .... = (Faktor 1,40 für Σ bei A).

XV. Elektrische Hand-Schmelzschweißung

Die elektrische Schmelzschweißung und damit in erster Linie die Handschweißung, die nach wie vor gegenüber der Vielzahl der voll- und halbautomatischen Schweißverfahren als das einzige jeder Situation gerechte Verfahren angesehen werden darf, stellt einen nicht mehr wegzudenkenden Faktor im gesamten Stahl- und Apparatebau dar. Sie hat im Laufe der Jahre die bedeutend teurere Nietung fast ganz verdrängt und wird in absehbarer Zeit auch die letzten heute noch mehr oder weniger anfallenden Nietkonstruktionen illusorisch machen. Abgesehen von bedeutenden Materialeinsparungen bei Schweißkonstruktionen, wie der Wegfall von Stoßlaschen oder Bandagen, ist auch die Arbeitszeiteinsparung gegenüber der Nietung sehr erheblich. Durch das Schweißen werden höhere Festigkeits- und Gütewerte erzielt, die Konstruktionen außerdem leichter und ästhetisch schöner.

Erreicht und begünstigt wurde und wird diese Entwicklung durch die Schaffung und fortdauernde Verbesserung hochwertiger Elektroden zu den entsprechenden Baustählen, die unter Berücksichtigung der gegebenen Vorschriften Gütegrade oder Schweißfaktoren bis 1,0 erlauben.

Von den vier verschiedenen Elektrodentypen, nackte, Seelen-, dünnumhüllte und Mantelelektroden, haben im Stahl- und im besonderen im Apparatebau mit ihren hochwertigen Schweißungen nur die Mantelelektroden Bedeutung.

Der Unterschied in den mechanischen Gütewerten innerhalb dieser 4 Elektrodensorten ist so erheblich und zugunsten der Manteleketroden, daß die überragende und einseitige Stellung, die diesem Typ zukommt, verständlich wird.

Die Kerbschlagwerte liegen bei

mitteldick umhüllten   Elektroden um etwa 200%,
dickumhüllten *(RR/A)*   Elektroden um etwa 400%,
dickumhüllten *(B)*   Elektroden um etwa 800%

über den Werten der nackten, Seelen- oder dünnumhüllten Elektroden.
Die Dehnungswerte liegen bei

mitteldick umhüllten   Elektroden bis zu etwa   60%,
dickumhüllten *(RR/A)*   Elektroden bis zu etwa 150%,
dickumhüllten *(B)*   Elektroden bis zu etwa 175%

über den Werten der nackten, Seelen- oder dünnumhüllten Elektroden.
Die anderen Werte, wie Streckgrenze, Zugfestigkeit, Brinellhärte und Einschnürung, ergeben eine mehr oder weniger große Gleichheit. Daher kommen heute für alle hochwertigen Schweißungen bis Faktor 1,0,

vor allem für Schweißungen, die Dauer-, Stoß- oder Wechselbeanspruchungen ausgesetzt sind, nur Mantelelektroden in Frage. Bei den meisten Bauwerken sind sie sogar behördlich vorgeschrieben.

Innerhalb dieses Typs der Mantelelektrode gibt es wieder drei beherrschende Gruppen.

Es sind die rutil- (RR/R), basisch- (B) und sauerumhüllten (A) Elektroden, denen, der neueren Entwicklung entsprechend, ihrer Bedeutung und ihrem Einsatz nach, Rechnung getragen ist.

Eine vierte Gruppe der Sonderelektroden mit den Tiefband- sowie den Kontaktelektroden, die eine bis zu etwa doppelt so große Ausbringung als andere Elektrodensorten haben, hat vor allem im Apparatebau noch weniger Bedeutung.

Eine neuerliche Gegenüberstellung der mechanischen Werte der Elektroden dieser drei erstgenannten großen Gruppen zeigt heute, daß die Kerbschlagwerte der rutilumhüllten Elektroden um etwa 5% über den gleichen der sauerumhüllten, die Werte der basischumhüllten Elektroden aber um rund 50% über den Werten der beiden anderen Gruppen liegen.

Die Dehnungswerte sind dagegen ziemlich ausgeglichen, hier liegen die Werte der basischumhüllten Elektroden im Mittel etwa um 5% über den Werten der rutil- und sauren Elektroden. In der Gruppe der Sonderelektroden liegen die mechanischen Gütewerte etwa auf der Höhe der RR/A-Elektroden, während sie bei den Hochleistungselektroden diese nicht ganz erreichen.

Daraus ergibt sich, daß festigkeitsmäßig die basischumhüllte Normalelektrode die hochwertigste ist und eigentlich prädestiniert sein sollte alle anderen Typen illusorisch zu machen. Das ist aber aus verschiedenen Gründen, vor allem auch kostenmäßigen, der Preis liegt bei einzelnen Sorten um bis zu $\approx 100\%$ über dem der beiden anderen Typen, nicht der Fall und wird bei genauerer Gegenüberstellung dieser drei Sorten noch verständlicher.

1. Rutilumhüllte-Elektroden (Kennzeichen RR/R)

Diese Gruppe umfaßt die sogenannten kaltgehenden Elektroden. Sie sind gar nicht oder nur sehr wenig stromüberlastbar, dafür aber auch weniger rißempfindlich als z.B. A-Elektroden. Der Einbrand ist etwas geringer gegenüber den anderen Elektrodentypen. Die Schweißeigenschaften sind im allgemeinen sehr gut, ihre Eignung liegt besonders in der Zwangslage, auch von oben nach unten als Fallnaht, der Überbrückung größerer Luftspalte und der Dünnblechschweißung. Das Schmelzbad erstarrt schnell, die Schlacke hebt sich gut ab, und die Naht ist leicht zu reinigen. Die Nähte sind glatt und sauber und zeigen in den Kehlnähten Überwölbungen.

Die Ausbringung liegt etwa bei 95% ihres abgeschmolzenen Kerndrahtgewichtes.

Die stetige Entwicklung hat diesen Typ, dank der heute vorzüglichen schweißtechnischen Eigenschaften, an die Spitze der Elektrodensorten gebracht.

2. Basischumhüllte Elektroden (Kennzeichen *B*)

Diese Elektroden bringen die höchsten mechanischen Gütewerte und zeigen dabei die geringste Rißempfindlichkeit aller Elektrodentypen. Ihre besondere Eigenschaft ist die Lieferung eines wasserstoffarmen Schweißgutes und durch ihren Mn- und Si-Gehalt ergeben sie gegenüber anderen Elektrodentypen eine vollberuhigte Naht. Die Wasserstoffarmut ist durch Einbringung von Stoffen in den Mantel, die nichtwasserstoffhaltige Gase entwickeln, gegeben. Der Wasserstoff ist bekanntlich die Ursache vieler Rißbildungen.

Die dickumhüllten Elektroden gehen etwas kälter als die anderen Typen. Schweißgeschwindigkeit und Einbrand sind ebenfalls etwas geringer. Die Zwangslagenschweißbarkeit ist gut. Durch das etwas kältere Schmelzbad ist bei größeren Blechdicken gegebenenfalls Vorwärmung angebracht.

Metallische Komponenten im Mantel erhöhen die Ausbringung der Elektroden um etwa 15% über das abgeschmolzene Kerndrahtgewicht und damit erheblich über die Werte der *RR/A*-Typen. Ihr Preis liegt dafür im Mittel um etwa bis zu 100% über dem der anderen Elektroden.

Die Elektroden werden in der Regel mit Gleichstrom und am Pluspol verschweißt. Die Schlacke sitzt allgemein fester und die Nähte sind schwiergier zu reinigen. Wegen des meist grobschuppigen Aussehens der Naht wird auch oft für die Decklage eine *RR/R* oder *A*-Elektrode verwandt.

Eine unangenehme Eigenschaft ist die Notwendigkeit der unbedingten Trockenhaltung der Elektroden. Dieses ist z. B. auf Baustellen und besonders bei ungünstigen Witterungsverhältnissen nicht immer leicht. Zu empfehlen sind hier die Trockenschränke der einschlägigen Industrie.

Eine weitere noch unangehehme Eigenschaft ist die Entwicklung lästiger und störender Dämpfe und Gase. Fluordämpfe sind bekanntlich giftig. Deshalb sind gute Absaugevorrichtungen vor allem bei Innenschweißungen notwendig.

3. Sauerumhüllte Elektroden (Kennzeichen *A*)

Die meist dickumhüllten Elektroden verkörpern die sogenannte heißgehende Type. Sie sind hoch strombelastbar, daher schnell fließend und erlauben die größten Schweißgeschwindigkeiten. Die Schweißeigenschaften sind allgeimein gut. Die Gütewerte liegen etwa bei denen der Rutilelektroden und nur wenig unter denen des basischen Typs. Sie sind daher für Schweißungen auch dynamisch hochbeanspruchter Teile gut geeignet.

Das Schmelzbad ist aber relativ groß und heiß und daher kommen sie zur Überbrückung größerer Luftspalte weniger in Frage. Die Zwangslagenschweißung ist dagegen gut, bedingt aber größere Erfahrung. Die Nähte sind glatt und nach leichter Entfernung der Schlacke gut zu reinigen. Kehlnähte zeigen das Hohlnahtprofil.

Die *A*-Typen sind bei hochgekohlten Stählen etwa über St 52 mit Vorsicht anzuwenden. Sie sind rißempfindlich gegenüber C, S und P. Schwefel ist außerdem ein Porenbildner und fördert die Warmrißbildung, während Phosphor das Kornwachstum und die Kaltsprödigkeit begünstigt.

Die Ausbringung der Elektroden entspricht etwa 90 bis 95% ihres abgeschmolzenen Kerndrahtgewichtes.

4. Sonderelektroden (Kennzeichen *So*)

a) Tiefbrand-Elektroden. Diese, im Stahl- und Apparatebau seltener zum Einsatz kommenden Elektroden, zeigen besondere Merkmale. Sie erfordern besonders starke Schweißaggregate, da sie Schweißstromspannungen von etwa 45 bis 50 V gegenüber etwa 25 V der anderen Elektrodensorten benötigen. Solch starke Maschinen sind aber, vor allem in kleineren Betrieben, meist nicht vorhanden. Die Schweißstromstärken liegen etwa auf der Höhe der anderen Elektrodensorten.

Geschweißt wird im allgemeinen mit Gleichstrom. Wechselstrom ergibt zwar eine geringere Werkstückerwärmung, zeigt dafür aber auch geringere Einbrandtiefen.

Einbrandtiefen von 10 mm sind bei einem Luftspalt von 2 bis 3 mm ohne weiteres erreichbar, so daß Bleche von 20 mm Dicke von zwei Seiten mit je einer Lage voll verschweißbar sind.

Nachteilig ist, daß die Elektroden nur in horizontaler Position schweißbar sind.

b) Hochleistungselektroden. Hochleistungselektroden auf *RR*- und *B*-Basis, enthalten in ihrer Umhüllung Eisenpulver, welches die Abschmelzleistung bei etwa gleicher Stromstärke auf 150 bis 200% gegenüber den normalen Elektroden steigert.

Für fast alle normalen Baustähle zugelassen, sind die Elektroden teilweise aber nur begrenzt, d. h. in Wannenlage einwandfrei schweißbar.

Unter Berücksichtigung der höheren Ausbringung beträgt die Zeitersparnis beim Schweißen im Mittel etwa 30% gegenüber den normalen Elektroden.

Wichtig für die Wahl der richtigen Elektroden ist die Beschaffenheit, d.h. die Kenntnis der metallurgischen Zusammensetzung des zu verschweißenden Werkstoffes.

Bei jeder Schweißung wird der Grundwerkstoff in einer gewissen Breite beiderseits der Naht aufgeschmolzen und damit immer im ungünstigsten Sinne verändert. Dieser Umstand begrenzt die Möglichkeiten des Schweißens wesentlich. Durch die Aufschmelzung, d.h. durch die Schweißhitze, tritt in diesen Zonen unmittelbar neben der Naht eine Kornvergrößerung und damit Aufhärtung der Werkstoffe ein. Diese baut sich allmählich, je weiter sie sich von der Naht entfernt, ab und verliert sich in einem gewissen Abstand im Werkstoff.

Das aufhärtungsfähigste Element ist der Kohlenstoff C. Mit der Höhe seines Anteiles steigt und fällt die Neigung des Stahles zur Versprödung und damit zur Rißbildung. Hoher C-Gehalt bringt zwar hohe Härte und Zugfestigkeit, aber niedrige Zähigkeitswerte.

Im allgemeinen können Stähle bis St 52 und 0,2 bis 0,25 % C normal geschweißt werden. Darüber hinaus ist Vorsicht geboten und meist Vorwärmung bei etwa 200 bis 300 °C, gegebenenfalls auch Nachglühen angebracht. Die Auswahl der richtigen Elektroden ist nicht immer leicht und auf Anhieb zu treffen, sie erfordert manchmal sogar umfangreiche Versuche.

Eine Schweißung ist um so besser, je mehr man in der Lage ist, ihre natürlichen Feinde, die atmosphärischen Gase Sauerstoff, Stickstoff und Wasserstoff, von ihr abzuhalten.

In dieser Beziehung waren die zuerst bekannten nackten Elektroden die ungeeignetsten, sie begünstigten weitgehend den ungehinderten Zutritt dieser für die Schweiße negativen Elemente.

Die Schweißung der mehr in den Vordergrund tretenden Th-Stähle erfordert ebenfalls sorgfältige Überlegungen. Th-Stahl ist empfindlich gegen Kaltverformung, dagegen gut warm zu behandeln. Ist er kaltverformt, tritt umgehend eine Härtung und damit Abfall der Zähigkeitswerte ein, er wird durch Alterung in den verformten Zonen empfindlich gegen Schweißwärme und neigt elementar zur Rißbildung.

Die neueren gefrischten, d.h. mit Sauerstoff geblasenen und mit Si und Al beruhigten Th-Stähle, erreichen aber weitgehend die Gebrauchseigenschaften von Sm-Stahl. Die Werkstoffdicke ist bei Schweißkonstruktionen in Th-Stahl aber begrenzt und die Entwicklung noch nicht abgeschlossen.

In **Tab.** 88 sind alle Sonderzuschläge und Faktoren für die nachfolgenden Schweißtabellen der elektrischen Hand-Schmelzschweißung festgelegt. Alle Tabellen, d.h. die darin enthaltenen Vorgabezeiten und der Elektrodenverbrauch, bauen sich auf Erfahrungen aus der Praxis und dem Einsatz von *RR/A*-Elektroden auf. Bei Anwendung von *B*- oder Edelstahlelektroden sowie bei Zwangslagenschweißungen, bei Kurznähten oder Baustellenschweißungen sind die Zuschläge zu berücksichtigen.

Die Automatenschweißung ist tabellarisch nicht festgelegt. Sie kommt aus vielerlei Gründen in Mittel- und Kleinbetrieben kaum oder gar nicht zum Einsatz, und die bisher gemachten Erfahrungen sind allgemein sehr unterschiedlich und noch zu wenig koordiniert.

Für die Schweißung mit der endlosen Netzmantelelektrode genügt im Mittel der Zeitfaktor 0,7 zu der Tab. 89 (Handschweißung). Dieser Faktor ist ausreichend und trifft auf alle Blechdicken zu.

Allerdings bringt der Automat zusätzlich eine wesentliche Verbilligung der Schweißnaht durch den Einsatz der endlosen Netzmantelelektrode, d.h. also durch den Schweißwerkstoff, mit sich.

Die Netzmantelelektrode hat eine rund 75 bis 80%ige Ausbringung ihres Bruttogewichtes gegenüber nur etwa 55 bis 60% der normalen Stabelektrode und ihr Brutto-Kilopreis liegt außerdem 20 bis 30% unter dem durchschnittlichen Brutto-Kilopreis der normalen Stabelektroden.

Für die U-P-Maschinenschweißung sind in der Tab. 88 ebenfalls Richtwerte und Faktoren angegeben.

Der gesamte Nahtquerschnitt, einschl. der u.U. von Hand vorzulegenden Lagen, ausgedrückt in Quadratzentimeter, wird mit dem Faktor 0,22 multipliziert. Dieser Wert ergibt die Vorgabe-Schweißzeit in Stunden je laufenden Meter Naht für die Maschinenschweißung.

Hinzuzurechnen sind gegebenenfalls die Handschweißung sowie immer die entsprechenden Einrichtezeiten.

Durch die Anwendung relativ hoher Stromstärken, wird bei der U-P-Schweißung die Einbringung großer Schweißgutmengen erreicht. Diese übermäßigen Stromstärken bewirken aber auch die Aufschmelzung fast des doppelten Grundwerkstoffes wie der Schweißgutmenge. Deshalb werden die Schweißfugen kleiner, d.h. bei etwa 50 Grad, gehalten.

Der Reinheitsgrad der Schweiße ist im allgemeinen gut. Die Schweißfuge und das Schweißbad werden mit Schweißpulver automatisch abgedeckt. Das unverbrauchte Pulver ist abzusaugen und wieder verwendbar.

Die **Tab. 89 bis 96** bringen in ihrer Reihenfolge die am meisten zur Anwendung kommenden Schweißnahtformen, und zwar: Die normale V-Naht, die Kelch- oder Tulpennaht, die Wurzelschweißung, die unsymmetrische X-Naht, die Steilkanten-Schweißnaht, die K-Naht, die Leichte Kehlnaht sowie die volle Kehl- oder Ecknaht.

Ausgehend von den überwiegend zum Einsatz kommenden Blechdicken sind neben den Vorgabezeiten der Verbrauch an Schweißwerkstoff, d.h. die Anzahl der Elektroden und deren Gewichte, sowie der theoretische Nahtquerschnitt festgelegt.

Diese in der Praxis gewonnenen Werte berücksichtigen weitgehend, daß der wirkliche Elektrodenverbrauch, bedingt durch Ungleichheiten in den Nähten, zusätzliche Luftspalte durch Zusammenbau und Aufbau, Stromüberlastungen und Schwankungen sowie die menschliche Unzulänglichkeit des Schweißers, in der Praxis immer höher liegt, als alle theoretischen Berechnungen wahrhaben.

In der **Tab. 97** sind die im Tank- und Apparatebau gängigsten normalen Flansche und Stutzen, geordnet nach Nennweiten, aufgeführt.

Der entsprechende Elektrodenverbrauch dazu ist, diesmal in Kilogramm je Stutzen oder Flansch, der folgenden **Tab. 98** zu entnehmen.

Von der Angabe bestimmter Stückzahlen oder Durchmesser wurde bewußt abgesehen. Hier bestimmt weitgehend der Schweißer und seine Tüchtigkeit den Einsatz bezüglich Durchmesser oder Länge der Elektroden.

Die nachfolgenden **Tab. 99 bis 102** weisen die Zeitvorgaben aus für die gerade im chemischen Apparatebau diffizile Schweißung einer Vielzahl von Stutzenarten und Größen.

In den Zeitvorgaben h/m Naht und im Brutto-Elektrodenverbrauch k/m Naht, sind neben der Problematik der Schweißnahtformen berücksichtigt alle Schwierigkeiten der immer gegebenen Zwangslage sowie die sich in der Praxis einstellenden Ungleichmäßigkeiten in den Ausschnitten zur Stutzenaufnahme und der damit üblichen Vergrößerung der Schweißnahtvolumen.

Neben der Schweißnahtlänge sind die Zuschläge für die Nennweiten bis 500 mm, sowie der Elektrodenfaktor zu beachten.

Zeitvorgaben als Richtwerte für Schweißnähte mit exakt nicht zu definierenden Nahtformen, den allgemein bekannten und genormten Formen nicht vergleichbar, sind der **Tab. 103** zu entnehmen. Zu beachten sind hier die Wertangaben bezogen auf den Quadratzentimeter Nahtquerschnitt bei einem Meter Nahtlänge. Es sind also der tatsächliche effektive Nahtquerschnitt in cm² mit dem zugehörigen Tabellenwert zu multiplizieren und die gegebene Länge zu berücksichtigen. Zu beachten sind bei Kurznähten, Zwangslagen oder dem Einsatz von B-Elektroden die vermerkten Faktoren.

Tab. 104 bringt die Multiplikationsfaktoren für das Heften und Schweißen von Stößen an Profil- und Stabstahl sowie den Elektrodenverbrauch in kg je Schweißstoß.

Der senkrechte Querschnitt des Stoßes in Quadratzentimeter ist entsprechend seiner Größe mit dem dazugehörenden Faktor zu multiplizieren.

Die Multiplikationsfaktoren sind unter Berücksichtigung des schweißtechnisch kleinstmöglichsten, d.h. günstigsten und damit wirtschaftlichsten, Öffnungswinkel abgestimmt.

Beispiel: Schweißstoß an Flachstahl 100 × 50 .... = 50 cm²
Vorgabezeit lt. Tab. 50 × 0,021 .... = 1,05 h

Der Brutto-Elektrodenverbrauch beträgt für den Schweißstoß lt. Tab. 1,850 kg.

Tab. 105. Elektrische Auftragschweißung als Mehrlagenschweißung berücksichtigt in der Vorgabezeit für das reine Schweißgut in Kubikzentimeter in erster Linie die Größe der auf- oder beizufüllenden Fläche.

Das errechnete Volumen der Auftragschweiße kann wahlweise mit dem Stunden-Zeitfaktor für den Kubikzentimeter multipliziert oder aber durch die stündliche Schweißleistung in Kubikzentimeter dividiert werden. In beiden Fällen erhält man die Vorgabezeit in Stunden.

Zu beachten sind die Zeitfaktoren für Sonderfälle sowie die Hinweise bezüglich der Warmschweißung.

Für größere überschlägige schnelle Rechnungen und zur weiteren Kontrolle kann, bei Bekanntsein von Vorgabe- oder verbrauchter Schweißzeit, der Durchschnitts-Brutto-Elektrodenverbrauch in kg/h der graphischen Darstellung und **Tab. 106** (S. 161) entnommen werden.

Zugrunde zu legen ist die mittlere Blechdicke mm der Konstruktion.

Bei normaler Fertigung entsprechen die Mittelwerte etwa dem Standard.

Die schweißtechnischen Richtwerte für Außenmontagen und Baustellen in der **Tab. 107** (S. 160) berücksichtigen in allem die Realitäten und damit die Besonderheiten und Schwierigkeiten der Praxis.

Zu beachten sind der Hinweis bezüglich Zu- oder Abschlägen bei eventueller Änderung der Öffnungswinkel sowie die Zeit- und Gewichtsfaktoren für von der Tabelle abweichende Ausführungen.

Tabelle 88. *Sonderblatt-Zuschläge und Faktoren bei der elektrischen Hand-Schmelzschweißung*

Richtwerte der dickumhüllten Mantelelektrode Type $RR + A$					
∅ mm	Länge mm	≈ Brutto- gewicht Gramm	Abbrandzeit Minuten bei 390 ·/. lg.	Einschmelz- gewicht Gramm	Einschmelz- volumen cm³
3,25	.	45	1,20	24	3,05
4,00	.	65	1,40	36,5	4,65
5,00	450	110	1,65	57	7,25
6,00	.	135	1,85	82	10,35
8,00	.	260	2,20	144	18,40

Das Einschmelzgewicht beträgt im Mittel 57% des Bruttogewichts

bei mitteldickumhüllten Elektroden entsprechend 62%
bei Edelstahlelektroden .... entsprechend 67%

		Werkstatt %	Baustelle %
A. Allgemeine Zuschläge zur Vorgabezeit beim Schweißen in verschiedenen Lagen	Normal	–	80···100
	Horizontal v. d. S.	25	125···150
	Stehnähte	40	175···200
	Überkopf	80	250···275

		Außen %	Wurzel %
B. Allgemeine Zuschläge zum Elektrodenverbrauch bei verschiedenen Lagen	Horizontal v. d. S.	15	25
	Stehnähte	8···12	10···12
	Überkopf	15···20	20···25

		B	Edelstahl
C. Zuschläge zum Schweißen sowie Elektrodenverbrauch bei Anwendung von B und Edelstahlelektroden	Schweißen generell	8···10	30···40

Elektrodenverbrauch: B: RR/A = Faktor 0,87, Edelstahl: RR/A = Faktor 0,85
(Bei Zwangslage – allgemeinen Zuschlag beachten)

D. Zuschläge bei Kurznähten < 200 mm = +15%
< 400 mm = +10%
< 600 mm = + 5%

Wurzelschweißung plattierter Bleche = Faktor 2,00···2,50
(bei der Hauptnaht ggf. Zuschläge – siehe oben – beachten)

Tabelle 88 (Fortsetzung)

Betr. Maschinenschweißung: Wegen der unterschiedlichen Handhabung der betrieblich bedingt sehr verschiedenartigen Anlagen wird auf eine genauere Differenzierung hier verzichtet.

$\approx$ Richtwerte: *Automatenschweißung* mit Netzmantelelektroden = Faktor 0,70 der normalen Handschweißung einschließlich t_r.

U-P Maschinenschweißung:

Normale   Bleche < 25 mm Dicke wie vor
Dickwandige Bleche > 28 mm Dicke = Faktor 0,8···0,5 der normalen Handschweißung + t_r je nach Größe.

oder:

ggf. Vorschweißen von Hand mit Gegenschweißung
= 1,00···1,25 h/m
Fertigschweißen mit Automaten = kompletter Nahtquerschnitt einschl. der Handschweißung in cm² · 0,22 = Schweißzeit in h/m Naht

Rüstzeiten

je Naht – innen und außen komplett .... je nach Größe $< 2,00$ h
je Naht – nur außen .... je nach Größe $< 1,50$ h

Faktoren bei Sg. Schweißung:

Nahtdicke bzw. Blechdicke <5 mm = 0,70
                      6···8 mm = 0,65
                  10···15 mm = 0,60
                  16···20 mm = 0,55
                  25···28 mm = 0,50
                    >30 mm = 0,45

Tabelle 89. *Elektrische Hand-Schmelzschweißung*

I- oder V-Naht 60° bzw. 50° bei Verwendung normaler *RR* + *A*-Elektrodentypen

Werte beziehen sich jeweils auf einen laufenden Meter Naht und schließen Rüst- und Verteilzeiten ein

Blech-dicke mm	Öffnungs-winkel	Spalt-breite mm	Theore-tischer Querschnitt cm²	Zusatz-werkstoff cm³/m	Ein-schmelz-gewicht kg/m	Brutto-Elektrodenverbrauch kg/m	St./m	Anzahl der Lagen	Elektroden ⌀ mm und St. 3,25	4	5	6	8	Vorgabezeit h/m
3		1	0,05	8	0,060	0,135	3	1	3	–	–	–	–	0,15
4		1	0,15	12	0,095	0,180	4	1	4	–	–	–	–	0,20
5			0,22	20	0,160	0,310	6	2	4	2	–	–	–	0,25
6		1,5	0,32	30	0,235	0,440	8	2	4	4	–	–	–	0,35
8		1,5	0,55	50	0,395	0,770	11	3	4	4	3	–	–	0,45
10			0,82	75	0,590	1,105	11	3	–	4	4	3	–	0,60
12		2	1,20	105	0,825	1,510	14	4	–	4	4	6	–	0,75
14	60°		1,55	140	1,100	2,030	16	4	–	4	4	6	2	0,90
16		2,5	2,00	180	1,420	2,535	19	5	–	4	5	7	3	1,10
18		2,5	2,55	235	1,850	3,450	23	6	–	4	5	8	6	1,30
20			3,15	285	2,240	4,000	26	6	–	4	5	10	7	1,50
22			3,75	340	2,700	4,800	31	7	–	4	5	14	8	1,80
25			4,75	435	3,420	6,000	40	8	–	4	5	23	8	2,35
28		3	5,75	535	4,200	7,350	50	10	–	4	5	33	8	2,90
30			6,70	635	5,000	8,525	59	12	–	4	5	42	8	3,50
32			7,50	700	5,525	9,500	63	13	–	4	6	42	11	4,00
35			8,75	825	6,500	11,250	70	15	–	4	6	42	18	4,75
40			10,25	950	7,500	13,000	83	17	–	6	12	45	45	5,25
50	50°	4	15,50	1450	11,450	19,900	121	25	–	6	15	65	35	8,25
60			21,50	2050	16,150	28,350	161	30	–	6	20	75	60	12,00

Bemerkung: Bei Vergrößerung oder Verkleinerung des Öffnungswinkels um je 10° ist sowohl zum Elektrodenverbrauch als auch zur Vorgabezeit sinngemäß ein Zu- oder Abschlag von je 15% zu rechnen.
Wurzelschweißung s. Tab. 91.
Sonstige Zuschläge und Faktoren s. Sonderblatt Tab. 88.

Tabelle 90. *Elektrische Hand-Schmelzschweißung*

Kelch- oder Tulpennaht bei Verwendung normaler $RR + A$-Elektrodentypen

Werte beziehen sich jeweils auf einen laufenden Meter Naht und schließen Rüst- und Verteilzeiten ein

$$B \approx 8 \cdot \sqrt[3]{s - 2}$$

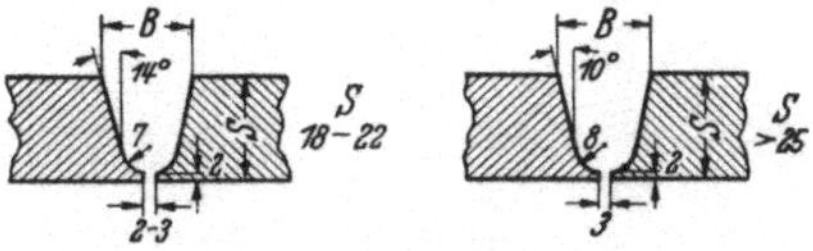

Blech-dicke s mm	Theore-tischer Quer-schnitt cm²	Zusatz-werk-stoff cm³/m	Ein-schmelz-gewicht kg/m	Brutto-Elektroden-verbrauch		Anzahl der Lagen	Elektroden ⌀ mm und St.				Vor-gabe-zeit h/m
				kg/m	St./m		4	5	6	8	
18	2,60	240	1,850	3,450	23	6	4	5	8	6	1,30
20	3,05	285	2,240	4,000	26	6	4	5	10	7	1,50
22	3,55	320	2,525	4,520	30	7	4	5	14	7	1,75
25	4,25	385	3,050	5,320	35	8	4	5	18	8	2,10
28	4,95	450	3,550	6,130	41	9	4	5	24	8	2,45
30	5,65	520	4,100	7,065	47	10	4	5	29	9	2,75
32	6,15	565	4,500	7,730	51	11	4	5	32	10	3,05
35	7,00	645	5,100	8,790	57	12	4	5	36	12	3,45
38	7,80	720	5,720	9,850	63	13	4	5	40	14	3,85
40	8,35	775	6,140	10,525	68	14	4	5	45	14	4,15
50	10,75	1000	8,000	13,900	84	18	4	6	50	24	5,50
60	14,00	1325	10,300	18,300	104	22	4	9	55	36	7,25

Bemerkung: Wurzelschweißung s. Tab. 91.

Bei Änderung der Flankenwinkel um + oder − je 1° ändern sich Elektrodengewichte und Vorgabezeiten entsprechend um + oder − je 2%.

Bei Doppel- oder zweiseitiger Kelch- oder Tulpennaht, Blechdicken bis 120 mm, sind unter Berücksichtigung der hierbei einbezogenen Wurzelschweißung für die erste Seite, für die jeweils doppelten als der Tabelle zugrunde gelegten Blechdicken, folgende Faktoren anzuwenden:

Elektrodenbedarf in kg/m .... = Faktor 2,65

Vorgabezeit in h/m .... = Faktor 2,25

Bei Elektroden 350 lg .... = Faktor 1,35

Sonstige Zuschläge und Faktoren s. Sonderblatt Tab. 88.

Tabelle 91. *Elektrische Hand-Schmelzschweißung. Wurzelschweißung zur V- und Tulpennaht, s. Tab. 89 u. 90 bei Verwendung normaler RR + A-Elektrodentypen*

Werte beziehen sich jeweils auf einen laufenden Meter Naht und schließen Rüst- und Verteilzeiten ein

Blech-dicke	Theore-tischer Querschnitt	Zusatz-werkstoff-	Einschmelz-gewicht	Brutto-Elektrodenverbrauch		Anzahl der Lagen	Elektroden ⌀ mm und St.					Vorgabezeit
mm	cm²	cm³/m	kg/m	kg/m	St./m		3,25	4	5	6	8	h/m
<6	≈ 0,20	16,5	0,130	0,230	4	1	–	3,5	–	–	–	0,15···0,20
8···12	≈ 0,30	40,5	0,320	0,590	7	2	–	4	3	–	–	0,25···0,30
14···35	≈ 0,60	65,0	0,510	0,865	8	2···3	–	5	–	4	–	0,40···0,45
>40	≈ 1,00	≈ 100,0	≈ 0,800	1,400	13	3	–	5	–	8	–	0,75

Bemerkung: Sonstige Zuschläge und Faktoren s. Sonderblatt Tab. 88.

10*

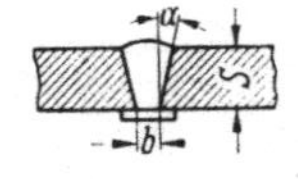

Tabelle 93. *Elektrische Hand-Schmelzschweißung. Steilkanten-Schweißnaht mit Öffnungswinkel (Flankenwinkel)*

α = 10° bei Verwendung normaler RR + A-Elektrodentypen

Werte beziehen sich jeweils auf einen laufenden Meter Naht und schließen Rüst- und Verteilzeiten ein

Blech-dicke s	Spalt-breite b	Theore-tischer Quer-schnitt	Zusatz-werkstoff	Ein-schmelz-gewicht	Brutto-Elektrodenverbrauch		Anzahl der Lagen	Elektroden ∅ mm und St.				Vorgabe-zeit	¹ Betrifft Spaltbreite b mm siehe Bemerkung
mm	mm	cm²	cm³/m	kg/m	kg/m	St./m		4	5	6	8	h/m	
10		1,10	95	0,740	1,300	13	3···4	5	4	4	–	0,65	10
12		1,35	120	0,950	1,685	16		5	5	6	–	0,80	
14		1,60	145	1,160	2,025	19	4···5	6	5	8	–	0,95	
16		1,90	170	1,325	2,275	21		6	5	10	–	1,10	
18		2,20	200	1,580	2,735	25	5···6	7	6	12	–	1,25	9,5
20		2,50	230	1,825	3,140	28		7	6	15	–	1,40	
22	8	2,85	260	2,030	3,475	31	6···7	8	6	17	–	1,55	8,5
25		3,35	310	2,460	4,260	34		8	6	17	3	1,75	
28		3,90	360	2,830	4,900	37	7···8	8	6	18	5	1,95	8
30		4,25	395	3,120	5,425	39		8	6	18	7	2,10	
32		4,65	430	3,400	5,950	41	8···9	8	6	18	9	2,25	7,5
35		5,30	490	3,840	6,725	44	10	8	6	18	12	2,50	
40		6,35	595	4,700	8,250	52	11	8	8	20	16	3,00	7
45		7,50	710	5,600	9,850	61	13	9	10	22	20	3,50	6,5
50		8,80	835	6,550	11,600	72	15	12	12	24	24	4,25	6
60		11,55	1100	8,650	15,275	94	20	15	15	32	32	5,50	5,5

Bemerkung: Bei Vergrößerung oder Verkleinerung der Öffnungswinkel (Flankenwinkel) um je 2° ist sowohl zum Elektrodenverbrauch als auch zur Vorgabezeit sinngemäß ein Zu- oder Abschlag von 10% zu rechnen.

¹ Betrifft Spaltbreite b. – Prozentualer Zu- oder Abschlag zum Elektrodenverbrauch und zur Vorgabezeit für jeweils ± 1 mm Abweichung bei b.

Sonstige Zuschläge und Faktoren s. Sonderblatt Tab. 88.

Tabelle 92. *Elektrische Hand-Schmelzschweißung*

Unsymmetrische X-Naht 60° bei Verwendung normaler $RR + A$-Elektrodentypen

Werte beziehen sich jeweils auf einen laufenden Meter Naht und schließen Rüst- und Verteilzeiten ein

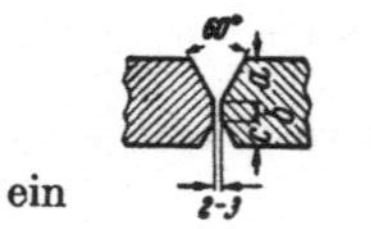

Teilung a b c	Blech-dicke	Theore-tischer Quer-schnitt	Zusatz-werkstoff-ein-schließlich Wurzel	Ein-schmelz-gewicht	Lage	Brutto Elektroden-verbrauch		Anzahl der Lagen	Elektroden ∅ mm und St.				Vorgabezeit
mm	mm	cm²	cm³/m	kg/m		kg/m	St./m		4	5	6	8	h/m
12	18	1,60	220	1,750	a/b	2,020	15	4	4	4	4	3	0,85
2					b/c	1,105	11	3	4	4	3	–	0,60
4					a/c	3,125	26	7	8	8	7	3	1,45
13	20	1,90	250	1,950	a/b	2,155	16	4	4	4	5	3	0,90
2					b/c	1,240	12	3	4	4	4	–	0,65
5					a/c	3,395	28	7	8	8	9	3	1,55
14	22	2,20	280	2,210	a/b	2,590	19	4	5	5	5	4	1,05
2					b/c	1,350	13	3	4	5	4	–	0,70
6					a/c	3,940	32	7	9	10	9	4	1,75
15,5	25	2,75	335	2,650	a/b	3,200	23	5	4	5	10	4	1,30
2					b/c	1,570	15	4	4	7	4	–	0,80
7,5					a/c	4,770	38	9	8	12	14	4	2,10
17	28	3,30	390	3,065	a/b	3,605	26	5	4	5	13	4	1,50
2					b/c	1,760	14	4	4	4	4	2	0,85
9					a/c	5,365	40	9	8	9	17	6	2,35

18					a/b	4,000	28	6	4	5	14	5	1,65
2	30	3,70	425	3,350	b/c	1,895	15	4	4	4	5	2	0,90
10					a/c	5,895	43	10	8	9	19	7	2,55
19					a/b	4,270	30	6	4	5	16	5	1,80
2	32	4,15	470	3,700	b/c	2,120	15	4	4	–	8	3	0,95
11					a/c	6,390	45	10	8	5	24	8	2,75
20,5					a/b	4,860	34	7	5	5	18	6	2,00
2	35	4,85	540	4,230	b/c	2,450	18	4	5	–	10	3	1,05
12,5					a/c	7,310	52	11	10	5	28	9	3,05
22					a/b	5,520	37	7	5	5	19	8	2,25
2	38	5,60	615	4,850	b/c	2,860	21	5	5	–	12	3	1,20
14					a/c	8,380	58	12	10	5	32	11	3,45
23					a/b	6,060	41	8	5	5	23	8	2,50
2	40	6,15	670	5,300	b/c	3,130	23	5	5	–	15	3	1,30
15					a/c	9,190	64	13	10	5	38	11	3,80
30					a/b	10,500	61	11	5	5	29	22	4,25
2	50	10,60	1150	9,100	b/c	5,500	29	7	5	–	17	17	2,25
18					a/c	16,000	90	18	10	5	46	29	6,50

Bemerkung: Symmetrische X-Naht 60° (Teilung $a = e$) = grundsätzlich Faktor 0,90. Bei Vergrößerung oder Verkleinerung des Öffnungswinkels um je 10° ist sowohl zum Elektrodenverbrauch als auch zur Vorgabezeit sinngemäß ein Zu- oder Abschlag von je 15% zu rechnen. (Gültig für beide Nahtformen.) Sonstige Zuschläge und Faktoren s. Sonderblatt Tab. 88.

Tabelle 94. *Elektrische Hand-Schmelzschweißung. K-Naht mit beiderseitigem Öffnungswinkel von je 45° bei Verwendung normaler RR + A-Elektrodentypen*

Werte beziehen sich jeweils auf einen laufenden Meter Naht und schließen Rüst- und Verteilzeiten ein

Blech-dicke s	Spalt-breite b	Theore-tischer Quer-schnitt	Zusatz-werkstoff	Ein-schmelz-gewicht	Brutto-Elektrodenverbrauch		Anzahl der Lagen	Elektroden ⌀ mm und St.				Vorgabezeit
mm	mm	cm²	cm³/m	kg/m	kg/m	St./m		3,25	4	5	6	h/m
10		0,65	95	0,740	1,350	21	4	9	8	4	–	0,90
12		0,85	120	0,945	1,760	26	6	10	10	6	–	1,05
14		1,05	145	1,135	2,100	30	7	10	12	8	–	1,25
16	2	1,25	165	1,300	2,425	33	8	10	12	11	–	1,45
18		1,50	195	1,535	2,875	37	9	10	12	15	–	1,65
20		1,75	225	1,760	3,325	41	10	10	12	19	–	1,85
22		2,05	260	2,035	3,850	47	11	10	15	22	–	2,10
25		2,65	330	2,610	4,750	48	12	–	16	24	8	2,40
28		3,30	410	3,240	5,800	56	14	–	16	25	15	2,75
30		3,65	450	3,550	6,350	60	15	–	16	25	19	3,00
32		4,05	495	3,850	6,900	65	16	–	18	25	22	3,25
35	3	4,70	570	4,500	8,000	75	18	–	20	29	26	3,75
40		5,85	700	5,525	9,750	90	22	–	22	34	34	4,50
45		7,10	840	6,625	11,700	107	26	–	25	40	42	5,25
50		8,50	1000	7,875	12,850	125	30	–	25	50	50	6,25

Bemerkung: Bei Vergrößerung oder Verkleinerung der Öffnungswinkel sind sowohl zum Elektrodenverbrauch als auch zur Vorgabezeit folgende Faktoren anzuwenden:

Öffnungswinkel 35° = Faktor 0,80 – Öffnungswinkel 55° = Faktor 1,30.

Sonstige Zuschläge und Faktoren s. Sonderblatt Tab. 88.

Tabelle 95. *Elektrische Hand-Schmelzschweißung*

Leichte Kehlnaht bei Verwendung normaler $RR + A$-Elektrodentypen

Werte beziehen sich jeweils auf einen laufenden Meter Naht
und schließen Rüst- und Verteilzeiten ein

Naht-dicke a mm	Theore-tischer Quer-schnitt cm²	Zusatz-werk-stoff cm³/m	Ein-schmelz-gewicht kg/m	Brutto-Elektroden-verbrauch kg/m	Brutto-Elektroden-verbrauch St./m	Anzahl der Lagen	Elektroden ⌀ mm und St. 3,25	4	5	6	Vor-gabe-zeit h/m
3	0,09	12	0,095	0,180	4	1	4	–	–	–	0,15
4	0,16	21	0,165	0,325	5	1	–	5	–	–	0,20
5	0,25	33	0,260	0,455	7	2	–	7	–	–	0,30
6	0,36	46	0,360	0,700	8	2	–	4	4	–	0,40
8	0,64	78	0,615	1,205	13	3	–	5	8	–	0,65
10	1,00	120	0,950	1,695	17	4	–	5	10	2	0,90
12	1,44	167	1,320	2,345	22	4	–	5	11	6	1,15
14	1,96	222	1,750	3,060	28	5	–	6	12	10	1,50
16	2,56	285	2,250	3,870	34	6	–	6	12	16	1,85
18	3,24	355	2,800	4,880	42	8	–	7	12	23	2,30
20	4,00	430	3,400	5,890	50	10	–	8	12	30	2,75
25	6,25	680	5,350	9,300	78	16	–	10	23	45	4,25
30	9,00	960	7,500	13,00	107	25	–	12	25	70	6,00

Bemerkung: Bei Minderung des Öffnungswinkel ermäßigen sich Elektrodengewicht
und Vorgabezeit für je 10° um jeweils 12%.
Für je 10° Vergrößerung des Öffnungswinkel sind zum Elektroden-
gewicht und zur Vorgabezeit jeweils 25% hinzuzurechnen.
Bei Elektroden 350 lg .... = Faktor 1,35
Sonstige Zuschläge und Faktoren s. Sonderblatt Tab. 88.

Tabelle 96. *Elektrische Hand-Schmelzschweißung*

Volle Kehl- oder Ecknaht bei Verwendung normaler $RR + A$-Elektrodentypen

Werte beziehen sich jeweils auf einen laufenden Meter Naht und schließen Rüst-
und Verteilzeiten ein

Blech-dicke s mm	Theore-tischer Quer-schnitt cm²	Zusatz-werk-stoff cm³/m	Ein-schmelz-gewicht kg/m	Brutto-Elektroden-verbrauch kg/m	Brutto-Elektroden-verbrauch St./m	Anzahl der Lagen	Elektroden ⌀ mm und St. 3,25	4	5	6	Vor-gabe-zeit h/m
4	0,16	18	0,140	0,265	5	2	3	2	–	–	0,20
5	0,25	28	0,220	0,395	7	2	3	4	–	–	0,30
6	0,35	40	0,315	0,615	9	3	3	4	2	–	0,40
8	0,60	67	0,525	0,990	12	4	3	3	6	–	0,60
10	0,90	102	0,800	1,580	16	4	–	4	12	–	0,85
12	1,25	138	1,085	2,130	21	5	–	4	17	–	1,10
14	1,65	180	1,415	2,790	27	5	–	4	23	–	1,40
16	2,20	235	1,850	3,440	32	6	–	4	24	4	1,70
18	2,70	285	2,240	4,115	37	7	–	4	24	9	2,00
20	3,35	350	2,750	4,925	43	8	–	4	24	15	2,35
22	4,05	420	3,300	5,870	50	10	–	4	24	22	2,85
25	5,15	535	4,200	7,450	63	12	–	5	28	30	3,60
28	6,45	665	5,250	9,250	77	14	–	5	32	40	4,40
30	7,50	775	6,150	10,750	89	16	–	5	36	48	5,25

Bemerkung: Bei Elektroden 350 lg .... = Faktor 1,35
Sonstige Zuschläge und Faktoren s. Sonderblatt Tab. 88.

Tabelle 97. *Elektrische Hand-Schmelzschweißung*

Stutzen und Flansche bei Verwendung normaler $RR + A$-Elektrodentypen. Werte in Stunden gelten je Stück innen und außen und einschl. Wurzel und schließen Rüst- und Verteilzeiten ein

NW oder Ø (mm)	Normalflansch s (mm)	Auf Zurichtplatte Vorschweiß-Flansche	Auf Zurichtplatte glatte Flansche	Normalrohr s (mm)	glatt eingesetzte Stützen	Stutzen auf Aushalsung in Zwangslage	durchgehende Stutzen und eingesetzte Blockflansche	aufgesetzte Blockflansche
25	2,5	0,125	0,125	2,5	0,30	0,40	0,25	0,15
32		0,15	0,15		0,30	0,45	0,25	0,15
50	3	0,15	0,15	3	0;35	0,50	0,30	0,20
65		0,175	0,20		0,40	0,55	0,30	0,20
80	3,5	0,175	0,20	3,25	0,40	0,65	0,35	0,20
100	4	0,20	0,25	3,75	0,45	0,75	0,35	0,25
125		0,25	0,30	4	0,50	0,85	0,40	0,25
150	4,5	0,30	0,35	4,5	0,55	0,95	0,45	0,30
175	5,5	0,35	0,40		0,60	1,10	0,50	0,35
200	6,5	0,40	0,45	6	0,70	1,25	0,60	0,40
250		0,50	0,55	6,5	0,80	1,40	0,70	0,50
300	7	0,65	0,70	7,5	0,95	1,60	0,80	–
350		0,85	0,95	8	1,20	1,80	0,90	–
400		1,10	1,20	9,5	1,45	2,10	1,05	–
450		1,35	1,45	10,5	1,70	2,60	1,30	–
500		1,60	1,85	11,5	2,05	3,20	1,60	–
600		1,95	2,30		2,50	–	2,00	–
700	8	2,25	2,75	12,5	3,00	–	2,35	–
800		2,65	3,10		3,50	–	2,75	–
1000	9	3,25	3,80		4,20	–	3,30	–
1200	11	4,00	4,50		5,00	–	4,00	–

Bemerkung: Zeiten gelten für norm. S, entspr. < 10 bar. Für jeden weiteren Millimeter Wanddicke werden entspr. 12 bis 15% zugerechnet. Außer dem Stutzen auf der Aushalsung gelten die Zeiten für Normallage.

Zuschläge: Zwangslage, von der Seite .... = Faktor 1,40

           Überkopf, von unten .... = Faktor 1,80

Schrägstutzen: Entsprechend der Schrägstellung in Grad werden gleiche Zuschläge in Prozent gemacht.

Die übrigen Zuschläge oder Faktoren s. Sonderblatt Tab. 88.

Sonderstutzen siehe Tab. 99 bis 102 und 103.

Tabelle 98. *Elektrische Hand-Schmelzschweißung*

Brutto-Elektrodeneinsatzgewicht in Kilogramm je Flansch oder Stutzen innen und außen bei Verwendung normaler $RR + A$-Elektrodentypen

NW oder $\varnothing$ mm	Normalflansch s mm	Auf Zurichtplatte — Vorschweiß-Flansche	Auf Zurichtplatte — glatte Flansche	Normalrohr s mm	glatt eingesetzte Stutzen	Stutzen auf Aushalsung x in Zwangslage	durchgehende Stutzen und eingesetzte Block-flansche	aufgesetzte Block-flansche
25 / 32	2,5	0,045	0,045	2,5	0,080	0,080	0,080	0,075
50 / 65	3	0,070	0,090	3	0,150	0,200	0,130	0,100
80	3,5	0,100	0,120	3,25	0,200	0,300	0,180	0,130
100	4	0,130	0,150	3,75	0,250	0,400	0,220	0,175
125	4	0,150	0,180	4	0,300	0,450	0,250	0,200
150	4,5	0,180	0,250	4,5	0,350	0,500	0,300	0,275
175	5,5	0,250	0,350	4,5	0,450	0,600	0,400	0,350
200	6,5	0,350	0,500	6	0,650	0,800	0,600	0,475
250	6,5	0,500	0,700	6,5	0,900	1,100	0,850	0,650
300	7	0,900	1,100	7,5	1,300	1,500	1,200	–
350	7	1,300	1,500	8	1,800	2,000	1,600	–
400	7	1,800	2,000	9,5	2,300	2,700	2,100	–
450	7	2,400	2,700	10,5	3,000	3,500	2,800	–
500	7	3,000	3,300	11,5	3,750	4,200	3,500	–
600	7	3,700	4,000		4,500	–	4,200	–
700	8	4,500	4,750		5,400	–	5,000	–
800	8	5,400	5,750	12,5	6,500	–	6,000	–
1000	9	6,500	7,000		7,750	–	7,250	–
1200	11	8,000	8,500		9,250	–	8,750	–

Bemerkung: Gewichte gelten für normales S, für jeden weiteren Millimeter Wanddicke werden entsprechend 12 bis 15% Zuschlag gerechnet.

Zwangslagen (außer x) s. Sonderblatt Tab. 88.

Bei Schrägstutzen werden entsprechend der Schrägstellung in Grad gleiche Zuschläge in Prozent gemacht.

$\approx$ Brutto-Elektrodengewicht in kg

$$
\left.
\begin{array}{ll}
3,25\,\varnothing &= 0,045 \\
4\quad\varnothing &= 0,065 \\
5\quad\varnothing &= 0,110 \\
6\quad\varnothing &= 0,135 \\
8\quad\varnothing &= 0,260
\end{array}
\right\} \text{zur Umrechnung in Stück}
$$

Sonderstutzen siehe Tab. 99 bis 102 und 103.

Tabelle 99. *Elektrische Hand-Schmelzschweißung*

Stutzenschweißung unter Berücksichtigung der Schwierigkeiten
bzw. der Zwangslage

K-Nähte an Behältermantel und Ausschnittverstärkungen (V-Ringe)
bei Verwendung normaler $RR + A$-Elektrodentypen

Werte beziehen sich jeweils auf einen laufenden Meter Naht
und schließen Rüst- und Verteilzeiten ein

Blechdicke s für Mantel- bzw. Ausschnittverstärkung mm	Theoretischer Querschnitt cm²	Brutto-Elektrodenverbrauch kg/m	Einschmelzgewicht kg m	Vorgabezeit h/m
7···8	1,30	3,35		2,35
8···9	1,60	3,70		2,60
9···10	1,90	4,00		2,85
10···11	2,15	4,50		3,10
11···12	2,40	5,00		3,35
12···14	2,70	5,50		3,60
14···16	3,00	6,00		3,90
16···18	3,50	6,75		4,30
17···20	4,00	7,50		4,70
19···22	4,50	8,25	= Faktor 0,50···0,55	5,10
21···24	5,00	9,00		5,50
23···26	5,50	9,75		5,90
24···28	6,00	10,50		6,30
25···30	6,50	11,25		6,70
	7,00	12,00		7,10
28···32	7,50	12,75		7,50
	8,00	13,50		8,00
	8,50	14,25		8,50
30···35	9,00	15,00		9,00
	9,75	16,00		9,50
	10,50	17,00		10,25
32···35	11,50	18,75		11,00
35···40	12,50	20,00		11,75
40···45	13,50	21,50		12,75
45···50	15,00	24,00		14,00

Faktoren:

A. Allgemein bei NW
   bzw. $\varnothing$ mm

$< NW\ \ 80$ = Zeitfakt. 1,30
$< NW\ 125$ = Zeitfakt. 1,25
$< NW\ 200$ = Zeitfakt. 1,20
$< NW\ 350$ = Zeitfakt. 1,15
$< NW\ 500$ = Zeitfakt. 1,10

B. Bei Verwendung
   B-Elektroden

Zeitfakt. = 1,10
Gewichtsfaktor zum
Elektrodenverbrauch
= 0,90

Bemerkung: Elektrodenverbrauch und Vorgabezeiten berücksichtigen neben der
Zwangslage die in der Praxis ungleichmäßigen und damit größeren
Mantel- und Verstärkungsausschnitte zur Aufnahme der Stutzen.

Tabelle 100. *Elektrische Hand-Schmelzschweißung*

Stutzenschweißung unter Berücksichtigung der Schwierigkeiten
bzw. der Zwangslage

Kehlnähte an Ausschnittverstärkungen (V-Ringe) bei Verwendung
normaler $RR + A$-Elektrodentypen

Werte beziehen sich jeweils auf einen laufenden Meter Naht
und schließen Rüst- und Verteilzeiten ein

Nahtdicke d mm	Theoretischer Querschnitt cm²	Brutto-Elektrodenverbrauch kg/m	Einschmelzgewicht kg/m	Vorgabezeit h/m	
4	0,16	0,375		0,35	
5	0,25	0,525		0,50	
6	0,36	0,800		0,70	
7	0,49	1,050		0,90	
8	0,64	1,350		1,15	Nahtdicke „a" im Mittel
9	0,81	1,600		1,35	0,55 S
10	1,00	1,900		1,60	(Blechdicke mm
11	1,21	2,200	= Faktor 0,50···0,55	1,90	Ausschnittverstärkung)
12	1,44	2,550		2,20	Faktoren:
13	1,69	2,900		2,45	A. Allgemein bei NW
14	1,96	3,350		2,75	bzw. $\varnothing$ mm
15	2,25	3,750		3,20	$<NW$ 80 = Zeitfakt. 1,20
16	2,56	4,200		3,50	$<NW$ 200 = Zeitfakt. 1,10
17	2,89	4,700		3,85	$<NW$ 350 = Zeitfakt. 1,05
18	3,24	5,300		4,25	B. Bei Verwendung
19	3,61	5,800		4,50	B-Elektroden
20	4,00	6,300		4,80	Zeitfakt. = 1,10
22	4,84	7,700		5,40	Gewichtsfaktor zum Elektrodenverbrauch
25	6,25	10,000		6,50	= 0,90

Bemerkung: Elektrodenverbrauch und Vorgabezeiten berücksichtigen neben der
Zwangslage die sich in der Praxis ergebenden Ungleichmäßigkeiten.

Tabelle 101. *Elektrische Hand-Schmelzschweißung*

Stutzenschweißung unter Berücksichtigung der Schwierigkeiten
bzw. der Zwangslage

K-Nähte an Stutzen und Behältermantel bei Verwendung
normaler $RR + A$-Elektrodentypen

Werte beziehen sich jeweils auf einen laufenden Meter Naht
und schließen Rüst- und Verteilzeiten ein

Mantel-Blechdicke s mm	Theo-retischer Querschnitt cm²	Brutto-Elektroden-verbrauch kg/m	Ein-schmelz-gewicht kg/m	Vorgabe-zeit h/m	
10	0,90	2,00		1,35	
12	1,10	2,25		1,50	
14	1,30	2,75		1,65	
16	1,55	3,20		1,85	Faktoren:
18	1,80	3,60		2,10	A. Allgemein bei NW
20	2,10	4,00	= Faktor 0,50··0,55	2,35	bzw. $\varnothing$ mm
22	2,40	4,50		2,60	$<NW$ 80 = Zeitfakt. 1,30
25	3,00	5,30		3,00	$<NW$ 125 = Zeitfakt. 1,25
28	3,70	6,40		3,50	$<NW$ 200 = Zeitfakt. 1,20
30	4,10	7,00		3,80	$<NW$ 350 = Zeitfakt. 1,15 $<NW$ 500 = Zeitfakt. 1,10
32	4,50	7,75		4,10	B. Bei Verwendung
35	5,20	8,75		4,60	B-Elektroden
40	6,30	10,25		5,50	Zeitfakt. = 1,10
45	7,60	12,25		6,50	Gewichtsfaktor zum Elektrodenverbrauch
50	9,00	14,50		7,50	= 0,90

Bemerkung: Elektrodenverbrauch und Vorgabezeiten berücksichtigen neben der
Zwangslage die in der Praxis ungleichmäßigen und damit größeren
Mantelausschnitte zur Aufnahme der Stutzen.

Tabelle 102. *Elektrische Hand-Schmelzschweißung*

Stutzenschweißung unter Berücksichtigung der Schwierigkeiten
bzw. der Zwangslage

HV- bzw. J-Nähte an Stutzen und Behältermantel bei Verwendung
normaler $RR + A$-Elektrodentypen

Werte beziehen sich jeweils auf einen laufenden Meter Naht
und schließen Rüst- und Verteilzeiten ein

Mantel-Blechdicke s mm	Theo-retischer Querschnitt cm²	Brutto-Elektroden-verbrauch kg/m	Ein-schmelz-gewicht kg/m	Vorgabe-zeit h/m	
6	0,50	1,70		1,40	
8	0,65	1,90		1,50	
10	0,85	2,20		1,65	**Faktoren:**
12	1,15	2,60		1,90	A. Allgemein bei NW
14	1,50	3,15	= Faktor 0,50··0,55	2,25	bzw. $\varnothing$ mm
16	1,90	3,75		2,60	$<NW$ 80 = Zeitfakt. 1,30 $<NW$ 125 = Zeitfakt. 1,25
18	2,30	4,40		2,95	$<NW$ 200 = Zeitfakt. 1,20 $<NW$ 350 = Zeitfakt. 1,15
20	2,80	5,25		3,35	$<NW$ 500 = Zeitfakt. 1,10
22	3,30	6,00		3,75	B. Bei Verwendung
25	4,10	7,00		4,40	B-Elektroden Zeitfakt. = 1,10
28	5,00	8,50		5,25	Gewichtsfaktor zum
30	5,60	9,25		5,75	Elektrodenverbrauch = 0,90

Bemerkung: Elektrodenverbrauch und Vorgabezeiten berücksichtigen neben der
Zwangslage die in der Praxis ungleichmäßigen und damit größeren
Mantelausschnitte zur Aufnahme der Stutzen.

Tabelle 103. *Elektrische Hand-Schmelzschweißung*

Abnorme asymmetrische Sonder-Schweißnahtquerschnitte bei Verwendung
normaler $RR + A$-Elektrodentypen

Werte beziehen sich jeweils auf einen cm² Nahtquerschnitt bei einem laufenden
Meter Nahtlänge und schließen Rüst- und Verteilzeiten ein

Theore-tischer Quer-schnitt cm²	Einseitige Schweißung ohne Wurzel- oder Gegenschweißung z.B V + U Nähte			Zweiseitige Schweißung mit Wurzel- oder Gegenschweißung z.B. V + X + U + K Nähte		
	Brutto-Elektroden-verbrauch kg/cm²/m	Ein-schmelz-gewicht kg/m	Vorgabe-zeit h/cm²/m	Brutto-Elektroden-verbrauch kg/cm²/m	Ein-schmelz-gewicht kg/m	Vorgabe-zeit h/cm²/m
0,5	1,75		1,00			1,40
1	1,50		0,80	2,10		1,20
2	1,40	i.M. = Faktor 0,55	0,70	1,90	i.M. = Faktor 0,55	1,00
3	1,35		0,65	1,75		0,85
4…5	1,32		0,60	1,65		0,80
6…10			0,56	1,55		0,75
12…15	1,30		0,54			0,70
16…20			0,52	1,50		0,67
>20			0,50			0,65

Faktoren: Bei Verwendung B-Elektroden = Zeitfaktor   1,10
                                        = Gewichtsfaktor
                                        zum Elektroden-
                                        verbrauch   0,90

     Allgemein bei Zwangslagen   = Zeitfaktor $\approx$ 1,40
     Bei Kurznähten: < 200 mm lg.   = Zeitfaktor   1,15
                      < 400 mm lg.   = Zeitfaktor   1,10
                      < 600 mm lg.   = Zeitfaktor   1,05

Bemerkung: Elektrodenverbrauch und Vorgabezeiten berücksichtigen die sich in
der Praxis ergebenden Ungleichmäßigkeiten und Schwierigkeiten.

Tabelle 104. *Elektrische Hand-Schmelzschweißung – Mulitiplikationsfaktoren zur*
Ermittlung der Heft- und Schweißzeiten von Stößen an normalen Profilstählen mit
bestimmten Querschnitten F und bei Verwendung normaler RR + A-Flektrodentypen

F cm²	<5	6…9	10…13	14…17	18…21	22…25
Faktor	0,046	0,042	0,038	0,034	0,032	0,029
Elektr. kg/Stoß	0,100	0,250	0,400	0,500	0,700	0,850

F cm²	26…29	30…33	34…36	37…39	40…42	43…45
Faktor	0,028	0,027	0,026	0,025	0,024	0,023
Elektr. kg/Stoß	0,950	1,050	1,200	1,350	1,500	1,600

F cm²	46…48	50	55	60	65	70
Faktor	0,022	0,021	0,0205	0,0195	0,0192	0,0190
Elektr. kg/Stoß	1,700	1,850	2,000	2,200	2,400	2,600

F cm²	75	100	150	200	300	400+∞
Faktor	0,0188	0,0185	0,0182	0,0178	0,0172	0,0165
Elektr. kg/Stoß	2,800	3,750	5,750	7,500	10,000	12,500

Tabelle 104 (Fortsetzung)

Bemerkung: Die Vorgabezeit (h/Stoß) errechnet sich aus dem zu schweißenden Querschnitt in Quadratzentimeter, multipliziert mit dem entsprechenden Faktor.

Für größere Ringe oder Gewichte, die nicht von
Hand zu bewegen sind .... = Faktor 1,15···1,25
Warmschweißung .... = Faktor 1,25···1,50
Edelstahlschweißung .... = Faktor 1,40
Edelstahl-Elektrodenverbrauch .... = Faktor 0,85

Tabelle 105. *Elektrische Hand-Schmelzschweißung*

Auftragschweißung. Mehrlagenschweißung 125···530 HB

Ebene Flächen – Kaltschweißung

Fläche		Vorgabe u. Schweißleistung	
cm²	m²	h/cm³	cm³/h
< 50	0,005	0,02	50
<100	0,01	0,017	60
<150	0,015	0,015	65
<200	0,02	0,013	75
<300	0,03	0,011	90
<750	0,075	0,01	100
	0,10	0,009	110
	0,25	0,0075	135
	0,5	0,0065	155
	1,00	0,006	170
	2,00	0,005	200
	>3,00	0,0048	210

Zeitfaktoren:

Wellen-Rundstahl ...... = 1,5
Bohrungen usw. .... = 2,00
Edelstahl .... = 1,5
Warmschweißen[1] .... = 1,5···2,5

t_r = entsprechend Größe und Lage des Werkstückes und unter Berücksichtigung der örtlichen Verhältnisse bei Kalt- oder Warmschweißung, gesondert zuschlagen.

Brutto-Elektrodenbedarf bei umh. Elektroden

Elektroden-∅	<4 mm	<8 mm
Faktor	1,7	1,4

zum Gewicht der Auftragschweiße

(Blankdraht in Meter = Faktor 1,20)

Bemerkung: Warmschweißen[1]

a) Unlegierter Baustahl > 0,22 C
(außer Manganhartstahl[1])   ⎫
b) Legierter Baustahl bei Cr + Mo-Zusätzen   ⎬ Grundsätzlich
c) Große dickwandige und extreme Querschnitte ⎭
d) Sonstige legierte Baustähle und Gußstahl   Empfehlenswert

---

[1] Manganhartstahl kalt, u.U. in Wasser schweißen.

Tabelle 107. *Schweißtechnische Richtwerte für die Montage- und Baustellen, Hand-Schmelzschweißung bei Verwendung normaler RR + A-Elektrodentypen*

Blechdicke s	Nahtdicke a	Öffnungswinkel	V-Naht Vertikal	V-Naht Horizontal	V-Naht Brutto-Elektrodenverbrauch	Unsymm. X-Naht Vertikal	Unsymm. X-Naht Horizontal	Unsymm. X-Naht Brutto-Elektrodenverbrauch	Kehlnaht Vertikal	Kehlnaht Horizontal	Kehlnaht Brutto-Elektrodenverbrauch
mm	mm	Grad	h/m	h/m	kg/m	h/m	h/m	kg/m	h/m	h/m	kg/m
	6	Kehlnaht 90°							1,20	1,00	0,75
	8								1,75	1,50	1,30
	10								2,50	2,25	1,85
	12								3,25	2,90	2,55
	14								4,25	3,80	3,30
	16								5,25	4,70	4,20
6	18		1,50	1,35	1,25				6,75	6,00	5,30
8	20		1,90	1,70	1,60				8,00	7,25	6,40
10		V-60°	2,30	2,10	2,00						
11			2,50	2,30	2,20						
12			2,70	2,50	2,50						
13			3,00	2,75	2,80						
14			3,30	3,00	3,10						
15			3,60	3,25	3,40						
16			3,90	3,50	3,70						
17			4,20	3,75	4,00						
18			4,50	4,00	4,40	3,90	3,50	3,50			
19			4,80	4,25	4,80	4,10	3,70	3,75			
20			5,10	4,50	5,20	4,30	3,90	4,00			
21		V-55° / X-60°	5,40	4,75	5,60	4,50	4,10	4,30			
22			5,70	5,00	6,00	4,75	4,30	4,60			
23			6,00	5,30	6,40	5,00	4,50	4,90			
24			6,30	5,60	6,80	5,30	4,80	5,20			
25		V-50°	6,60	5,90	7,20	5,60	5,10	5,60			
26			6,90	6,20	7,60	5,90	5,40	6,00			
27			7,20	6,50	8,00	6,20	5,70	6,40			
28			7,50	6,90	8,40	6,50	6,00	6,80			
30			8,00	7,30	8,80	7,00	6,40	7,20			
32			8,60	7,90	9,30	7,50	6,80	7,70			
34			9,30	8,50	10,00	8,10	7,40	8,25			
36			10,00	9,10	10,70	8,75	8,00	9,00			
38			10,70	9,75	11,60	9,50	8,75	10,00			
40			11,50	10,50	12,50	10,50	9,75	11,00			
45			14,00	12,75	16,00	12,50	11,25	13,00			

Bei Vergrößerung oder Verkleinerung des Öffnungswinkels um je 10°, ist sowohl zur Vorgabezeit als auch zum Elektrodenverbrauch sinngemäß ein Zu- oder schlag von je 15% zu rechnen

Faktoren auf S. 161

Tabelle 107 (Fortsetzung)

Zeitfaktoren: Überkopfschweißen (allgemein zu Vertikal) ... = Faktor 1,40

Symmetrische X-Naht .... = Faktor 0,90

Rohrrundnähte als Drehnähte .... = Faktor 0,75

Einsatz von B-Elektroden .... = Faktor 1,10

K-Nähte, etwa 45° und horizontal an Lagerbehälter, werden unter Berücksichtigung der kleineren Öffnungswinkel wie 2 V-Nähte zu 40% der Blechdicke gerechnet.

Bei Anwendung U-P-Schweißung .... = Faktor 0,15···0,20

Gewichts-faktoren: Symmetrische X-Naht .... = Faktor 0,90

Einsatz B-Elektroden allgemein .... = Faktor 0,90

Tabelle 106. *Elektrische Hand-Schmelzschweißung*

Durchschnitts-Brutto-Elektrodenverbrauch in kg/h bei Hand-Schmelzschweißung für Schweißkonstruktionen unter Berücksichtigung der Blechdicke und des Schwierigkeitsgrades sowie bei Verwendung normaler *RR* + *A*-Elektrodentypen

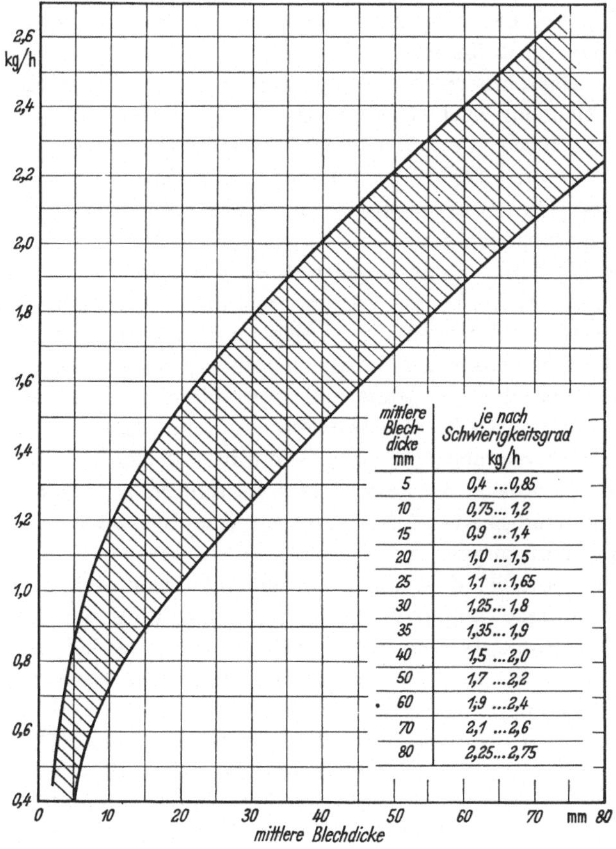

mittlere Blechdicke mm	je nach Schwierigkeitsgrad kg/h
5	0,4 ...0,85
10	0,75... 1,2
15	0,9 ... 1,4
20	1,0 ... 1,5
25	1,1 ... 1,65
30	1,25... 1,8
35	1,35... 1,9
40	1,5 ...2,0
50	1,7 ...2,2
60	1,9 ...2,4
70	2,1 ...2,6
80	2,25...2,75

XVI. Gasschmelzschweißung

Die Gasschmelzschweißung, auch Autogenschweißung genannt, kann trotz des imponierenden Fortschritts, den die elektrische Lichtbogenschweißung in den letzten Jahrzehnten machte, von dieser nicht verdrängt werden. So verschieden diese beiden Schweißmethoden sind, so verschieden und mehr oder weniger abgegrenzt sind auch ihre Anwendungsgebiete. Dabei beherrscht die Gasschmelzschweißung heute Gebiete, in denen früher kaum oder gar nicht geschweißt wurde. Man denke nur an den Rohrleitungsbau und die Installation. Muffen und Verschraubungen entfallen ebenso wie bei den größeren Durchmessern die früher übliche Nietung.

Schweißungen für höchste Drücke und Temperaturen sind selbstverständlich. An Werkstücken, die zum Schweißen nur noch einseitig zugänglich sind, ist die Möglichkeit des vollständigen und sauberen schlackenfreien Durchschweißens autogen viel besser gegeben als bei der Lichtbogenschweißung.

Bei der Gasschmelzschweißung werden, zum Unterschied gegenüber der Lichtbogenschweißung, die Kanten des zu schweißenden Werkstückes durch die offene Flamme aufgeschmolzen und je nach Werkstoffdicke oder Nahtform mit oder ohne Zusatzdraht miteinander verschmolzen. Die Temperatur der Schweiße liegt dabei etwas über der Schmelztemperatur des jeweils zu schweißenden Werkstoffs.

Geschweißt wird in der Regel mit Azetylen in Flaschen oder auch Entwicklergas (Karbid) in Verbindung mit Sauerstoff. Wasserstoff oder Leuchtgas sind wegen ihrer geringen Heizleistung nicht zu empfehlen und Propangas scheidet wegen seiner oxydierenden Eigenschaft völlig aus. Entwicklergas weist einen erheblichen Anteil an Phosphor und Schwefelwasserstoff, also schweißfeindlichen Elementen, auf, und sollte möglichst vermieden werden. Die mit Azetylen geschweißte Naht ist in der Regel gütemäßig besser, sie neigt außerdem, dank der höheren Schweißgeschwindigkeiten, die Azetylen erlaubt, weniger zu Aufhärtungen und Spannungen.

Die Wärmequelle, d.h. die Flamme und damit der Brenner, muß der Werkstoffdicke angepaßt sein. Als Schweißbrenner können Ein- und Doppelflammenbrenner verwandt werden, wobei der Doppelflammenbrenner als der wirtschaftlich bessere, die Leistung um mindestens 30 % steigert.

Bei Stahl wird bis etwa 4 mm Blechdicke im allgemeinen die ,,Nach-Linksschweißung'' und darüber hinaus die ,,Nach-Rechtsschweißung'' angewandt. Die letztere ist wirtschaftlicher und gütemäßig besser, da sie eine stärkere Durchschweißung gestattet. Die beiderseitige Erwärmungszone ist kleiner gehalten, und damit ist der Gefahr von Verwerfung sowie Aufhärtung durch Überhitzen in den Randzonen besser begegnet. Stähle über 0,25% C sind mit Vorsicht zu schweißen, gegebenenfalls ist Vorwärmung und u.U. Nachglühen erforderlich. Bei höher legierten Stählen ist, wenn schon überhaupt die Gasschmelzschweißung angewandt werden muß, auf die Verwendung des passenden Zusatzdrahtes zu achten. Grauguß, Bronze, Messing, Kupfer und Aluminium werden, außer sehr hohen Werkstoffdicken, „Nachlinks" geschweißt.

Wegen der hohen Leitfähigkeit von Cu und Al und des dadurch bedingten Verlustes an Schweißwärme steigt der Gasverbrauch beim Schweißen dieser Metalle bis etwa auf das Doppelte gegenüber Stahl an. Cu wird mit neutraler Flamme, Al und Grauguß dagegen mit Gasüberschuß geschweißt. Unter Umständen ist je nach Werkstoffdicke und Bauart gleichmäßiges Vorwärmen erforderlich. Bei der Graugußwarmschweißung ist wegen der Gefahr der Spannungsrisse und Brüche dabei auf sorgfältige, langsame und ebenso gleichmäßige Abkühlung zu achten. Zum Zwecke der Gefügeverbesserung und Entspannung werden Schweißnähte an Kupfer und Aluminium vielfach gehämmert. Dabei werden Kupfer im allgemeinen bei Rotglut, Al-Legierungen dagegen bei etwa 350 °C und Reinaluminium kalt gehämmert.

In **Tab.** 108 (S. 165) ist das Heften und Schweißen für die Gasschmelzschweißung zusammengefaßt. Soll das eine gegen das andere getrennt werden, so ist der Faktor zu beachten. Der Verbrauch von Schweißwerkstoff und Gas bzw. Sauerstoff ist relativ. Die Gasschmelzschweißung wird viel individueller gehandhabt als beispielsweise die elektrische Handschmelzschweißung, und demnach ist die Streuung der Werte gegenüber anderen eine viel größere.

Für den Sauerstoffverbrauch sowie die Schweißung von Cu, Al und Edelstahl und deren allgemeinen Stoffverbrauch sind die Faktoren zu beachten. Ebenso bei Zwangslagenschweißung und Kurznähten.

Flansche und Rohre für den Rohrleitungs- und Apparatebau, in allen gängigen Größen sowie nach Schweißpositionen geordnet, sind in der **Tab.** 109 (S. 166 u. 167) enthalten.

Bei starkwandigen Rohren oder anderen Werkstoffen gelten die Faktoren.

Für das Heften und Schweißen von Stößen an normalen Stab- und Profilstählen gelten die in der **Tab.** 110 (S. 164) angegebenen Multiplikationsfaktoren.

11*

Entsprechend dem senkrechten Stoßquerschnitt in Quadratzentimeter wird mit dem dazugehörenden Faktor multipliziert.

Beispiel: Flachstahl 100 × 10 = 10 × 0,065 = 0,65 h/Stoß.

Tabelle 110. *Gasschmelzschweißung. Multiplikationsfaktoren zur Ermittlung der Heft- und Schweißzeiten von Stößen an normalen Profilstählen mit bestimmtem Querschnitt „F"*

F cm²	<5	6···9	10···13	14···17	18···21	22···25
Faktor	0,08	0,072	0,065	0,058	0,053	0,050
F cm²	26···29	30···33	34···36	37···39	40···42	43···45
Faktor	0,048	0,046	0,044	0,042	0,040	0,038
F cm²	46···48	49···51	52···54	55···57	58···60	>60
Faktor	0,036	0,034	0,033	0,032	0,031	0,030

Bemerkung: Die Vorgabezeit (h/Stoß) errechnet sich aus dem zu schweißenden Querschnitt in Quadratzentimeter, multipliziert mit dem entsprechenden Faktor.
Größere Ringe = Faktor 1,15···1,25.

Tabelle 108. *Gasschmelzschweißung. Heften und Schweißen (Stahl)*

Werte beziehen sich jeweils auf einen laufenden Meter Naht und schließen Rüst- und Verteilzeiten ein

Brenner Nr.	Blechdicke s oder Nahtdicke a mm	Nähte		Ecknaht	Kehlnaht	Verbrauch Schweißwerkstoff kg/m	Verbrauch Gas (Azetylen) L/m
		Einseitig	Zweiseitig				
1	1	0,25	–	0,20	0,25	0,020	15
	2	0,30	–	0,25	0,30	0,050	40
2	3	0,35	–	0,30	0,40	0,100	60
	4	0,45	–	0,40	0,50	0,180	120
3	5	0,55	–	0,50	0,60	0,275	200
	6	0,65	–	0,60	0,75	0,400	300
4	8	0,80	–	0,70	0,90	0,650	450
5	10	1,00	1,50	–	–	0,900	600
	12	1,25	1,85	–	–	1,200	800
	14	1,45	2,15	–	–	1,500	1050
6	16	1,65	2,45	–	–	1,800	1300
	18	1,90	2,80	–	–	2,150	1600
	20	2,15	3,15	–	–	2,500	1900
7	22	2,40	3,50	–	–	2,8···3,0	2200
	25	2,75	4,00	–	–	3,2···3,5	2750
	28	3,25	4,75	–	–	4,0···4,5	3200

Faktoren: A. Generell nur Schweißen .... = 0,80

Bei Position Vertikal = Faktor 1,20   Zuschläge <200⎫ $+30$⎫
oder   Seitlich = Faktor 1,40   bei <400⎬ mm $+20$⎬ %
Stellung: Überkopf = Faktor 1,60   Kurznähten: <600⎭ $+15$⎭
      Rundnähte u. U. Faktor 1,25

(nur Schweißen s. oben)

B. Allgemein: Kupfer 1,15
        Aluminium 0,90
        Edelstahl 1,50

Abhämmern bei Kupfer oder Aluminium Nähte je laufender Meter

Schweißart:
einseitig zweiseitig

Kupfer .... = Faktor 0,75   0,50
Aluminium .... = Faktor 1,00   0,80
der jeweiligen Schweißzeit von Kupfer-Aluminium

Bemerkung: Materialverbrauch

bei Stahl: Sauerstoff .... = Faktor 1,10 zum Gasverbrauch
bei Aluminium: Schweißwerkstoff .... = Faktor 0,55
bei Kupfer: Schweißwerkstoff .... = Faktor 1,20
bei Aluminium-Kupfer: Gas .... = Faktor 1,20···2,00⎫ je nach
bei Aluminium-Kupfer: Sauerstoff .... = Faktor 0,60···1,00⎭ Blechdicke
                              zum Gasverbrauch

bei Verwendung von ⎧Schweißzeit .... = Faktor 0,60···0,70
Zweiflammenbrenner ⎩Gasverbrauch .... = Faktor 0,45

Tabelle 109. *Gasschmelzschweißung. Heften und Schweißen von Rohrleitungen (Stahl)*
Zeiten in Stunden je Schweißstelle einschl. Rüst- und Nebenzeiten sowie Nach- und Beirichten beim Heften

NW mm bei norm. Wanddicke mm	Schweißstellung – von oben von der Seite von unten	Rundnähte		Gehrungen		Stutzennähte						
							gerade			schräg		
		Vorschweißflansch	Rundnähte	90°	45°	an Rohr ⌀ mm von – bis	von oben	von der Seite	von unten	von oben	von der Seite	von unten
<15	↓	0,125	0,06	0,09	0,075	<150	0,10	0,15	0,20	0,15	0,225	0,30
	↔	0,15	0,075	0,125	0,10	200…300	0,125	0,19	0,25	0,175	0,25	0,35
	↑	0,25	0,10	0,15	0,125	>400	0,15	0,225	0,30	0,20	0,30	0,40
<20	↓	0,15	0,075	0,125	0,10	<125	0,125	0,19	0,25	0,175	0,25	0,35
	↔	0,20	0,10	0,15	0,125	150…300	0,15	0,225	0,30	0,20	0,30	0,40
	↑	0,30	0,125	0,20	0,15	>400	0,175	0,265	0,35	0,25	0,375	0,50
<25	↓	0,20	0,10	0,15	0,125	<100	0,15	0,225	0,30	0,20	0,30	0,40
	↔	0,25	0,125	0,20	0,15	125…300	0,175	0,275	0,35	0,225	0,325	0,45
	↑	0,40	0,15	0,25	0,20	>400	0,225	0,35	0,45	0,25	0,375	0,50
<32	↓	0,225	0,125	0,15	0,125	<100	0,20	0,30	0,40	0,25	0,375	0,50
	↔	0,30	0,15	0,225	0,175	125…250	0,225	0,34	0,45	0,275	0,40	0,55
	↑	0,45	0,20	0,30	0,25	>300	0,25	0,38	0,50	0,30	0,45	0,60
<40	↓	0,25	0,15	0,20	0,15	<100	0,25	0,38	0,50	0,30	0,60	0,60
	↔	0,325	0,20	0,25	0,20	125…250	0,275	0,41	0,55	0,325	0,50	0,65
	↑	0,50	0,25	0,40	0,30	>300	0,30	0,45	0,60	0,35	0,55	0,70
<50	↓	0,30	0,175	0,25	0,20	<100	0,30	0,45	0,60	0,35	0,50	0,70
	↔	0,40	0,25	0,35	0,30	125…250	0,35	0,53	0,70	0,375	0,55	0,75
	↑	0,60	0,35	0,50	0,40	>300	0,40	0,60	0,80	0,45	0,65	0,90

Größe	Richtung											
<70	↓	0,35	0,225	0,35	0,30	<150	0,375	0,56	0,75	0,45	0,65	0,90
	↔	0,45	0,275	0,45	0,40	200···300	0,425	0,64	0,85	0,50	0,75	1,00
	↑	0,70	0,40	0,60	0,50	>400	0,475	0,71	0,95	0,55	0,85	1,10
<80	↓	0,40	0,25	0,40	0,325	<150	0,425	0,64	0,85	0,525	0,75	1,05
3	↔	0,55	0,325	0,55	0,40	200···300	0,475	0,71	0,95	0,575	0,85	1,15
	↑	0,80	0,50	0,75	0,60	>400	0,525	0,79	1,05	0,65	1,00	1,30
<100	↓	0,475	0,30	0,45	0,375	<150	0,55	0,82	1,10	0,65	0,95	1,30
4	↔	0,625	0,40	0,60	0,50	200···300	0,625	0,95	1,25	0,75	1,10	1,50
	↑	0,95	0,60	0,90	0,75	>400	0,70	1,05	1,40	0,85	1,30	1,70
<125	↓	0,60	0,40	0,55	0,45	<200	0,725	1,10	1,45	0,80	1,20	1,60
4	↔	0,80	0,50	0,75	0,60	250···300	0,80	1,20	1,60	0,90	1,35	1,80
	↑	1,20	0,75	1,10	0,90	>400	0,90	1,35	1,80	1,00	1,50	2,00
<150	↓	0,70	0,50	0,70	0,55	<200	0,85	1,25	1,70	0,95	1,40	1,90
5	↔	0,90	0,65	0,90	0,70	250···300	0,95	1,40	1,90	1,10	1,65	2,20
	↑	1,40	0,95	1,40	1,10	>400	1,10	1,65	2,20	1,25	1,90	2,50
<200	↓	0,95	0,60	0,85	0,65	<250	1,10	1,65	2,20	1,40	2,10	2,80
6	↔	1,25	0,80	1,10	0,90	300	1,20	1,80	2,40	1,55	2,30	3,10
	↑	1,90	1,15	1,70	1,30	>400	1,35	2,00	2,70	1,70	2,55	3,40
<250	↓	1,20	0,70	1,05	0,90	300	1,35	2,00	2,70	1,60	2,40	3,20
7	↔	1,55	0,95	1,40	1,20	400	1,55	2,30	3,10	1,85	2,75	3,70
	↑	2,40	1,40	2,10	1,75	500	1,75	2,60	3,50	2,05	3,00	4,10
<300	↓	1,45	0,85	1,25	1,05							
8	↔	1,85	1,10	1,65	1,40	400	1,80	2,70	3,60	2,15	3,20	4,30
	↑	2,90	1,70	2,50	2,10	500	2,10	3,15	4,20	2,40	3,60	4,80

Bemerkung: Schuhstutzen der entsprechenden Größe .... = Faktor 1,30.
Bei dickwandigen Rohren für jeden weiteren 1 mm über normalem S = +12%.
Rohrenden blind flanschen (Heften + Schweißen) .... = Faktor 0,85 von Rundnähte.
Generell: Aluminium = Faktor 0,90; Kupfer = Faktor 1,15; Edelstahl = Faktor 1,50.

XVII. Fugen von Schweißnahtwurzeln

Die Anforderungen, die an röntgenfeste Schweißnähte mit Schweiß-
faktor bis 1,0 gestellt werden, bedingen, um eine einwandfreie riß- und
porenfreie Wurzelschweißung zu garantieren, die vorherige restlose
Säuberung der Wurzel von allen Heftstellen, u.U. der ganzen ersten
Schweißlage.

Weiter müssen alle nach Fertigstellung der Schweißnaht im Röntgen-
bild sich zeigenden Fehler, also Risse, Schlackeneinschlüsse, Poren und
Blasen, ausgeholt und die Stellen sorgfältig nachgeschweißt werden.

Mehrere, rein äußerlich schon unterschiedliche Verfahren, stehen
dafür zur Verfügung und über Wert, Vor- und Nachteile des einen oder
anderen Verfahrens gehen die Meinungen von Betrieb zu Betrieb aus-
einander.

Eines der bekanntesten, jahrzehntelang das einzige in allen Betrieben
einheitlich angewandte Verfahren, ist das Ausmeißeln mit dem Preßlufthammer. Der Vorteil des Lufthammers liegt in seiner Kraft, seiner
vielseitigen Anwendungsmöglichkeit, aber auch in seiner Anspruchs-
losigkeit. Nachteilig sind die körperlich anstrengende Vibration sowie
die unangenehm hämmernden Geräusche, die sich in geschlossenen
Behältern bis zur Unerträglichkeit steigern und nicht nur den Arbeiter
selbst, sondern auch die ganze Werkstatt belästigen und stören.

Schleifen ist das zeitraubendste und damit unwirtschaftlichste aller
Verfahren und sollte nur dort angewandt werden, wo, betrieblich bedingt,
eines der anderen Verfahren nicht zur Verfügung steht oder u.U. wegen
des Werkstoffes keine andere Wahl bleibt.

Eine weitere Möglichkeit ist die Anwendung des mit Azetylen-
Sauerstoff gespeisten Autogen-Fugenhoblers. Das Verfahren ähnelt im
Prinzip dem bekannten Autogenbrennen und ist auf die im üblichen
Sinne brennschneidbaren Werkstoffe anwendbar. Der Sauerstoffstrahl
bläst oder hobelt mit 5 bis 6 atü die Schmelze am vorgewärmten Werkstück nach vorne. Die Größe der so entstehenden Fuge oder Nut kann
man im wesentlichen durch den Einsatz verschiedenartiger Düsen am
Brennerkopf bestimmen. Die Wärmeeinwirkungen und damit zusätzlich auftretenden Spannungen sind unterschiedlich. An Bauwerken
mit Dehnungsmöglichkeiten, also auch normalen Behältern, treten an
sich kaum Schwierigkeiten auf. Bei starken und starren oder fest-
gespannten Konstruktionen entstehen jedoch durch die zusätzliche und
einseitige Wärmezufuhr Spannungen, die die Gefahr der Nahtrißbildung
begünstigen.

Die Wirtschaftlichkeit des Fugenhoblers ist unbestritten, und ein
nicht zu übersehender, vielfach entscheidender Vorteil ist die Lärm-
freiheit.

Ein weiteres Verfahren, das Lichtbogenfugenhobeln, unterscheidet wieder 2 Arten der Ausführung, nämlich das Metallichtbogen-Sauerstoff-Fugenhobeln (Oxyarc-Verfahren) und das Kohlelichtbogen-Preßluft-Fugenhobeln (Arcair-Verfahren).

Das Oxyarc-Verfahren ist dadurch gekennzeichnet, daß zum Fugen eine abschmelzende Metallhohlelektrode verwandt wird, durch die Sauerstoff mit etwa 3 atü geblasen wird.

Die beim Arcair-Verfahren verwandte, mit einem Kupfermantel versehene feste Kohleelektrode, verbraucht sich ebenso wie die Hohlelektrode. An Stelle des Sauerstoffes wird hier Preßluft mit 4 bis 6 atü geblasen, der um die Elektrode fließt.

Durch die intensive Lichtbogenerwärmung bei beiden Verfahren entsteht ein im Verhältnis zum Autogenfugenhobeln, dünnflüssiges Schmelzbad, so daß beide auch an solchen Werkstoffen, z.B. hochlegierten Stählen, Edelstählen und Grauguß, eingesetzt werden können, die sonst und nach den herkömmlichen Verfahren als nicht brennschneidbar gelten.

Dieser Vorteil kann für einen Betrieb mit vielseitiger Fertigung entscheidend sein bei der Wahl der Mittel und Möglichkeiten zum Fugen.

Die Anlagekosten beider Verfahren übersteigen allerdings wesentlich die aller anderen, der laufende Elektrodenverbrauch liegt beim Oxyarc-Verfahren unter Berücksichtigung der unterschiedlichen Elektrodenlängen im Mittel etwa dreimal so hoch als beim Arcair-Verfahren.

Die Richtwerte der **Tab. 111** für das Kohlelichtbogen-Preßluft-Fugenhobeln (Arcair-Verfahren) gelten für einen Meter Schweißnaht und Stahl bis 60 kg/mm². Rüst- und Verteilzeiten sowie eventuelles und anteiliges Nachfugen, bedingt durch Schweißfehler, sind eingeschlossen.

Für Sonderfälle, andere Werkstoffe und bei Anwendung eines der anderen Verfahren des Fugens, sind die Faktoren zu beachten.

Tabelle 111. *Ausfugen von Schweißnahtwurzeln an röntgenfesten Schweißnähten bis Faktor 1,0*

Zeiten in h/m Naht – evtl. Nachfugen sowie $t_r + t_v$ sind eingeschlossen
Material: Stahl $\sigma_B < 60$ kg/mm² und Edelstahl
Verfahrensart: Kohlelichtbogen – Preßluft – Fugenhobeln

Naht-form	Blechdicke mm					
	< 6	8···12	14···20	22···28	30···40	> 50
V + U	0,15···0,175	0,20···0,25	0,30···0,35	0,40···0,45	0,50···0,60	0,70
X			0,40···0,45	0,50···0,60	0,65···0,75	0,85

Faktoren bei:

ungünstigen Platzverhältnissen, kleinen Eckradien, Kugelecken und Kurz-nähten generell .... = 1,25
hochlegierten und hochgekohlten Stählen .... = 1,25
Gußeisen .... = 2,00
Verwendung Preßlufthammer V + U .... = 1,55
                                   X .... = 1,75
Schleifen an Stahlblechen im Mittel .... = 3,00
Schleifen an edelstahlplattierten Blechen im Mittel .... = 4,50
Autogen-Fugenhobeln Stahl im Mittel .... = 1,15
Anwendung Oxyarc-Verfahren – Stahl und Gußeisen .... = 0,85
Edelstahl .... = 1,25

XVIII. Schleifen – Verputzen

Für die im Stahl- und Apparatebau anfallenden normalen Schleif- und Verputzarbeiten, werden, jeweils angepaßt den betrieblichen Bedingungen und Gegebenheiten, elektrisch- oder druckluftangetriebene Handschleifmaschinen verwandt.

Beide Arten erlauben dabei als Hochleistungsmaschinen auch den Einsatz von Schleifscheiben mit hohen Schnittgeschwindigkeiten.

Als Schleifmittel, d.h. als Schleifscheiben, verwendet man für die Bearbeitung (nicht Trennschleifen) von Stahl, Gußstahl und Gußeisen fast ausnahmslos Korundscheiben keramischer Bindung.

Der künstliche Korund, ein elektrisch erschmolzenes Aluminium-oxyd aus Tonerde, eignet sich seiner gleichmäßigen Härte wegen besonders gut für die Bearbeitung von Werkstoffen mit sehr hoher Festigkeit, insbesondere also Stahl. Für Stahl gilt allgemein die Faust-regel:

Die Härte der Scheibe steht im umgekehrten Verhältnis zur Festigkeit oder Härte des Werkstoffes.

Oder: Je weicher das Material des Werkstückes, desto härter im allgemeinen die Scheibe.

Ausnahmen bilden einige Nichteisenmetalle, wie weiches Kupfer und Aluminium, also Werkstoffe, die leicht zum Schmieren neigen und bei denen weich-mittlere bakelit- bzw. kunstharzgebundene Korund- oder Silicium-Karbid-Scheiben grob-mittlerer Körnung zum Handschliff verwandt werden.

Edelstähle, auch als Plattierungen, werden allgemein mit harten bakelitgebundenen Korundscheiben mittlerer Körnung, geschliffen.

Die Härte einer Scheibe drückt nur die Kraft der Bindung aus, mit der das Schleifkorn am Ausbrechen gehindert wird.

Die Körnung kennzeichnet die Zahl der Maschen im Sieb, die auf den Zoll das Korn eben noch durchlassen. Man unterscheidet hier zwischen „sehr grob" bis „staubfrei". Für die im Stahl- und Apparatebau anfallenden Arbeiten kommt man bei der Bearbeitung von Stahl, Gußstahl und Gußeisen, mit etwa 20 bis 36 Korn aus den Klassen „grob-mittel", vollkommen aus. Für untergeordnete Beischleifarbeiten genügen Scheiben der Korngröße 20 bis 24, für die Bearbeitung von Wurzelnähten, Kanten und Flächen in Tanke und Behälter, die ausgekleidet werden, nimmt man Scheiben der Korngruppen 30 bis 36. In der Regel schwabbelt man dabei hinter dem Schleifen kurz nach.

Grundsätzlich gilt bei Schwierigkeiten bei der Verwendung von Schleifscheiben folgendes:

Scheibe	*Grund*
1. Kein Schnitt	zu weich
2. Starker Verschleiß + kein Schnitt	zu weich + zu fein
3. Starker Verschleiß	zu weich + zu langsam
4. Scheibe stumpf + blank	zu hart
5. Scheibe schmiert	zu hart oder zu fein

Die günstigste Umfangsgeschwindigkeit der meist verwendeten Korundscheiben liegt bei 30 m/sek., die der bakelitgebundenen Scheiben bei etwa 45 m/sek.

Weiche Scheiben erfordern hohe Tourenzahlen, während harte feine Scheiben langsamer laufen.

Das Begradigen – Egalisieren von Schweißnahtüberhöhungen und das Schleifen von Brennschneidkanten ist der **Tab. 112** zu entnehmen.

Zu beachten sind bei der Bearbeitung von Schweißnähten und Schweißnahtwurzeln die Nahtform sowie die Zuhilfenahme des Meißels. Wird nur geschliffen oder ändert sich der Öffnungswinkel, so sind der Faktor bzw. die Zuschläge in Anwendung zu bringen.

In der **Tab. 113** ist für Bauwerke, die ausgekleidet, d.h. die emailliert, gummiert oder verbleit werden, das Schleifen und Verputzen von Schweißwurzelnähten und den Blech- oder Profilkanten je laufender Meter sowie nach Nennweiten geordnet, das der Stutzen und Flansche üblicher Bauart, je Stück, festgelegt.

Für die Untergrundvorbereitung von Flächen gelten die Werte der **Tab. 114.** Hier sind in der Vorgabe die gesamten Nacharbeiten einschließlich des Schwabbelns einbezogen. Die zu bearbeitende Tankfläche in Quadratmeter wird entsprechend der Tankgröße $L + D$ in Meter mit dem dazugehörigen Tabellenwert multipliziert. Rüst- und Nebenzeiten sind einkalkuliert.

Tabelle 112. *Begradigen – Egalisieren von Schweißnahtüberhöhungen und Brennschneidkanten*

Zeiten in h/m

Blech-dicke	Meißeln-Schleifen							Schleifen
	V-Naht 60°		U-Naht (Tulpe) Flanken i. M. 12°		X-Naht 60°			Bleche
					Symme-trische	Unsymmetrische		
mm	Seite der Haupt-öffnung	Wurzel-seitig	Seite der Haupt-öffnung	Wurzel-seitig	jede Seite	Seite der Haupt-öffnung	Wurzel-seitig	Brennkanten
6	0,25	0,15						0,075
10	0,45	0,20						0,10
15	0,65	0,25						0,125
20	0,85	0,30	0,75	0,35	0,55	0,35	0,30	0,15
30	1,20	0,35	0,90	0,40	0,75	0,50	0,40	0,175
40			1,05	0,45	0,90	0,65	0,50	0,225
50			1,15		1,05	0,80	0,60	0,275
60			1,20	0,50	1,20	0,90	0,65	0,35
70			1,25			1,00	0,70	0,45
80				0,55	1,35	1,10	0,75	0,55
90			1,30		1,50	1,20	0,80	0,65
100						1,35		0,75

Betr. Schweißnahtüberhöhungen: Schleifen – Egalisieren = Faktor 2,5.
Betr. V- und X-Nähte: Bei Änderung des Öffnungswinkels sind für jede volle 10° sinngemäß 20% Zu- oder Abschlag zu rechnen.

Tabelle 113. *Schleifen von Schweißnähten zum Auskleiden wie:*
Emaillieren, Gummieren, Verbleien

Zeiten in h/m

Behältergröße, Art	>1200 mm ∅	<1200 mm ∅	eckig-kompliz.
Wurzelnaht	0,45	0,50	0,55
Blechdicke mm	<8	<16	>16
Ecknaht	0,35	0,45	0,55
Kanten brechen, runden an Formstahl			0,15

Rüstzeiten einmalig:
geschlossene Behälter .... 0,50 h
offene Behälter .... 0,30 h
Details .... 0,15 h

Flansche, Stutzen, Zeiten in h/St.

NW oder ∅ mm	Flansch an Stutzen in Schraubstock	Flansch an Stutzen in Boden	Vorschweißflansch innen	Stutzen in Boden auf Platte	Stutzen in Boden an Tank	Schrägstutzen in Boden an Tank
<40	0,15	0,18	0,15	0,20	0,25	0,30
50	0,15	0,18	0,17	0,22	0,27	0,35
65	0,16	0,20	0,20	0,25	0,30	0,40
80	0,16	0,20	0,23	0,28	0,35	0,45
100	0,18	0,22	0,27	0,33	0,40	0,50
125	0,20	0,25	0,30	0,37	0,45	0,55
150	0,23	0,27	0,34	0,42	0,50	0,60
200	0,26	0,31	0,38	0,48	0,55	0,70
250	0,28	0,33	0,41	0,52	0,60	0,80
300	0,31	0,37	0,44	0,55	0,65	
350	0,34	0,40	0,49	0,60	0,70	
400	0,37	0,43	0,54	0,65	0,75	
450	0,41	0,47	0,60	0,72	0,80	
500	0,45	0,52	0,66	0,80	0,85	
600	0,56	0,63	0,80	0,95	1,05	
700	0,65	0,73	0,92	1,10	1,20	
800	0,73	0,83	1,05	1,25	1,35	
900	0,82	0,93	1,15	1,40	1,55	
1000	0,95	1,05	1,30	1,60	1,75	

Rohrenden = Faktor 0,25 von →

Tabelle 114. *Schmirgeln, Ausbessern von Tank- und Behälterflächen zum Auskleiden, wie: Emaillieren, Gummieren, Verbleien*

Zeiten in h/m² schließen alle Rüst- und Verteilzeiten ein
Tankgröße $= L + \varnothing$ in Meter

<2	3	4	5	6	7	>8
0,40	0,35	0,30	0,25	0,20	0,175	0,15

XIX. Wasserdruckprobe, amtliche Abnahme

Als einer der letzten Arbeitsgänge in der Fertigung beim Bau von Behältern und Apparaten hat die Druckprobe, aber auch die einfache Dichtprobe, eine wichtige und wesentliche Funktion zu erfüllen und ist damit u. U. von entscheidender Bedeutung für den endgültigen Einsatz zulassungspflichtiger Behälter und Apparate.

Die Überwachung beim Bau solcher Behälter, Apparate oder Anlagen und deren Zulassung obliegt bestimmten Abnahmegesellschaften, in und für Deutschland in der Regel dem zuständigen Technischen Überwachungsverein. Die erlassenen Sicherheitsvorschriften verlangen insbesondere bei Anlagen mit hohen und höchsten Betriebsdrücken oder Betriebstemperaturen eine technisch einwandfreie Fertigung, um damit die Voraussetzung für eine sichere und unfallfreie Inbetriebnahme und weitere Verwendung zu schaffen und zu garantieren.

Der bei der amtlichen Abnahme unter Aufsicht eines vereidigten Beamten vorzunehmende Probedruck liegt nach den Bauvorschriften allgemein etwa 30% über dem Nenn- oder Betriebsdruck, um so einen genügend großen Sicherheitskoeffizienten zu haben.

Aus Sicherheitsgründen sollte man dort, wo es die bauliche Eigenart oder die Größe des zu erstellenden Objektes oder der Anlage es zulassen, nur die weniger gefahrvolle Wasserdruckprobe anwenden.

Für die Füllung der Behälter schließt man in der Werkstatt auf dem Druckstand eine mehrzöllige Leitung an. Bei einer intensiven Behälterfertigung kann dabei der Wasserverbrauch, bei Entnahme vom Leitungsnetz und abschließendem Ablauf zum Kanal, sehr erheblich werden und damit, besonders bei unserem heutigen knappen Wasserhaushalt, betriebs- wie volkswirtschaftlich gesehen, unwirtschaftlich und nicht mehr vertretbar sein. Zweckmäßig ist es, sich für Druckproben einen genügend großen Tank als Wasserreservoir anzulegen, aus dem man mittels Druckluft das benötigte Wasser in den

oder die abzunehmenden Behälter und nach erfolgter Abnahme um-
gekehrt wieder zurückdrückt. Dabei kann man durch Einbau von
Filtern Verunreinigungen abfangen und durch geeignete chemische
Zusätze das Wasser lange brauchbar halten.

Die in den **Tab. 115 u. 116** festgelegten Werte gelten für die komplette
Abnahme und den dabei anfallenden Arbeitsaufwand für 1 bis 2 Mann.
Die Behälter- oder Tankgrößen, ausgedrückt durch Länge und Durchmesser in Meter und den durchschnittlichen Inhalt in Kubikmeter, sind
entscheidend für den Zeitaufwand.

Für besonderes Abflanschen von zusätzlichen, über die in der
Tab. 115, A., hinaus festgelegten Mannlöcher und Stutzen sind, je nach
der Höhe des Probedruckes, die entsprechenden Zuschläge nach der
Tab. 116, B., hinzuzurechnen.

Bei einer unmittelbar anschließenden zweiten Druckprobe, die aus
technischen Gründen anfallen kann, ist des geringeren Arbeitsaufwandes
wegen der Faktor zu beachten.

Tabelle 115. *Behälter-Druckproben*

Alle Zeiten gelten für 1 bzw. 2 Mann in Stunden je Einheit oder Stück

A. Einfache Lager- und Druckbehälter mit normalem Mannloch und bis 3 einfache Stutzen $< NW$ 100

Vorgabezeiten enthalten: Behälter auf- und ablegen, Pumpe an- und abbauen, Probedichtung anfertigen, Mannloch mit Bügel und Schraubverschluß und bis 3 Stutzen-Flansche $< NW$ 100 schließen und dichten, komplette Wasserfüllung und Entleerung, Kontrolle, leichte Verputzarbeiten außen. Hilfeleistung bei der amtlichen Abnahme.

Tankgröße = Länge + $\varnothing$ in m	<4	5	6	7	8	9	10	12
Mittl. Inhalt m³	5	8	12	18	25	35	45	55
Zeiten in h	3,00	3,25	3,50	4,00	4,50	5,25	6,25	7,50

Bemerkung: Jeder weitere m³ (über 55) = 0,075 h/m³ Zuschlag.

Zweite Druckprobe . . . . = Faktor 0,55

Tabelle 116

B. Zuschläge bei Lager-, Druck- und Hochdruckbehältern für jeden weiteren Stutzen-Flansch. Dichtflanschen einschl. Probedichtung oder Packung und Abflanschen

< 24 atü		$25 \cdots 60$ atü		> 64 atü	
NW	h	NW	h	NW	h
<100	0,25	<50	0,35	<50	0,50
$125 \cdots 200$	0,75	$65 \cdots 150$	1,25	$65 \cdots 100$	1,75
$250 \cdots 350$	1,25	$175 \cdots 200$	2,25	$125 \cdots 150$	2,25
400	2,00	$250 \cdots 300$	3,75	$175 \cdots 250$	3,50
$500 \cdots 600$	3,00	$350 \cdots 400$	5,00	$300 \cdots 350$	5,00
$700 \cdots 900$	4,25	500	7,00	400	7,00
1000	5,50	600	8,00	$500 \cdots 600$	9,00
1200	6,50	$700 \cdots 900$	9,50	$700 \cdots 800$	12,00
–	–	1000	12,00	1000	15,00

C. Schrauben für Böden usw. Alle Nebenzeiten, wie An- und Abheben, Dichtung usw., einbegriffen. (Anbau an schon vorhandene Stiftschrauben = Faktor 0,75.)

Schraubendicke ..	Me	10	12	$14\cdots16$	$18\cdots20$	22	24
	''	$^3/_8$	$^1/_2$	$^5/_8$	$^3/_4$	$^7/_8$	1
h/Schraube	<24 atü	0,05	0,06	0,075	0,10	0,125	0,15
bei Druck	>25 atü	0,065	0,085	0,11	0,14	0,175	0,21

Schraubendicke	Me	27	30	33	36	45	52	64
	''	$1^1/_8$	$1^1/_4$	$1^3/_8$	$1^1/_2$	$1^3/_4$	2	$2^1/_2$
h/Schraube	<24 atü	0,175	0,20	0,225	0,25	0,30	0,35	0,45
bei Druck	>25 atü	0,24	0,27	0,30	0,35	0,40	0,45	0,55

XX. Glühen

Glühen ist eine Wärmebehandlung und dient je nach Dauer und Glühtemperatur der Behebung von Schrumpfspannungen oder zusätzlich der Gefügeverbesserung.

Der Abbau der Schrumpf- oder Schweißspannungen läßt sich schon durch spannungsarmes Glühen bei Temperaturen von etwa 600 bis 650 °C erreichen. Aufhärtungen, Gefügebeschädigungen oder Alterungsempfindlichkeit werden hier nur z. T. und bedingt beseitigt.

Massive, gleich ob leichte oder schwere, Schweißkonstruktionen, die mehrachsige Spannungen aufweisen, wie Maschinenständer, Getriebekästen, Grundplatten oder ähnliches, und die fast ausnahmslos eine mechanische Nachbehandlung erfahren, sollten immer spannungsarm geglüht werden.

Im Apparatebau ist für bestimmte Ausführungen und Typen, je nach der Art des Werkstoffes, seiner Dicke sowie dem Verwendungszweck im Verein mit Arbeitsdruck und Temperaturen, spannungsarmes oder auch normalisierendes Glühen Vorschrift.

Wird bei dickwandigen Rohrschüssen, die kalt gewalzt werden, bis an die Grenze der Kaltverformbarkeit, d. h. bis zur Reckgrenze des Stahles von 5%, gegangen, so muß der zusätzlichen Spannungen wegen, hervorgerufen durch das Schweißen der Längsnaht, u. U. „spannungsarm" oder auch „normalisierend" geglüht werden. Dies ist von Fall zu Fall zu entscheiden (s. auch Kap. VIII, Walzen, Warmwalzen von Rohrschüssen, Tab. 53).

Das normalisierende Glühen, je nach der Höhe des Kohlenstoffgehaltes bei Temperaturen von 850 bis 950 °C, dient der Gefügeverbesserung. Aufhärtungen und Alterungserscheinungen sowie Gefügebeschädigungen werden hier beseitigt.

Für hochlegierte und hochbeanspruchte Werkstoffe und Bauteile ist in der Regel normalisierendes Glühen Vorschrift.

Die Glühdauer beträgt bei einfachen Konstruktionen und je nach Objekt und Abnahmegesellschaft etwa 2 bis 3 Minuten und mehr je 1 mm Blechdicke, dauert aber mindestens 0,5 bis 1 Stunde. Bei Behältern und Apparaten, meist aus Kesselblechen nach DIN 17155 gefertigt, ist sie zweckmäßig auf etwa 10 bis 15 Minuten je 1 mm Blechdicke auszudehnen. Die eigentliche Glühdauer beginnt, entsprechend Werkstoff und Bauvorschrift, mit dem Erreichen der gewünschten oder vorgeschriebenen Glühtemperatur und beträgt etwa 10% des gesamten Arbeitsablaufes. Das Anwärmen erfordert etwa 35 bis 40% der Gesamtzeit und die abschließende Werkstück- und Ofenabkühlung 55 bis 60%. Daher ist das normalisierende Glühen teurer, da der Gasverbrauch und der Zeitaufwand für die Überwachung des Werkstückes merklich höher liegen.

Nur spannungsarmes Glühen ist in jedem Falle etwa 15 bis 20% billiger als normalisierendes Glühen.

Der Gasverbrauch sowie die Glühkosten generell sind sehr variabel, beide sind dabei abhängig von der Ofenkapazität, seiner Rentabilität, bedingt durch Bauart und Lage, ob Stadt- oder Gichtgas verwandt wird, von der Größe und Schwere des zu glühenden Objektes, von der Glühdauer und Glühtemperatur und vielem anderen mehr. Aus all diesen Gründen werden selbst etwaige und angenäherte Glühkosten in diesem Werk nicht mehr genannt.

Die **Tab. 117 bis 121** behandeln zusammenfassend, aber geordnet nach den gängigsten und meist verwandten Stahlsorten und Arten, die vorgeschriebenen oder empfohlenen Glühtemperaturen.

Einzelne und abweichende eigene Erkenntnisse des Lesers von den in den Tabellen bewußt genannten Mittelwerten erklären sich aus den oft verschiedenartigen Auffassungen der einzelnen Werkstoffhersteller.

Die Vorschriften ob und wann zu glühen ist, sind natürlich zu beachten, und im Zweifelsfalle ist zusätzlich der Rat und die Anweisung des jeweiligen Werkstoffherstellers einzuholen.

Tabelle 117. *Wärmebehandlung und Glühen*

Normale Bau- und Kesselbleche – Rohrstähle

Werkstoff	C-Gehalt %	Glühtemperatur °C		Halte-dauer	Ab-küh-lung	Weich-glühen
		Spannungs-arm	Normali-sieren			
A. Unlegierte und niedrig-legierte Massenbau- und Schmiedestähle nach DIN 17100	<0,15 <0,25 <0,30 <0,35 <0,40 <0,60	↑ 675 550 ↓	925 900 880 860 845 830	Je 1 mm Blechdicke ≈ 2···3 Minuten – mindestens 30 Minuten	in ruhiger, nicht zu kalter Luft	= Faktor 1,05···1,1 zum Spannungsarmglühen = Faktor 0,72···0,75 zum Normalisieren
Temperaturabweichungen	±2%					
B. Kesselbleche nach DIN 17155 — un-legiert	<0,15 <0,20 <0,25 <0,30	↑ 650 600	925 910 } 900			
legiert	0,15···0,25	↓	900···925			
Temperaturabweichungen	±2%					
C. Hochfeste Feinkorn-Sonderbaustähle	<0,18 <0,20 <0,22	650 550	900 915 930			
Temperaturabweichungen	±2%					
D. Nahtlose und Warm-feste Rohre nach DIN 1629 + 17175	<0,18 <0,22	650 600	900 925			
Temperaturabweichungen	±4%					

Tabelle 118. *Wärmebehandlung und Glühen*

Legierte Einsatz- und Vergütungs-, Bau- und Schmiedestähle

Werkstoff	C-Gehalt %	Glühtemperatur °C		Halte-dauer	Abkühlung	Weich-glühen
		Spannungs-arm	Norma-lisieren			
C–Mn–Ni Cr–CrNi NiCr CrNiMo CrMo(V)	<0,20 <0,25 <0,30 <0,35 <0,40 <0,50 >0,60	675 660 630 615 600 575 550	925 910 895 880 865 850 830	Je 1 mm Blech-dicke ≈3 Min., min-destens 30 Minuten	Im Ofen, ggf. in ruhiger, nicht zu kalter Luft	= Faktor 1,1 zum Spannungs-armglühen = Faktor 0,78 zum Normalisieren
Temperaturabweichung	± 2%					

12*

Tabelle 119. *Wärmebehandlung und Glühen*

Mittel- und hochlegierte Baustähle

Werkstoff und Werkstoffgefüge	Haupt-legierungselemente %	Art der Glühung und Temperatur °C					Haltedauer	Ab-kühlung
		Spannungs-arm	nach dem Lösungs-glühen	Nor-mali-sieren	Weich-glühen	Lösungs-glühen		
Martensit (magnetisch)	13…17 Cr 0,1…1,0 C	650		775	775		<6 h	Langsam im Ofen, ggf. in ruhiger, nicht zu kalter Luft
Temperaturabweichung		+3%		±3%	±3%			
Ferrit (magnetisch)	13…28 Cr 0,05…0,25 C	675		775	775		Bleche ≈15 min Stabst. <4 h	
Temperaturabweichung		±2%		±3%	±3%			
Austenit (unmagnetisch)	12…15 Cr 8…25 Ni 0,05…0,15 C	900				1050	im allgemeinen nur kurz bis zur Erwärmung, u. U. anhaltend 15 bis 30 min	Ab-schrecken <2 mm Luft >2 mm Wasser
Temperaturabweichung		±5%				±5%		
Austenit – Ferrit (magnetisch)	≈ 26 Cr ≈ 4 Ni					975		
Temperaturabweichung						±2,5%		

Werkstoff	Zusammensetzung								Abkühlung
Warmfeste Stähle Ferrit/Perlit – Austenit	<18 Cr <15 Ni <1,25 C	725	760*	950		1075**	10···45 min	<30 min* <5 h**	Luft, ggf. Wasser
Temperaturabweichung		+6% −10%	±3%	+5% −4%		±3%			
Hitzebeständige Stähle Ferrit – Ferrit/Perlit – Austenit	<26 Cr <21 Ni <0,25 C	775			775	1050	30···45 min	10···20 min	
Temperaturabweichung		±3%			±3%	±4%			
Kaltzähe Stähle Ferrit/Perlit–Austenit	<20 Cr <12 Ni <0,5 C	625				1050	15···30 min	15···30 min	
Temperaturabweichung		±2%				+ 5% −12%			
Druckwasserstoffbeständige Stähle–Ferrit/Perlit	<10 Cr <0,15 C	725				925	10···60 min	<2 h	Luft
Temperaturabweichung		±3%				+3% −5%			

Bemerkung: In Zweifelsfällen Rat und Urteil des Werkstoffherstellers einholen.

Tabelle 120. *Wärmebehandlung und Glühen*

Plattierte Bleche – Verbundbleche

Plattierungsart	Glühtemperatur °C		Haltedauer	Abkühlung
	Spannungs-arm	Normali-sieren		
Chrom–Nickel	500	} *	je 1 mm Blechdicke 2···3 min, max. 1 h	In ruhiger, nicht zu kalter Luft
Chrom–Nickel–Molybdän .	550			
Chrom				
Nickel	600	} 930	je 1 mm Blech-dicke 3 min, mind. 1 h	
Kupfer	650			
Monel				
Temperaturabweichung	± 1 %			

Bemerkung: * Im allgemeinen nicht erforderlich. Wenn ja, ist wegen der Gefahr der Rißbildung, bedingt durch die ungleichen Ausdehnungskoeffizienten der beiden Werkstoffe, die Temperatur auf den Grundwerkstoff abzustimmen.

Die Plattierung muß, damit die chemische Beständigkeit und die mechanischen Eigenschaften nicht beeinträchtigt werden, vor Überhitzung geschützt werden.

In Zweifelsfällen ist Rat und Urteil des Werkstoffherstellers einzuholen.

Tabelle 121. *Wärmebehandlung und Glühen*

Gußstähle

	Werkstoff		Zugfestigkeit kg/mm²	Glühtemperatur °C		Halte-dauer	Abküh-lung	Weich-glühen
				Spannungsarm	Normalisieren			
1.	Unlegierter u. niedrig-legierter GS	GS 38···GS 45 GS 52 GS 60	38···45 >52 >60	↑ 625 ↓	925 900 880	Je 1 mm Werkstoffdicke ≈3 min mindestens 30 min	Langsam in ruhiger, nicht zu kalter Luft	Temperaturabweichung ± 4%
	Temperaturabweichung			±7%	±4%			
2.	Warmfester GS		< 50 >50	650	925			
	Temperaturabweichung			±5%	±2%			
3.	Hitzebeständiger GS		≈ 60···75	800	875	Sehr unterschied-lich, mindestens 30 min	*	
	Temperaturabweichung			±5%	±3%			
4.	Zunderbeständiger GS		≈ 40···80	775	825			
	Temperaturabweichung			±5%	±3%			
5.	Vergütungs-GS		≈ 60···70 70···90 vergütet	600	850	wie Pos. 1···2	wie Pos. 1···2	} = Faktor 1,15 zum Spannungsarmglühen = Faktor 0,82 zum Normalisieren
	Temperaturabweichung			±10%	±2%			
6.	Abrieb- und verschleißfester GS		≈ 70···80 100···160 vergütet		800 975	wie Pos. 3···4	*	
	Temperaturabweichung				±6%			
7.	Rost- und säurebeständiger Stahl- und Chrom-GS		≈ 60···75	700	875			
	Temperaturabweichung			±5%				

Bemerkung: * Verschiedenartige Behandlungsmethoden. Teilweise im Ofen oder ruhiger Luft und langsam. Teilweise mit höherer Temperatur sowie schneller Luftabkühlung oder Wasserabschreckung.
In Zweifelsfällen Rat und Urteil des Werkstoffherstellers einholen.

XXIa. Strahlen
zum Anstrich, Emaillieren und Auskleiden

Die Möglichkeiten der Untergrundvorbereitung für normale Rostschutzanstriche im allgemeinen Stahl- und Apparatebau sind sehr vielfältig und reichen von der Stahlbürste bis zum Funken, Strahlen oder Beizen. Aber nicht jedes Unternehmen verfügt über eine Großraumstrahlbox oder gar eine Anlage zum staubfreien Strahlen, und nur so ist es erklärlich, daß notgedrungene Improvisationen, aber auch Unaufmerksamkeit und Nachlässigkeit bei der Herrichtung des Untergrundes, die Qualität und Lebensdauer des Schutzanstrichs immer wieder in Frage stellen.

Nur wenige Behörden und Institutionen verlangen heute generell an den ihnen zu erstellenden Bauwerken den Nachweis einwandfreier Untergrundvorbereitung. Das Fehlen diesbezüglicher und ergänzender Bauvorschriften, die besagen, daß Grundanstriche erst nach restloser und einwandfreier Beseitigung von Rost, Walzhaut, Zunder, Farben oder ähnliches aufgetragen werden dürfen, kostet, da die Lebensdauer der Anstriche durch mangelhafte Untergrundvorbereitung sehr unterschiedlich und oft nur kurz ist, der Industrie jährlich riesige Summen.

Das wirkungsvollste und in der Summe billigste Mittel der einwandfreien Säuberung und Entrostung stellt das Strahlen dar, vielfach auch Sandstrahlen genannt, weil früher, und auch heute noch im Freigelände, mit Quarzsand gestrahlt wurde und wird.

Wegen der Gefährlichkeit des Sandstaubs, dem der Strahler ausgesetzt war, und der damit verbundenen Gefährdung der Gesundheit, letztlich endend in frühzeitiger Invalidität durch Staublunge oder Silikose, ging man dazu über, zum Strahlen in geschlossenen Boxen nur noch Stahlkies zu verwenden.

Bei Tanks, Behältern und Apparaten der Getränke- und auch chemischen Industrie, die ausgekleidet oder umkleidet werden, ist eine sorgfältige Untergrundvorbereitung unumgänglich. Neben glatten und kerblosen Schweißnähten müssen die Flächen riß- und porenfrei, aber auch völlig frei von Schweißspritzern, Walzhaut, Zunder, Rost und Schmutz, andererseits jedoch leicht rauh, d.h. griffig, sein. Strahlen nach Fertigstellung und Abnahme ist hier unumgänglich.

Die maschinelle Entrostung von Lagermaterial, Blechen und Profilstählen, in der sogenannten Strahl- oder Funkeranlage mit gleichzeitiger Konservierung durch Aufspritzen einer farblosen Schutzschicht von etwa 15μm vor dem Beginn der eigentlichen Fertigung, gestattet neben dem Vorteil der relativ sauberen Bauweise mit positiven Merkmalen beim Schweißen und der Bearbeitung, meist die Einsparung der wesentlich aufwendigeren Untergrundvorbereitung des fertigen oft sperrigen Bauwerks zum abschließenden Schutzanstrich.

Bei großen, zeitlich länger in den Werkstätten liegenden Konstruktionen und Bauwerken, bietet auch die nur begrenzt haltbare Konservierung nicht immer die Gewähr, daß letztlich vor Aufbringung des Schutzanstrichs nicht doch noch manuell gestrahlt werden muß.

Maschinelles Funken von Lagermaterial, Blechen und Profilstählen, als erster Arbeitsgang vor Eingang in die Fertigungswerkstätten, sowie manuelles Strahlen von fertigen Konstruktionen in der Strahlbox, ist zeit- und kostenmäßig in Tab. 122 (S. 187) erfaßt.

Durch die Unterteilung der Tabelle in sechs Gruppen, Schwer bis Superleicht, sind die Leistungsmerkmale und Größenordnungen durch Mittelwerte abgesteckt und damit eine in etwa echte Kostendefinition gewährleistet.

Zu beachten sind die Hinweise der Tabelle.

In der Tab. 123 (S. 188), Strahlen von Behältern zum Anstrich, Emaillieren und Auskleiden, sind die Zeiten für die verschiedensten Arbeitsgänge sowie auch nach Tankgrößen geordnet, in Stunden je Quadratmeter (h/m^2) angegeben. Alle Werte gelten für 2 Mann, also die komplette Strahlboxbesatzung. Die einmal vorzugebenden Rüstzeiten sind deshalb nach Behältergrößen geordnet und schließen Ein- und Ausbringen, Absaugen und Reinigung des Behälters oder Apparates und der Box sowie die persönlichen Rüst-, Verteil- und Erholungszeiten ein. Die Behältergröße, d.h. die zu strahlende Fläche in Quadratmeter, wird nach Tab. 124 (S. 190 u. 191) ermittelt. Gerechnet werden immer größter Durchmesser und Länge über alles, dafür aber kleinere Stutzen oder ähnliches vernachlässigt.

Unter „Innenstrahlen" Nr. 1 bis 6 und „Außenstrahlen" Nr. 1 bis 4 der Tab. 123 stehen die verschiedensten meist anfallenden Arbeitsgänge. Ob „einmalig" oder ob „vor-" und „nachgestrahlt" werden muß, hängt jeweils vom Objekt ab. In der Regel sind die in normalem, z.T. aber sehr rostigem Bau- oder Kesselblech meist kleineren, aber manchmal unzähligen Materialfehler, wie Poren, Narben oder Blätterstellen, erst nach dem Strahlen erkenntlich. Diese Fehlstellen müssen dann ausgebessert, d.h. geschliffen, oft auch geschweißt z.T. geschwabbelt werden (s. Tab. 114). Daher wird dann ein „Nachstrahlen" erforderlich, das aber je nach Bedarf mit „Außenstrahlen" gekoppelt wird.

Die Werte unter Nr. 1 und 2, bei „Innenstrahlen" für „vor-" und „nachstrahlen", gelten also für solche Apparate, wo zu erwarten steht oder bereits vorher klar erkenntlich ist, daß Nacharbeiten oder Ausbesserungen anfallen.

Die Werte unter Nr. 3 gelten für Apparate, wo vorher erkenntlich ist, daß keine Nacharbeiten anfallen, also nur einmaliges oder abschließendes Strahlen erforderlich ist.

Die Werte unter Nr. 4 und 5 für mehrfach gebrannte Öl- und Lackanstriche sowie Emaille gelten für alte Behälter oder Apparate, die abgestrahlt und neu ausgekleidet werden.

Die Werte unter Nr. 6 gelten für meist chemische Apparate mit vielseitigsten Stutzen und Krümmern sowie Einbauten, wie Winkel- und Flachstahlringe, Böden oder Konsolen.

Die Anforderungen beim „Außenstrahlen" sind meist nicht so groß wie beim „Innenstrahlen" und die Möglichkeiten auch weniger vielfältig. Die Anwendung der Werte „Außenstrahlen" Nr. 1 bis 4 ist sinngemäß ebenso zu verstehen wie die vorhergehenden.

Für von Hand zu bewegende Teile sind die besonderen Rüstzeiten zu beachten, ebenso wie für Kleinteile der m²-Zuschlag.

Das Flammstrahlen, auch autogenes Strahlen genannt, und dem Strahlen in der Box nächst wirkungsvollste Mittel der Untergrundvorbereitung, setzt sich mehr und mehr und vor allem dort durch, wo sich die hohen Investitionen für eine Strahlbox nicht lohnen oder wo man z.B. bewußt das Rostschutzmittel auf eine noch warme Oberfläche, sei es durch Streichen oder Spritzen, aufbringen will.

Die Materialoberfläche wird beim Flammstrahlen auf etwa 100 °C erwärmt, Walzhaut und Zunder springen bei sorgfältiger Führung des Brenners vom Grundmaterial ab, bereits aufgetragene Farben verbrennen und etwa noch vorhandene Feuchtigkeit in den zu behandelnden Flächen wird restlos entfernt. Allerdings ist das Mittel, vor allem bedingt durch Form und Gestalt der Bauwerke, nur bedingt und nicht überall anwendbar.

In **Tab. 125** sind die Stundenleistungen und Zeiten in m²/h für die verschiedenen Konstruktionen und Anlagen festgelegt.

Zu beachten ist der Faktor bei nicht einwandfrei gefordertem „Weiß- oder Blankstrahlen".

In einer Gegenüberstellung werden die Kostenverhältnisse der derzeit am meisten angewandten Arten der Untergrundvorbereitung in der **Tab. 126** summarisch veranschaulicht.

Örtlich und von Fall zu Fall (Land – Wasser, normale Industrie – aggressive Chemie) ergeben sich u.U. natürlich in der einen oder anderen Art erhebliche Abweichungen und Unterschiede, bei Überlegungen und Suche nach der wirksamsten Methode für den eigenen Betrieb dürfte die Tabelle jedoch von Nutzen sein.

Tabelle 122. *Funken/Strahlen von Profilstahl/Blechmaterial und Konstruktionen zum Anstrich*

Zeiten in h/t gelten für jeweils 2 Mann und schließen bei der Funkeranlage Rüst- und Nebenzeiten ein.
Strahlen in Box siehe Bemerkung

Merkmal	Mittel-Oberfläche m²/t (eins.)	A. Profile bzw. B. Konstruktionen der Bezeichnung	A. Bleche bzw. B. Konstruktionen bei Dicke mm	A. Maschinell als Lagermaterial vor Zuschnitt in Funker	B. Manuell als Konstruktion in Strahlbox
Schwer	12	∠ > 160 / I > 450 I PB > 280	>8	0,75	2,0···2,5
Halbschwer	20	∠ 100···150 ⊤ 120···160 / [260···400 I 260···400 / I PB 160···260	6	0,85···1,0	3,5···4,5
Mittel	25	∠ 80···90 / ⊤ 90···100 / ⊤ B 60 [200···240 / I 200···240 I PB 120···140	5	1,0···1,20	4,5···6,0
Halbmittel	30	∠ 70 / ⊤ 70···80 ⊤ B 45···50 / [120···180 I 160···180 / I PB 100	4	1,20···1,40	6,0···7,5
Leicht	40	∠ 60 / ⊤ 50···60 / ⊤ B 30···40 [< 100 / I < 140	3	1,40···1,80	8,5···11,0
Superleicht	>60	∠ < 50 / ⊤ 40 / Rohr < NW 50	–	2,0···3,0	15···18

Bemerkung:

Allgemein. Zeiten gelten für Grad „metallisch rein" entspr. Ro.St. 2.212
für Grad „metallisch blank" entspr. Ro.St. 2.213
ist Faktor 1,2···1,3 anzuwenden.

Zu A. Zeiten beinhalten die gleichzeitige Konservierung (s. S. 184/185).

Zu B. Ein- und Auslagern sowie ggf. Umlegen von Konstruktionen incl. Rüsten
bei Baugewicht:

$$\begin{aligned}
250 \text{ kg} &= 0{,}60 \text{ h}\\
500 \text{ kg} &= 0{,}80 \text{ h}\\
1\,000 \text{ kg} &= 1{,}00 \text{ h}\\
2\,000 \text{ kg} &= 1{,}25 \text{ h}\\
5\,000 \text{ kg} &= 1{,}60 \text{ h}\\
>10\,000 \text{ kg} &= 2{,}00 \text{ h}
\end{aligned}$$

Tabelle 123. *Strahlen von Tanks/Behältern zum Anstrich, Emaillieren und Auskleiden*
Zeiten in h bzw. h/m² gelten für 2 Mann und geschlossene Box.
Rüstzeiten: Ein- und Auslagern in Strahlbox, sonstige Nebenzeiten

A. Tanks oder Bottiche	Länge und Durchmesser oder Breite in Meter ...	<2	<4	$<7,5$	<10	>10
	h	0,75	1,00	1,15	1,30	1,50

B. Diverse Teile, welche von Hand und durch 2 Mann zu bewegen sind (Sättel, kleine Wannen, Einbauteile usw.)	einmalig 0,25 h	je Teil oder Stück bei G	
		<25 kg	<50 kg
		0,10 h	0,12 h

C. Strahlen – h/m²

Art der Arbeit			Ø Tank-Behälter oder Breite/Höhe Bottiche mm			
			<1100	<1650	<2750	>2800
1	Innenstrahlen	Vorstrahlen	0,24	0,225	0,235	0,24
2		Nachstrahlen	0,14	0,125	0,12	0,14
3		Einmalig zum Auskleiden ..	0,285	0,27	0,255	0,285
4		Alte Tanks – mehrfache Öl-Lackanstriche – gebrannt	0,30	0,285	0,27	0,30
5		Alte Tanks-Emaille	0,70	0,65	0,60	0,70
6		Chemiebehälter mit Einbauteilen, wie ⊰ Ringen, Träger, Stutzen usw.	0,70	0,60	0,55	0,65
1	Außenstrahlen	Normal	0,125	0,135	0,135	0,14
2		Einfache Anstriche	0,16	0,165	0,165	0,17
3		Mehrfache Ölanstriche gebrannt	0,21	0,225	0,225	0,235
4		Leichte Überstrahlung	0,13		0,14	

Bemerkung: Tanks oder Behälter werden nach Tab. 124 über ganze Länge gerechnet. Kleine Stutzen $<250\varnothing$ werden vernachlässigt, für größere Stutzen $>300\varnothing \approx 1$–3 m² je Stutzen hinzurechnen. Kleinteile, die in der Hand gestrahlt werden, nach m² $+$ 25% rechnen.

Tabelle 125. *Autogen-Flammstrahlen*

Leistungen und Zeiten gelten für die Kolonne von 2 Mann und schließen Rüst- und Verteilzeiten ein

Bauwerke	Stundenleistung der Kolonne m²	h/m² für die Kolonne
Leichte bis mittlere ✄ und Fachwerkkonstruktionen, kleinere Vollwandkonstruktionen, Montagearbeiten	4··· 6 m²/h	0,50···0,35
Mittlere bis schwere ✄ und Fachwerkkonstruktionen, größere Vollwandkonstruktionen, Apparate mit Stutzen, An- und Umbauten	6··· 8 m²/h	0,35···0,25
Großflächige glatte und leicht zugängliche Apparate und Konstruktionen	8···10 m²/h	0,25···0,20

Bemerkung: Leistungen und Zeiten gelten für einwandfreies Blankstrahlen. Bei geringeren Anforderungen, d.h. „wolkigem Strahlen", gelten die Faktoren:

	1,25	0,8

Azetylen- und Sauerstoffverbrauch in L/m² bei Stundenleistung in m²

Stundenleistung m²	Brennerbreite mm				
	20	50	60	100	
3	100 / 130	250 / 320	300 / 375	500 / 625	Azetylen / Sauerstoff
4	75 / 100	190 / 230	225 / 275	375 / 475	–
5	60 / 80	150 / 185	175 / 230	300 / 375	–
6	–	120 / 150	140 / 190	250 / 325	–
7	–	100 / 130	130 / 160	210 / 275	–
8	–	90 / 120	120 / 140	180 / 225	–
9	–	–	–	160 / 210	–
10	–	–	–	140 / 190	–
11	–	–	–	130 / 170	–
12	–	–	–	125 / 150	–

Tabelle 124. *Oberfläche von zylindrischen Behältern in* m^2. Zum Sandstrahlen, Anstreichen, Emaillieren usw.
(unter Vernachlässigung von normalen Stutzen, Mannloch usw. ist die Baulänge gerechnet)

Ø m	Baulänge m														
	7 1	2	4	6	8	8 2	2	4	6	8	3	2	4	6	8
0,8	3,6	4,1	4,6	5,1	5,6	6,1	6,6	7,1	7,6	8,1	8,6	9,1	9,6	10,1	10,6
1,0	4,8	5,4	6,0	6,6	7,3	7,9	8,5	9,1	9,8	10,4	11,0	11,6	12,3	13,0	13,6
1,1	5,4	6,1	6,8	7,5	8,2	8,9	9,6	10,2	10,9	11,6	12,3	13,0	13,7	14,4	15,1
1,2	–	6,9	7,6	8,4	9,1	9,9	10,7	11,4	12,2	12,9	13,7	14,5	15,2	16,0	16,7
1,3	–	7,6	8,5	9,3	10,1	10,9	11,7	12,5	13,4	14,2	15,0	15,8	16,6	17,4	18,2
1,4	–	–	9,3	10,2	11,0	11,9	12,8	13,7	14,6	15,4	16,3	17,2	18,1	19,0	19,8
1,5	–	–	10,3	11,2	12,1	13,0	14,0	15,0	15,9	16,8	17,8	18,7	19,7	20,6	21,6
1,6	–	–	–	12,1	13,1	14,1	15,1	16,1	17,1	18,1	19,1	20,1	21,1	22,1	23,1
1,7	42	–	–	13,1	14,2	15,2	16,3	17,4	18,4	19,5	20,5	21,6	22,6	23,7	24,8
1,8	44,6	45,8	–	–	15,3	16,4	17,6	18,7	19,8	21,0	22,1	23,3	24,4	25,5	26,7
1,9	47,7	48,9	–	–	16,5	17,7	18,9	20,1	21,3	22,5	23,7	24,8	26,0	27,2	28,4
2,0	50,3	51,6	52,9	–	–	18,9	20,2	21,4	22,7	24,0	25,2	26,5	27,7	29,0	30,2
2,1	53,2	54,5	55,8	–	–	20,2	21,5	22,8	24,2	25,5	26,8	28,1	29,4	30,8	32,1
2,2	56,2	57,5	58,9	60,3	–	–	22,9	24,2	25,6	27,0	28,3	29,7	31,0	32,4	33,8
2,3	59,2	60,6	62,0	63,5	–	–	24,3	25,8	27,2	28,7	30,1	31,6	33,1	34,5	36,0
2,4	61,9	63,4	64,8	66,3	67,6	–	–	27,2	28,7	30,3	31,8	33,3	34,8	36,3	37,8
2,5	65,0	66,5	68,0	69,5	71,0	–	–	28,7	30,2	31,8	33,5	35,0	36,5	38,1	39,7
2,6	68,0	69,5	71,1	72,8	74,4	76,0	–	–	32,0	33,6	35,3	36,9	38,5	40,1	41,8
2,8	74,0	75,7	77,5	79,3	81,0	82,8	84,5	–	–	37,1	38,8	40,6	42,3	44,1	45,8
3,0	80,5	82,4	84,3	86,2	88,0	90,0	92,0	94,0	–	–	42,4	44,3	46,2	48,1	50,0

Tabelle 124 (Fortsetzung)

m	4	2	4	6	8	5	2	4	6	8	6	2	4	6	8
							Baulänge m								
0,8	–	–	–	–	–	–	–	–	–	–	–	–	–	–	–
1,0	14,2	–	–	–	–	–	–	–	–	–	–	–	–	–	–
1,1	15,8	16,5	–	–	–	–	–	–	–	–	–	–	–	–	–
1,2	17,4	18,1	18,9	19,7	20,4	21,2	–	–	–	–	–	–	–	–	–
1,3	19,1	19,9	20,7	21,5	22,3	23,1	23,9	–	–	–	–	–	–	–	–
1,4	20,7	21,6	22,4	23,3	24,2	25,0	25,8	26,7	–	–	–	–	–	–	–
1,5	22,5	23,5	24,4	25,3	26,3	27,3	28,2	29,1	30,0	30,9	31,8	32,7	33,6	34,5	35,5
1,6	24,1	25,1	26,1	27,1	28,1	29,1	30,1	31,1	32,1	33,1	34,1	35,0	36,0	37,0	38,0
1,7	25,8	26,9	28,0	29,0	30,1	31,2	32,3	33,3	34,4	35,4	36,5	37,6	38,7	39,8	40,8
1,8	27,8	29,0	30,1	31,2	32,4	33,5	34,6	35,8	36,9	38,0	39,1	40,2	41,3	42,4	43,5
1,9	29,6	30,8	32,0	33,2	34,4	35,6	36,8	38,0	39,2	40,4	41,6	42,9	44,1	45,3	46,5
2,0	31,5	32,8	34,0	35,3	36,5	37,8	39,0	40,3	41,5	42,8	44,1	45,3	46,5	47,8	49,0
2,1	33,4	34,7	36,0	37,3	38,7	40,0	41,3	42,6	43,9	45,2	46,6	48,0	49,3	50,7	52,0
2,2	35,3	36,6	38,0	39,4	40,8	42,2	43,5	44,9	46,3	47,6	49,0	50,5	51,9	53,3	54,7
2,3	37,4	38,8	40,3	41,7	43,2	44,7	46,1	47,6	49,0	50,5	52,0	53,4	54,8	56,2	57,7
2,4	39,3	40,8	42,4	43,9	45,4	46,9	48,4	49,9	51,4	53,0	54,5	56,1	57,6	59,1	60,5
2,5	41,3	42,8	44,4	46,0	47,6	49,2	50,8	52,3	53,9	55,5	57,1	58,7	60,2	61,8	63,4
2,6	43,4	45,0	46,6	48,2	49,9	51,6	53,2	54,8	56,4	58,2	59,8	61,4	63,0	64,7	66,4
2,8	47,6	49,4	51,1	52,8	54,6	56,4	58,2	59,9	61,7	63,5	65,2	67,0	68,7	70,5	72,2
3,0	51,9	53,8	55,7	57,6	59,5	61,4	63,3	65,2	67,1	69,0	70,9	72,8	74,7	76,5	78,4

Tabelle 126. *Kostenverhältnisse und Faktoren der Untergrundvorbereitung für normale Rostschutzanstriche*

	Art der Untergrundvorbereitung	Untergrund			Kosten für vollständige Anstriche bezogen auf					
		Lebensdauer maximal etwa		Kosten		10 Jahre			15···20 Jahre		
				je m²	wirkliche je m²/Jahr in Verhältnissen zur Lebensdauer	Anstriche		Kosten-faktor im Mittel	Anstriche		Kosten-faktor im Mittel
		in Jahren	= Faktor	Faktor	Faktor	Anzahl	Faktor		Anzahl	Faktor	
1	Handentrostung	2,5	0,4	0,25	0,6	≈ 4	2,4	1,8	≈ 6···8	2,5	2,0
2	Beizen	5	0,8	0,3	0,35	≈ 2	1,2	0,95	≈ 3···4	1,2	1,05
3	Strahlen in Funker/Box	6	1,0	1,0	1,0	≈ 1,65	1,0	1,0	≈ 2,5···3,3	1,0	1,0
4	Strahlen im Freiland ...	5	0,8	5,0	6,0	≈ 2	1,2	2,3	≈ 3···4	1,2	1,95
5	Staubfreies Strahlen ...	6	1,0	<12,0	<12,0	≈ 1,65	1,0	≈ 4,0	≈ 2,5···3,3	1,0	≈ 3,0
6	Flammstrahlen	5	0,8	1,5	1,8	≈ 2	1,2	1,3	≈ 3···4	1,2	1,25

Bemerkung: Zu 1. Zum Beispiel Bürsten, Klopfen. Keine Anlagekosten. Als Mittel unzulänglich und nur als letzter Behelf anzuwenden. Schnelle Unterrostung.

Zu 2. Wirksam nur in Bäder-Wannen, aber auch von Hand möglich. Niedere Anlagekosten. Völlige und sorgsame Neutralisierung und nachfolgende Trocknung erforderlich, sonst erhöhte Gefahr durch schnelle Unterrostung.

Zu 3. Sehr hohe Anlagekosten, aber größter Wirkungsgrad durch Aufrauhung und damit Oberflächenvergrößerung. Restlose Entfernung aller Fremdteile. Bei Verwendung von Stahlkies als Strahlmittel, nicht gesundheitsschädlich.

Zu 4. Mittlere Anlagekosten. Wirkungsgrad steht und fällt mit örtlichen und atmosphärischen Bedingungen. Völlige Säuberung möglich. Zeitaufwendig. Zusätzlich meist Trocknung des Quarzsandes erforderlich.

Zu 5. Relativ hohe Anlagekosten. Ortsbeweglich, aber kaum Platz beanspruchend, daher überall auch in schwierigsten Situationen anwendbar. Verfahren arbeitet nach dem Prinzip Druck-Vakuum. Sehr zeitaufwendig, dafür ebenso hoher Wirkungsgrad und Güte der behandelten Oberflächen wie unter Nr. 3.

Zu 6. Unbedeutende Anlagekosten. Nur bedingt anwendbar. Anstrich auf noch warme Oberfläche möglich und dabei am wirksamsten. Restlose Entfernung alle Fremdteile oft schwierig und nicht immer ohne weiteres möglich. Wirkungsgrad wird zusätzlich und sehr erheblich vom Einsatz entsprechender Brenner beeinflußt.

XXI b. Anstriche — Farben — Lacke

In der Regel erhalten fertige Behälter und Apparate wie auch Stahlkonstruktionen einen Schutzanstrich. Diese Anstriche können je nach den Erfordernissen ein- bis mehrschichtig, mit oder ohne Lackabdeckung sein.

Als Grundierung bei Außenanstrichen werden vielfach Öl- oder Bleimennige, aber auch die sich durch schnelleres Trocknen, bessere Durchhärtung und vor allem größere Ergiebigkeit auszeichnenden Kunstharze verwandt.

Im Mittel sind Schichtdicken von etwa 40 μm üblich.

Bei Innenauskleidung von Behältern für Getränke und Chemie sowie der Aus- oder Umkleidung von Apparaten für die Industrie verwendet man heute ausschließlich synthetische Harzfarben und Lacke.

Diese mehrschichtig aufgetragenen und in den einzelnen Lagen gebrannten Überzüge erreichen Dicken von etwa 200 bis 250 μm. Sie sind gegen die meisten Säuren und Laugen immun und auch dynamisch sehr widerstandsfähig.

Die gebräuchlichsten Arbeitstechniken sind das Streichen und das Spritzen.

Grundsätzlich werden die Farben zum Streichen geliefert, müssen also zum Spritzen verdünnt werden. Der Verdünnungszusatz richtet sich dabei nach der Art der Arbeit und den Arbeitsbedingungen. Die Temperaturen des Arbeitsraumes oder im Freien sowie die des Werkstückes spielen dabei eine wesentliche Rolle. Zuviel Verdünnung bewirkt ungleichmäßig verlaufende, schlecht deckende, oft wolkige Schichten. Wird dagegen zu wenig verdünnt, also zu trocken gespritzt, so wird die Oberfläche rauh und glanzlos.

Bei richtiger Verdünnung muß die Farbe bei geöffneter Düse, aber ohne Preßluftzusatz, in leichtem Bogen auslaufen.

Beim Spritzen, vor allem in geschlossenen Räumen und Behältern, ist der Schutz des Arbeiters die erste Forderung. Ausreichende Entlüftung, Schutzanzug und Atemmaske sind unerläßlich, um die gesundheitsgefährdende Arbeit des Farbspritzers erträglich zu gestalten und die Möglichkeit der körperlichen Gefährdung auszuschalten.

Die **Tab. 127 bis 129** bringen die Werte für die wohl gebräuchlichsten, immer wieder vorkommenden Anstriche und Arbeitsgänge sowie den dazugehörigen Farbverbrauch. Für den Außen- wie auch Innenanstrich bei Behältern, Absatz A–B der Tab. 127 u. 128, steht unter der „Größe", dem sogenannten Tankfaktor, die Vorgabe in Stunden je Anstrich und je Quadratmeter Fläche. Die Gesamtgröße der zu streichenden oder zu spritzenden Fläche ersieht man aus Tab. 124. Diese Flächenwerte sind aus Durchmesser und größter Länge errechnet, kleinere Stutzen, Mannlöcher oder ähnliches werden dafür vernachlässigt. Weiter sind in den Tab. 127 u. 128 Angaben über Farbverbrauch, bezogen auf Kilogramm je Quadratmeter, und reziprok die Ergiebigkeit in Quadratmeter je Kilogramm aufgeführt. Ebenso wie die Schichtdicken sind diese Angaben bei sinnvoller und ordnungsgemäßer Arbeit verbindlich.

Bei Apparaten mit den mehr als üblichen Ein- oder Anbauten muß der festgelegte Faktor angewandt werden.

Die Werte zum Anstreichen von Stahlkonstruktionen unter C der **Tab. 129** sind gestaffelt nach Profilgrößen und Blechdicken und Mittelwerte, bezogen auf den Quadratmeter je Tonne. Diese Angaben sind für Industrieanstriche ausreichend genau.

Bei speziellen Wünschen oder Sonderkonstruktionen können die genauen Oberflächen unter Zuhilfenahme der **Tab. 130 bis 134** ermittelt werden.

Eine weitere Möglichkeit zur Feststellung der Oberfläche von Konstruktionen gestattet die Formel:

$$\frac{G \cdot 2}{8 \cdot S} = \mathrm{m}^2$$

Hier bedeuten:

G = Bau-Konstruktionsgewicht kg.

S = Mittlere Blech- oder Profildicke mm.

Anstriche, Farben und Lacke

Tabelle 127

A. Tanks – Behälter, *außen:*

Zeiten in h/m² – Tankgröße entspr. Länge und Durchmesser in Meter

Außenanstrich in Mennige – Ölfarbe, einfach						Farbverbrauch Schichtdicken		
Größe m		< 3	4···5	6···8	> 10	kg/m²	m²/kg	Dicke μm
Je Schicht	von Hand	0,20	0,15	0,125	0,10	0,125	8	40···50
	Spritzen	0,12	0,10	0,075	0,06	0,125···0,150	7···8	40···50

Tabelle 128

B. Tanks – Behälter, *innen:*

Korrosionsfeste, teilweise säurebeständige, mehrschichtige gebrannte Auskleidung (Anstriche) von Tanks und Behältern für Getränke und Chemie

Zeiten in h/m² – Tankgröße entspr. Länge und Durchmesser in Meter

Größe m		< 3	4···5	6···8	> 10	kg/m²	m²/kg	Dicke μm
Von Hand	Grundschicht	0,25	0,20	0,15	0,13	0,100	10	30
	jede weitere Schicht	0,18	0,15	0,12	0,10			
Je Schicht	Spritzen ...	0,14	0,12	0,10	0,085	0,190	5	50···60
Lackschicht	gestrichen					0,075	13	25
	gespritzt					0,115	8	30···35

Bemerkung: Apparate mit Einbauten (Chemie), wie Stutzen, Winkel, Prall- und Siebbleche o.ä. = Zeitfaktor 2,00.

Tabelle 129

C. Profilstahl/Blechkonstruktionen, *allseitig*

Ergiebigkeit: Nr. 1. Bleimennige – schwere Zinkstaubfarben . . . . 3···4 m²/kg
Nr. 2. Ölfarben . . . . 5···6 m²/kg
Nr. 3. Eisenmennige – leichte Kunstharz-Zinkchromatfarben . . . . . 6···8 m²/kg

Merk-mal	Mittel-Ober-fläche m²/t (eins.)	Profilstahl-Konstruktionen der Bezeichnung	Blech-kon-struk-tionen bei Dicke mm	Zeiten h/t			Farbverbrauch kg/t bei Schichtdicke ≈ 45 µm		
				Spritzen	Streichen von Hand				
				Nr. 1···3	Nr. 2···3	Nr. 1	Nr. 3	Nr. 2	Nr. 1
Schwer	12	∡ >160 / I > 450 I PB > 280	>8	0,75···1,0	1,75	2,25	1,5···2,0	2,0···2,5	3,0···4,0
Halb-schwer	20	∡ 100···150 ⊤ 120···160 / ⊏ 260···400 I 260···400 / I PB 160···260	6	1,0···1,25	2,25	2,75	2,5···3,0	3,5···4,0	5,0···6,0
Mittel	25	∡ 80···90 / ⊤ 90···100 / ⊤ B 60 ⊏ 200···240 / I 200···240 I PB 120···140	5	1,25···1,50	2,50	3,00	3,0···4,0	4,5···5,0	6,5···8,0
Halb-mittel	30	∡ 70 / ⊤ 70···80 ⊤ B 45···50 / ⊏ 120···180 I 160···180 / I PB 100	4	1,50···1,75	2,75	3,50	4,0···5,0	5,0···6,0	8,0···10,0
Leicht	40	∡ 60 / ⊤ 50···60 / ⊤ B 30···40 ⊏ < 100 / I < 140	3	2,0···2,25	3,50	4,25	5,0···7,0	7,0···8,0	10,0···13,5
Super-leicht	>60	∡ < 50 / ⊤ 40 / Rohr < NW 50	–	3,25···3,50	4,50	6,00	8,0···10,0	12,0···15,0	15,0···20,0

Bemerkung: Alle Zeilen schließen Rüst- und Nebenzeiten ein und gelten für den 1. Anstrich.
Für jeden weiteren Anstrich gilt jeweils Faktor 0,8.

Tabelle 130. *Oberflächen und Gewichte von gleichschenkligen Winkelstählen*[1],

$$\text{ungleichschenklig} = \frac{\textit{Summe der Schenkel}[2]}{2}$$

Bezeichnung $\llcorner$	S mm	m²/m	m²/t	Gewicht kg/m	Laufende m/t
20	3		92,0	0,87	1150,0
	4	0,08	71,0	1,12	890,0
	5		59,0	1,37	732,0
25	3		89,0	1,12	894,0
	4	0,10	69,0	1,45	690,0
	5		57,0	1,76	570,0
30	3		90,0	1,33	750,0
	4	0,12	69,0	1,75	573,0
	5		56,0	2,15	466,0
	6		47,0	2,60	392,0
35	3		88,0	1,59	628,0
	4		67,0	2,10	476,0
	5	0,14	55,0	2,54	395,0
	6		46,0	3,02	331,0
	8		36,0	3,90	257,0
40	4		66,0	2,42	413,0
	5		55,0	2,93	342,0
	6	0,16	46,0	3,49	287,0
	8		36,0	4,52	221,0
	10		28,0	5,77	173,0
45	5		54,0	3,36	298,0
	6		46,0	3,93	255,0
	7	0,18	40,0	4,57	219,0
	8		35,0	5,12	195,5
	10		29,0	6,32	158,5
50	5		53,0	3,75	267,0
	7	0,20	39,0	5,12	195,0
	9		31,0	6,43	155,5
	11		25,0	7,99	125,0
55	5		54,0	4,10	244,0
	6		44,0	4,95	202,0
	8	0,22	34,0	6,42	156,0
	10		28,0	7,85	127,5
	12		23,0	9,57	104,5
60	6		45,0	5,39	185,5
	8	0,24	34,0	7,06	141,5
	10		28,0	8,65	115,5
	12		23,0	10,50	95,0
65	6		44,0	5,87	170,0
	7		38,0	6,79	145,0
	9	0,26	30,5	8,56	117,0
	11		25,0	10,30	97,0
	13		21,0	12,34	81,0

[1] DIN 1028. [2] DIN 1029.

Tabelle 130 (Fortsetzung)

Bezeichnung ∢	S mm	m²/m	m²/t	Gewicht kg/m	Laufende m/t
70	7		38,0	7,33	136,5
	9		30,0	9,26	108,0
	11	0,28	25,0	11,13	90,0
	13		21,0	13,31	75,5
75	7		38,0	7,94	126,0
	8		33,0	9,03	110,0
	10	0,30	27,0	11,07	90,5
	12		23,0	13,10	76,5
	14		20,0	14,80	67,5
80	8		33,5	9,57	104,5
	10		27,0	11,78	85,0
	12		23,0	13,94	71,5
	14	0,32	19,5	16,44	61,0
	16		17,5	18,23	55,0
	18		16,0	20,21	49,5
	20		14,5	22,12	45,2
90	9		29,0	12,17	82,3
	11		24,0	14,68	68,2
	13		21,0	17,11	58,5
	15		18,5	19,30	51,7
	18	0,35	15,5	23,06	43,4
	20		14,0	25,29	39,5
	23		12,5	28,34	35,3
	26		11,5	31,42	31,8
100	10		27,0	14,90	67,2
	12		22,5	17,70	56,5
	14		20,0	20,40	49,0
	16		17,0	23,52	42,5
	18	0,40	15,5	25,55	39,1
	20		14,0	28,08	35,6
	23		12,5	32,0	31,3
	26		11,5	35,06	28,5
110	10		27,0	16,50	60,6
	12		22,5	19,60	51,0
	14		19,5	22,70	44,0
	16		17,0	26,03	38,4
	18	0,43	15,5	28,73	34,8
	20		14,0	31,59	31,7
	23		12,5	35,61	28,1
	26		11,5	39,64	25,2
120	11		23,5	19,90	50,2
	13		20,0	23,30	42,9
	15	0,47	18,0	26,60	37,6
	16		17,0	27,95	35,7

Tabelle 130 (Fortsetzung)

Bezeichnung ⌀	S mm	m²/m	m²/t	Gewicht kg/m	Laufende m/t
120	18	0,47	15,0	31,58	31,7
	20		13,5	34,76	28,8
	23		12,0	40,20	24,9
	26		11,0	43,80	22,8
130	12	0,51	22,0	23,50	42,6
	14		19,0	27,20	36,8
	16		16,5	30,75	32,5
	18		15,0	34,40	29,1
	20		13,5	37,90	26,4
	23		12,0	42,85	23,3
	26		11,0	47,75	20,9
	30		9,5	54,20	18,5
140	13	0,55	20,0	27,30	36,6
	15		17,5	31,40	31,9
	17		15,5	35,33	28,3
	20		13,5	41,00	24,6
	23		12,0	45,20	22,1
	26		10,7	52,10	19,4
	30		9,5	58,00	17,3
150	14	0,59	19,0	31,50	31,7
	16		16,5	35,80	27,9
	18		15,0	40,00	25,0
	20		13,5	44,50	22,5
	23		12,0	49,70	20,1
	26		10,6	56,00	17,8
	30		9,5	63,50	15,7
160	15	0,63	17,5	36,10	27,7
	17		15,5	40,60	24,7
	19		14,0	45,00	22,2
	22		12,5	51,00	19,6
	24		11,3	55,90	17,9
	26		10,5	60,00	16,7
	30		9,3	68,40	14,7
180	17	0,70	15,3	46,00	21,8
	20		13,1	53,60	18,7
	23		11,5	61,00	16,4
	26		10,3	68,50	14,6
	30		9,1	77,50	12,9
200	18	0,78	14,4	54,30	18,4
	20		13,0	60,10	16,7
	22		12,0	65,60	15,3
	24		11,2	70,00	14,3
	26		10,6	74,50	13,5
	30		9,0	87,00	11,5

Tabelle 131. *Oberflächen und Gewichte*
von Norm- und Breitflanschträgern – DIN 1025

Be-zeichnung	I = Schmale I-Träger				I PB = Breite I-Träger			
	m²/m	m²/t	kg/m	lfd. m/t	m²/m	m²/t	kg/m	lfd. m/t
80	0,31	52,0	5,95	168,0	–	–	–	–
100	0,37	44,5	8,32	120,0	0,57	27,2	21	47,5
120	0,44	39,5	11,2	89,0	0,69	24,5	28	35,5
140	0,51	36,0	14,4	70,0	0,81	22,5	36	27,8
160	0,57	32,0	17,9	56,0	0,92	19,6	47	21,3
180	0,64	29,5	21,9	46,0	1,04	18,0	53	18,9
200	0,7	26,5	26,3	38,0	1,16	17,5	66	15,1
220	0,77	24,5	31,1	32,0	1,28	16,4	73	13,7
240	0,84	23,0	36,2	27,5	1,39	15,6	89	11,2
260	0,9	21,5	41,9	24,0	1,51	14,7	97	10,3
280	0,97	20,5	48,0	21,0	1,63	14,0	116	8,6
300	1,03	19,0	54,2	18,5	1,75	14,0	124	8,0
320	1,09	18,0	61,1	16,5	1,78	13,0	138	7,25
340	1,16	17,0	68,1	14,5	1,82	13,0	140	7,15
360	1,22	16,0	76,2	13,0	1,86	12,15	153	6,55
400	1,35	15,0	92,6	11,0	1,94	11,6	168	5,95
450	1,5	13,25	115,0	8,75	2,03	11,0	186	5,35
500	1,7	12,0	141,0	7,0	2,13	11,5	204	4,9
550	–	–	–	–	2,23	10,7	211	4,75
600	–	–	–	–	2,33	10,2	232	4,35
650	–	–	–	–	2,43	10,2	239	4,2
700	–	–	–	–	2,52	9,75	259	3,85
800	–	–	–	–	2,72	9,95	274	3,65
900	–	–	–	–	2,92	9,65	305	3,3
1000	–	–	–	–	3,12	9,7	321	3,12

Bemerkung: Faktoren zu den Oberflächenangaben = m²/t.

A. Schmale I-Träger

Mittelbreite Ausführung – I PE – DIN 1025 (Europa-norm 19) .... = Faktor 1,21

B. Breite I-Träger

Leichte Ausführung – I PBI – DIN 1025 .... = Faktor 0,98
Verstärkte Ausführung – I PBv – DIN 1025 .... = Faktor 1,03

Tabelle 132. *Oberflächen und Gewichte von T-Stählen – DIN 1024*

Be-zeichnung T	T-Hochstegig b:h = 1:1				Be-zeichnung TB	T-Breitstegig b:h = 2:1			
	m²/m	m²/t	kg/m	lfd. m/t		m²/m	m²/t	kg/m	lfd. m/t
40	0,16	54,0	2,96	337,0	30	0,17	47,0	3,64	275,0
50	0,19	43,0	4,44	225,0	35	0,2	43,0	4,66	215,0
60	0,23	37,0	6,23	160,0	40	0,23	37,0	6,21	161,0
70	0,27	32,5	8,32	120,0	45	0,27	34,0	8,01	125,0
80	0,31	29,0	10,7	93,5	50	0,29	31,0	9,42	106,0
90	0,35	26,0	13,4	74,5	60	0,34	25,5	13,4	74,5
100	0,39	24,0	16,4	61,0	70	0,4	22,5	17,9	56,0
120	0,47	20,0	23,2	43,0	80	0,46	20,0	23,2	43,0
140	0,57	18,0	31,3	32,0	90	0,52	16,5	29,1	31,0
160	0,62	17,5	35,9	28,0	100	0,58	16,5	35,6	28,0
180	0,7	14,5	48,5	20,5	–	–	–	–	–

Tabelle 133. *Oberflächen und Gewichte von ⌐-Stählen – DIN 1026*

Be-zeichnung ⌐	⌐-Stahl				Be-zeichnung ⌐	⌐-Stahl			
	m²/m	m²/t	kg/m	lfd. m/t		m²/m	m²/t	kg/m	lfd. m/t
50	0,23	41,5	5,59	179,0	220	0,73	25,0	29,4	34,0
65	0,27	38,0	7,09	141,0	240	0,78	23,5	33,2	30,0
80	0,32	37,0	8,64	116,0	260	0,85	22,5	37,9	26,5
100	0,38	36,0	10,6	94,5	280	0,9	21,5	41,8	24,0
120	0,44	33,0	13,4	74,5	300	0,96	20,5	46,2	21,5
140	0,5	31,0	16,0	62,5	320	1,0	17,0	59,5	17,0
160	0,56	30,5	18,8	53,0	350	1,07	17,5	60,6	16,5
180	0,62	28,5	22,0	45,5	380	1,13	18,0	62,6	16,0
200	0,67	26,5	25,3	39,5	400	1,2	17,0	71,8	14,0

Tabelle 134. *Äußere Oberflächen von Rohren*

Stahlrohre nach DIN 2439-41/2448/2458

Rohr-⌀ mm	10 bis 10,2	13,5 bis 14	17,2 bis 18	20 bis 22	25 bis 26,9	30 bis 32	35 bis 38	42,4 bis 44,5	48,3 bis 51
m²/m	0,032	0,045	0,055	0,07	0,085	0,10	0,12	0,14	0,16
Rohr-⌀ mm	57	60,3 bis 63,5	76 bis 76,1	88,9 bis 89	108 bis 114,3	133 bis 139,7	159 bis 165,1	191	216
m²/m	0,18	0,20	0,24	0,28	0,36	0,44	0,52	0,60	0,68
Rohr-⌀ mm	267	318	368	419	521	622	720	820	920
m²/m	0,84	1,00	1,16	1,32	1,64	1,96	2,26	2,58	2,90

XXII. Mechanische Arbeiten

Die Vielseitigkeit in der Fertigung des Stahl- und Apparatebaues wird unter anderem gekennzeichnet durch einen sehr erheblichen Bedarf von An- und Einbauteilen mit dem Charakter der reinen Einzel- oder Sonderfertigung, also nicht der Normteile.

Aufwand und Vorgabezeiten für die mechanische Bearbeitung solcher Bauteile sind z. T. außergewöhnlich hoch und schwer vergleichbar mit den Kosten für Fertigteile ähnlichen Aussehens, u. U. sogar gleicher Funktion.

Das Drehen von Flanschen, glatten Anschweiß- und Losflanschen, Domflanschringen aus Walzprofil, Vorschweißflanschen aus Vorprofil sowie solchen aus Schmiederingen mit normalen und Sonderquerschnitten, ist in den **Tab. 135 bis 139** festgelegt.

Die Vielzahl der Profile, Querschnitte und Größen erlaubt dabei keine einheitliche Tabellierung, und so ist es zu verstehen, daß alle Sonderquerschnitte unter Berücksichtigung der Größen und des dazu notwendigen Rohmaterials nach Näherungsformeln aus dem Gewicht in Verbindung mit den angegebenen Faktoren berechnet werden müssen. Diese, und zwar ohne detaillierte Rechnung und großen Zeitaufwand gewonnenen Vorgabezeiten einschl. der tabellarisch festgelegten, sind als Richtwerte zur Vergleichs- und Überschlagsrechnung ausreichend genau.

Zu beachten sind die Erläuterungen sowie alle Faktoren und Hinweise.

Vorgabezeiten für die Bearbeitung (Drehen und Hobeln) von Böden- und Mantelblockflanschen sind den **Tab. 140 u. 141** zu entnehmen.

Die Werte sind in Verbindung mit den ungefähren Größenangaben nach Nennweiten und den inneren Radien geordnet. Bei Änderung der Dicke müssen die entsprechenden Zu- oder Abschläge berücksichtigt werden.

Tab. 142. Drehen von Blindflanschen und Deckel, berücksichtigt neben der Nennweite bzw. dem Außendurchmesser die entsprechend den Drücken notwendigen Blechdicken. Zu beachten sind die Faktoren für das Schlichten der Dichtflächen sowie den Zuschlägen für eventuelles Planen der Deckeloberfläche.

Flanschenansätze und Stutzenrohre werden nach der **Tab. 143** beigedreht bzw. angefaßt.

Bei größeren Nennweiten und Bedarf wird die Verjüngung am Stutzenrohr zweckmäßig vor dem Rundwalzen des Bleches angehobelt.

Die **Tab. 144.** Vordrehen von Wellen, fixiert entsprechend dem mittleren Werkstückdurchmesser und der Werkstücklänge die Zerspanungsleistung in kg/h.

Dieser Richtwert gilt als Divisor für das Gewicht des zu zerspanenden Materials, also dem Unterschied zwischen Roh- und Fertiggewicht.

Zu beachten sind die Faktoren entsprechend den Absätzen sowie die für das Fertigdrehen beim Wegfall des Schleifens.

Das Fräsen von Wellenkeilnuten nach **Tab. 145** berücksichtigt neben dem genormten Nutenquerschnitt in Verbindung mit dem Wellendurchmesser die Länge der Nute. Bei größerer Nutenlänge, als die in der Tabelle angeführte, kann die dem gewünschten Nutenquerschnitt zugeordnete Höchstvorgabezeit entsprechend der Steigerung der Länge multipliziert werden.

Die **Tab. 146 bis 150** enthalten die Vorgabezeiten für das Schneiden der gängigsten Gewinde, Trapez-, Metrisches und Whitworthnormal-, Fein- und Rohrgewinde, auf der Dreh- bzw. Gewindeschneidmaschine.

Außer den auf jeweils 100 mm Gewinde- oder Schnittlänge abgestimmten Drehmaschinenwerte für Metrisches und Whitworthgewinde berücksichtigen die übrigen Werte die individuellen Längen.

Neben dem Durchmesser weisen die Tabellen alle Normmaße, wie Steigung, Gewindetiefe und Gangzahl, aus.

Rüst- und Spannzeiten sowie die Materialfaktoren sind zu beachten.

Tab. 151 u. 152. Die Vorgabezeiten für das Drehen von Lagerbüchsen sind für die üblichen Abmessungen tabellarisch festgelegt und geordnet.

Bei darüber hinausgehenden Größen wird die Vorgabezeit aus der Differenz Roh- und Fertiggewicht, dividiert durch den zugeordneten Spanfaktor, ermittelt.

Für Form- und Materialänderungen sind die entsprechenden Faktoren zu berücksichtigen.

Beim Stoßen von Keilnuten kann bei größeren als die in der Tabelle angeführte größte Nutenlänge, die dem gewünschten Nutenquerschnitt zugeordnete Höchstvorgabezeit, entsprechend der Steigerung der Länge, multipliziert werden.

Die Anwendung der **Tab. 153 u. 154** setzt neben der Kenntnis nach dem Bearbeitungswunsch die Kenntnis der Bearbeitungsmöglichkeiten voraus.

Nach Feststellung der Anzahl der möglichen oder notwendigen Schnitte wählt der Kalkulator die Vorschübe für Schruppen bzw. Schlichten und erhält damit, unter Berücksichtigung der Schnittlänge, die Vorgabezeit für 100 mm Hobelbreite und einen Schnitt. Dieser Wert ist, mit der Summe der Schnitte und im Verhältnis zur Gesamthobelbreite, zu multiplizieren.

NW	Richtwerte mm			$\approx$ Schnittzugabe mm			t_r
mm	D	d	S	D	d	S	h
25	115	35	18	5	5	2	0,20
50	165	70	20				
80	200	110	22				
100	235	130	24				0,25
125	270	155	24			3	
150	300	185	26				
175	325	210	26				0,30
200	360	235	30				
250	425	290	30				
300	485	340	35			5	0,35
350	555	390	35				
400	620	445	40				
450	675	495	40				
500	730	545	45	10	10		0,50
600	790	650	50			7,5	
700	900	750	60				0,75
800	1020	850	70				
1000	1230	1075	80				
1200	1450	1275	90				
1400	1700	1500	100	15	15	10	1,00
1600	1950	1725	110				
1800	2200	1950	125				
2000	2400	2150	140				
2500	2900	2650	170				

Dichtfläche schlichten = Faktor ————

Nuten s. Tab. 139. Flansche mit Sonderquerschnitten

und Losflanschen. Material $\sigma_B < 50\ \mathrm{kg/mm^2}$

h/St.						Betr. S Nr.1 bis 4	Zuschlag je Dichtrille
1.	2.	3.	4.	5.	6.	bei je 10 mm Differenz = ± h (4 Schnitte)	
0,45							0,03
0,50						0,02	
0,55							
							0,04
0,60							
0,65						0,03	0,05
0,70							
0,75							0,06
0,80							
0,95							
						0,04	0,08
1,10							
1,25	Fak-tor 0,80	Fak-tor 0,65	Fak-tor 0,60	Fak-tor 0,40	Fak-tor 0,30		0,10
1,40							
1,55						0,05	
							0,12
1,75						0,06	
2,00							
							0,14
2,25						0,07	0,16
2,50						0,08	0,18
3,00						0,09	0,20
4,00						0,10	0,25
5,00						0,12	0,30
6,25						0,14	0,35
7,50						0,16	0,40
9,25						0,18	0,45
12,75						0,20	0,50
→ 1,25	1,3	1,4	1,45	–	2,00		

Tabelle 136. *Drehen von Domflanschringen* (Walzprofil)

<table>
<thead>
<tr>
<th colspan="2" rowspan="2">Profil</th>
<th rowspan="2">Quer-schnitt</th>
<th colspan="7">Lichter ⌀ mm</th>
</tr>
<tr>
<th>600</th>
<th>800 bis 1000</th>
<th>1200 bis 1400</th>
<th>1600 bis 1800</th>
<th>2000</th>
<th>2500</th>
<th>3000</th>
</tr>
<tr>
<th></th><th></th>
<th>cm²</th>
<th colspan="7">h/St.</th>
</tr>
</thead>
<tbody>
<tr>
<td>80 · 19
80 · 22
80 · 25</td>
<td>80 · 11
80 · 12
90 · 12</td>
<td>22,2
24,5
26,5</td>
<td>1,75</td>
<td rowspan="2">2,50
3,00</td>
<td>3,50
3,75</td>
<td>4,00
4,50</td>
<td>5,00</td>
<td rowspan="2">6,75</td>
<td>7,50</td>
</tr>
<tr>
<td>80 · 30
84 · 22</td>
<td>90 · 17
72 · 22</td>
<td>35,2
29,5</td>
<td rowspan="3">2,00</td>
<td rowspan="2">3,75
4,00</td>
<td>4,25
4,75</td>
<td>5,25</td>
<td>8,00</td>
</tr>
<tr>
<td>85 · 33
85 · 40</td>
<td>105 · 18
105 · 19</td>
<td>41,0
45,0</td>
<td rowspan="2">3,00
3,25</td>
<td rowspan="2">4,75
5,25</td>
<td>5,75</td>
<td>7,25</td>
<td>8,75</td>
</tr>
<tr>
<td>85 · 43
95 · 33</td>
<td>105 · 24
110 · 18</td>
<td>50,5
47,0</td>
<td>4,00
4,25</td>
<td>6,00</td>
<td>7,50</td>
<td>9,00</td>
</tr>
<tr>
<td>100 · 35
106 · 40</td>
<td>110 · 22
88 · 20</td>
<td>51,2
52,0</td>
<td rowspan="2">2,25</td>
<td rowspan="2">3,00
3,50</td>
<td>4,00
4,50</td>
<td>5,00
5,50</td>
<td rowspan="2">6,25</td>
<td>8,00</td>
<td>9,25</td>
</tr>
<tr>
<td>100 · 42</td>
<td>120 · 25</td>
<td>61,5</td>
<td>4,25
4,75</td>
<td>5,25
5,50</td>
<td>8,25</td>
<td>9,75</td>
</tr>
<tr>
<td>105 · 42</td>
<td>135 · 30</td>
<td>72,0</td>
<td rowspan="2">2,50</td>
<td>3,25
3,75</td>
<td>4,50
5,00</td>
<td>5,25
6,00</td>
<td>7,00</td>
<td>9,00</td>
<td>10,50</td>
</tr>
<tr>
<td>115 · 45</td>
<td>145 · 35</td>
<td>88,0</td>
<td>3,50
4,00</td>
<td>4,75
5,25</td>
<td>5,00
6,25</td>
<td>7,25</td>
<td>9,25</td>
<td>11,25</td>
</tr>
<tr>
<td>150 · 24</td>
<td>160 · 50</td>
<td>120,00</td>
<td>3,25</td>
<td>4,25
4,50</td>
<td>5,50
6,00</td>
<td>6,50
7,00</td>
<td>8,50</td>
<td>10,00</td>
<td>12,00</td>
</tr>
<tr>
<td colspan="3">t_r = einmalig je Auftrag</td>
<td colspan="2">0,50</td>
<td>0,75</td>
<td colspan="2">1,00</td>
<td>1,25</td>
<td>1,50</td>
</tr>
</tbody>
</table>

Bemerkung: Obere Werte gelten für die kleineren Durchmesser.
Brennen – Biegen – Schweißen s. Tab. 59, S. 91.

Faktoren:

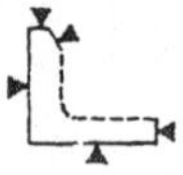

⌐ = 0,8   ⌐ = 0,7

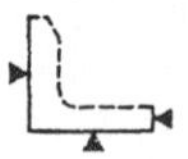

⌐ = 0,65   ⌐ = 0,55

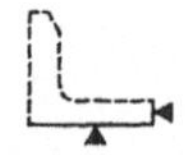

Tabelle 137. *Drehen von Vorschweißflanschen*

Material-Vorprofil-$\sigma_B < 50$ kg/mm²

Näherungsformel zur Berechnung der Vorgabezeiten für das Drehen von Vorschweißflanschen mit den üblichen Querschnitten aus vorgewalzten Profilstahl-Winkelringen für Nennweiten 500···5000 mm.

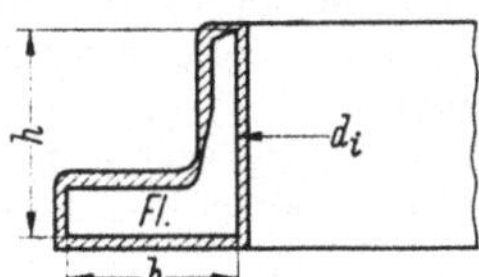

Bei der Berechnung sind alle Maße, in Übereinstimmung mit den Zahlen der Maßsummen in der Faktorentabelle, in cm bzw. in cm² einzusetzen.

In der Formel bedeuten: d_i = Innendurchmesser oder Nennweite in cm

b = Flanschbreite in cm ⎫

h = Flanschhöhe in cm ⎬ = Maßsumme

Fl = Flanschquerschnitt in cm² ⎭ *

F_a = Faktor zur Maßsumme – s. Tabelle

60 = Divisor (min – h)

* Fl errechnet sich auch, indem man das Profil-Nettometergewicht durch 0,8 teilt.

$$\text{Vorgabezeit in h} = \frac{d_i + b + h + Fl}{F_a \times 60} = \frac{\text{Maßsumme}}{F_a \times 60}$$

dazu t_r einmalig und je nach Ring- oder Flanschgröße 0,5···2,00 h.

Faktorentabelle

Maßsumme	50	60	70	80	100	120	140	160	180	200	225	250
Faktor	1,35	1,30	1,27	1,24	1,18	1,12	1,07	1,03	0,98	0,94	0,89	0,84
Maßsumme	275	300	325	350	375	400	450	500	550	600	650	700
Faktor	0,80	0,76	0,72	0,68	0,64	0,60	0,55	0,50	0,48	0,47	0,46	0,45

Zeiten gelten für allseitige Bearbeitung.
Bei Teilbearbeitung s. Faktoren der Tab. 136, S. 206.

Tabelle 138. *Drehen von Vorschweißflanschen*

Material $\sigma_B < 50$ kg/mm²

Näherungsformel zur Berechnung der Vorgabezeiten für das Drehen von Vorschweißflanschen mit den üblichen Querschnitten aus Schmiederingen mit rechteckigem Querschnitt für Nennweiten 250···5000 mm.

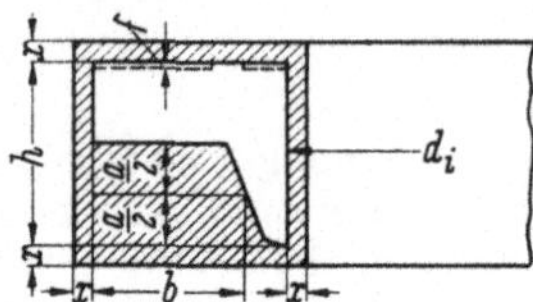

f Höhe der Arbeitsleiste oder Feder, ggf. Tiefe der Nut, bleibt bis 12 mm unberücksichtigt.

x Aufmaß – allseitig und je nach Ringgröße (250···5000) = 8···15 mm.

Bei der Berechnung sind alle Maße, in Übereinstimmung mit der Ausstichfläche der Faktorentabelle, in cm einzusetzen.

In der Formel bedeuten: d_i = Innendurchmesser oder Nennweite in cm
h = Flanschhöhe in cm
A = Ausstichfläche = $a \cdot b$ in cm²
F = Faktor zur Ausstichfläche – s. Tabelle
60 = Divisor (min – h)

$$\text{Vorgabezeit in h} = \frac{(d_i + h) \times A}{F \times 60}$$

dazu t_r einmalig und je nach Ring- oder Flanschgröße 0,25···2,00 h.

Faktorentabelle

Ausstich A cm²	10	15	20	25	30	35	40	45	50	55	60
Faktor	1,3	3,2	5,2	6,8	8,3	9,5	10,4	11,1	11,7	12,2	12,7
Ausstich A cm²	65	70	75	80	85	90	95	100	105	110	115
Faktor	13,2	13,6	14,0	14,4	14,7	15,0	15,3	15,6	15,9	16,2	16,5
Ausstich A cm²	120	125	130	135	140	145	150	160	170	180	190
Faktor	16,7	16,9	17,1	17,3	15,7	17,7	17,9	18,1	18,4	18,7	19,0
Ausstich A cm²	200	210	220	230	240	250	260	280	300		
Faktor	19,2	19,4	19,6	19,8	20,0	20,2	20,3	20,4	20,5		

Tabelle 139. *Drehen von Flanschen mit Sonderquerschnitten*

Material $\sigma_B < 50\ \text{kg/mm}^2$

Näherungsformel zur Berechnung der Vorgabezeiten für das Drehen von Flanschen mit Sonderquerschnitten aus Schmiederingen mit rechteckigen Querschnitten. Gewicht der Fertigflansche im Mittel 50% der Schmiederinge. – Toleranz ± 15%

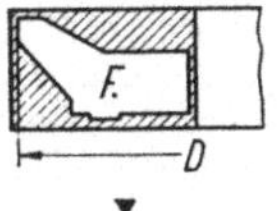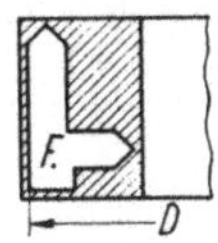

t_r einmalig und je nach Ring- oder Flanschgröße 0,5···3,00 h

Querschnitt F des Drehteiles cm²	Zerspanungsleistung für Flansche kg/h bei: größter Flanschdurchmesser mm					
	< 1000	< 2000	< 3000	< 4000	< 5000	> 5000
25	8,0	9,0	10,25	11,50	12,75	14,0
50	9,5	11,0	12,50	14,00	15,50	17,0
75	13,0	14,5	16,00	17,50	19,00	21,0
100	16,5	18,0	20,00	22,00	24,00	26,0
125	21,0	23,0	25,00	27,00*	29,00	31,5
150	26,5	28,5	30,50	32,50	35,00	38,0
175	32,5	35,0	37,50	40,00	43,00	46,0
200	40,0	43,0	46,00	49,00	52,00	55,0

Größe mm	F cm²		Zerspanungsleistung für Nuten kg/h a) normale Rechteckige b) Schwalbenschwanz					
10/5	0,5	a	1,00	1,15	1,3	1,45	1,60	1,75
		b	0,7	0,8	0,9	1,00	1,1	1,2
20/10	2,0	a	3,5	3,8	4,1	4,4	4,7	5,00
		b	2,15	2,4	2,65	2,9	3,15	3,4
30/15	4,5	a	6,2	6,6	7,00	7,4	7,8	8,2
		b	4,00	4,4	4,8	5,2	5,6	6,00
35/20	7,0	a	8,75	9,25	9,75	10,25	10,75	11,25
		b	5,75	6,25	6,75	7,25	7,75	8,25

Rechnungsbeispiel: Flansch 3850 ä. ∅ mit $F = 120$ cm², Fertiggewicht = 1125 kg, Schmiederohling = 2350 kg, Zerspanung = 2350 kg − 1125 kg = 1225 kg, Vorgabezeit t_e = 1225 kg : 27 kg/h * = 45,5 h

$$t_r = 2,5\ \text{h}$$

Vorgabezeit = 48,00 h

Bemerkung: Das Drehen von Arbeitsleisten und Federn ist im normalen Umfang in der Zerspanungsleistung berücksichtigt.

Nuten werden ihres größeren Arbeitsumfanges wegen zusätzlich, nur ohne Berücksichtigung im Rohgewicht zu finden, aber sonst im gleichen Sinne, hinzugerechnet.

Schlichten allseitig = Faktor 1,40

Tabelle 140. *Boden-Blockflansche drehen.* – Material $\sigma_B < 60$ kg/mm²

| NW | Richtwerte | | | t_r | h/St. bei Kugelradius r mm | | | | | | | Faktor bei Ausführung | | Betr. S |
| | mm | | | | | | | | | | | | | bei je 10 mm Differenz $= \pm h$ * |
mm	D	d	S	h	500	1000	2000	3000	4000	5000	6000	(⬓)	(⬒)	
25	115	35	35	0,20	0,75							0,85	1,20	0,02
50	165	70	40		0,85	0,75								
80	200	110	45		0,95	0,85	0,75							
100	235	130	50	0,25	1,10	0,95	0,85	0,75						0,03
125	270	155	55			1,10	1,00	0,85						
150	300	185	60			1,25	1,15	1,00	0,95					
175	325	210	65	0,30		1,45	1,30	1,15	1,05				1,15	0,04
200	360	235	70			1,65	1,45	1,30	1,20	1,15				
250	425	290	75			2,00	1,75	1,55	1,45	1,35	1,30			
300	485	340	80	0,35			2,05	1,85	1,70	1,55	1,45	0,80		0,05
350	555	390	90				2,45	2,20	2,00	1,85	1,70			
400	620	445	100				2,85	2,55	2,30	2,15	1,95			
450	675	495	110	0,50			2,30	2,95	2,65	2,45	2,25		1,12	0,06
500	730	545	120				3,80	3,35	3,05	2,80	2,60			
600	790	650	140					3,90	3,50	3,25	3,00			
700	900	750	160					4,40	3,95	3,65	3,40			0,07
800	1020	850	180	0,75				4,95	4,40	4,00	3,70	0,75		0,08
1000	1230	1075	200					6,00	5,30	4,75	4,30			0,09
1200	1450	1275	225					7,00	6,20	5,50	5,00			0,10

Bemerkung: Betr. S*. Die Zuschläge gelten für das Innen- und Außendrehen bei sich änderndem S für insgesamt 4 Schnitte. Entfällt das Außendrehen, so ist für das Innendrehen der Faktor 0,45 anzuwenden.

Tabelle 141. *Mantel-Blockflansche drehen und hobeln.* – Material $\sigma_B < 60$ kg/mm²

Column groups: **Richtwerte mm** = D, d, S. — **A. Drehen**: t_r (h); **Normale-Glatte** h/St. (three tool variants 1/2/3); **Vorgepreßte** h/St. bei Radius mm (500–6000); **Betr. S** (bei je 10 mm Differenz = ±h) *. — **B. Hobeln**: t_r (h); h/St. bei Radius mm (500–6000). The curved profile between the Vorgepreßte columns and Betr. S is marked **= Faktor 1,20**.

NW mm	D	d	S	t_r h (Drehen)	N-G 1	N-G 2	N-G 3	Vorg 500	1000	2000	3000	4000	5000	6000	Betr. S *	t_r h (Hobeln)	Hob 500	1000	2000	3000	4000	5000	6000
25	115	35	35				0,55	0,55									0,40						
50	165	70	40	0,20	0,45	0,35	0,60	0,65	0,55						0,02		0,55	0,45					
80	200	110	45		0,50		0,65	0,75	0,65	0,60							0,75	0,65	0,50				
100	235	130	50		0,55	0,40	0,70	0,90	0,80	0,70	0,65						1,00	0,90	0,70	0,55			
125	270	155	55	0,25	0,60	0,45	0,75		0,95	0,85	0,75	0,70			0,03	0,25		1,15	0,95	0,75	0,60		
150	300	185	60		0,65	0,50	0,85		1,15	1,00	0,85	0,80	0,75					1,45	1,20	0,95	0,80	0,65	
175	325	210	65		0,70	0,55	0,95		1,35	1,15	1,00	0,90	0,85	0,80				1,75	1,45	1,20	1,00	0,80	0,70
200	360	235	70	0,30	0,80	0,60	1,05		1,55	1,30	1,15	1,05	0,95	0,90				2,10	1,75	1,50	1,30	1,00	0,85
250	425	290	75		0,95	0,65	1,20		1,80	1,50	1,35	1,20	1,10	1,05	0,04			3,00	2,50	2,10	1,75	1,40	1,10
300	485	340	80	0,35	1,10	0,75	1,40			1,75	1,55	1,40	1,25	1,20		0,50			3,40	2,80	2,30	1,85	1,50
350	555	390	90		1,25	0,90	1,60			2,00	1,80	1,60	1,45	1,35					4,50	3,60	2,85	2,30	1,90
400	620	445	100		1,45	1,05	1,85								0,05				5,90	4,50	3,50	2,85	2,30
450	675	495	110		1,65	1,20	2,10												7,25	5,50	4,25	3,40	2,75
500	730	545	120	0,50	1,90	1,35	2,40								0,06	0,75			9,00	6,50	5,00	4,00	3,25
600	790	650	140		2,20	1,50	2,75								0,07					8,75	6,50	5,00	4,00
700	900	750	160		2,50	1,70	3,20													11,00	8,25	6,50	4,75
800	1020	850	180		2,90	2,00	3,70								0,08					13,50	10,25	8,00	5,75
1000	1230	1075	200	0,75	3,60	2,50	4,50								0,09	1,00				18,50	14,75	11,00	7,75
1200	1450	1275	225		4,50	3,10	5,50								0,10					25,00	20,00	15,00	10,00

Bemerkung: Vorpressen siehe Tabelle 34. – Hobeln ist nur beim Drehen „Normale-Glatte" hinzuzurechnen. – Betr. S*. Die Zuschläge gelten für das Innen- und Außendrehen bei sich änderndem S für insgesamt 4 Schnitte. Entfällt das Außendrehen, so ist für das Innendrehen der Faktor 0,45 anzuwenden.

Tabelle 142. *Drehen von Blindflanschen und Deckel*

Material $\sigma_B < 50$ kg/mm²

NW	Richtwerte mm		t_r	h/St. bei: Dicke S mm										Zuschlag Oberfläche planen (ohne Spannen)
mm	D	d	h	15	20	35	50	75	100	125	150	175	200	
25	115			0,20	0,25									0,06
50	165	40	0,20	0,25	0,28	0,32								0,10
80	200	70		0,30	0,30	0,35								0,15
100	235	90		0,32	0,35	0,40								0,20
125	270	110	0,25	0,35	0,40	0,45	0,50							0,25
150	300	135		0,40	0,45	0,50	0,55							0,30
175	325	155		0,45	0,50	0,55	0,60							0,35
200	360	180	0,30	0,50	0,55	0,60	0,65							0,40
250	425	230		0,55	0,60	0,65	0,70	0,75						0,45
300	485	275		0,60	0,65	0,70	0,75	0,85						0,50
350	555	325	0,35		0,70	0,75	0,85	0,95						0,55
400	620	375			0,75	0,85	0,95	1,05						0,60
450	675	420			0,85	0,95	1,05	1,15	1,30					0,70
500	730	470	0,50		0,95	1,05	1,15	1,25	1,45					0,80
600	790	570				1,15	1,25	1,45	1,65					0,95
700	900	665				1,25	1,45	1,65	1,85	2,00				1,10

800	1020	765	0,75			1,40	1,65	1,90	2,10	2,25				1,25
1000	1230	965				1,70	2,00	2,35	2,60	2,75	2,95			1,50
1200	1450	1160					2,35	2,80	3,05	3,25	3,45			1,80
1400	1700	1360					2,75	3,20	3,50	3,75	3,95	4,15		2,10
1600	1950	1560	1,00			3,10	3,60	3,95	4,20	4,45	4,70			2,40
1800	2200	1750					4,10	4,40	4,70	5,00	5,25	5,60		2,70
2000	2400	1950					4,60	4,90	5,20	5,50	5,80	6,20		3,00
2500	2900	2450						6,00	6,40	6,75	7,10	7,60		3,75
Dichtfläche schlichten = Faktor				1,7	1,6	1,55								

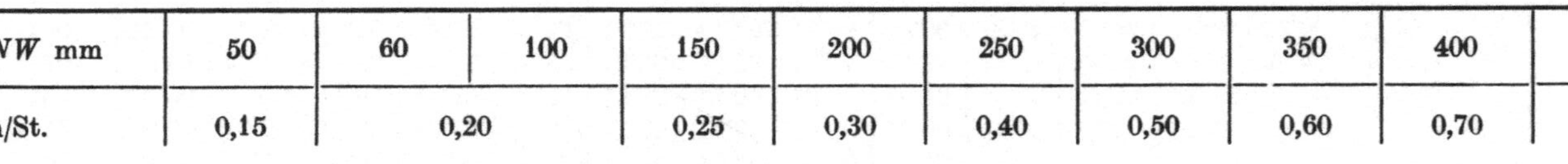

Tabelle 143. *Flanschenansätze und Stutzenrohre beidrehen*

Material $\sigma_B < 60$ kg/mm²

NW mm	50	60	100	150	200	250	300	350	400	500
h/St.	0,15	0,20		0,25	0,30	0,40	0,50	0,60	0,70	0,85

Bemerkung: Nur außen beidrehen = Faktor 0,85, Konische Stutzen = Faktor 1,50.

Tabelle 144. *Wellen vordrehen zum Schleifen* ▼. – Material $\sigma_B < 60$ kg/mm²

Mittlerer Werkstück-Ø mm	Zerspannungsleistung kg/h															Faktoren zum Fertig-drehen ▼▼
	Wellenlänge mm															
	250	500	750	1000	1250	1500	1750	2000	3000	4000	5000	6000	7000	8000	10000	
40	6,75	7,25	7,25	8,00	8,25	8,50	8,75	9,25	10,00	11,00	–	–	–	–	–	1,35
60	8,00	8,50	9,00	9,50	9,75	10,00	10,25	10,75	11,75	13,00	14,00	–	–	–	–	1,42
80	9,25	9,50	10,00	10,50	11,00	11,25	11,50	12,00	13,00	14,25	15,50	16,50	–	–	–	1,50
100	10,00	10,50	11,00	11,25	11,75	12,25	12,50	13,00	14,25	15,75	17,00	18,00	19,00	–	–	1,55
120	10,75	11,25	11,75	12,25	12,85	13,25	13,75	14,25	15,75	17,25	18,50	19,50	20,50	–	–	1,60
140	12,00	12,50	12,75	13,25	13,75	14,25	14,75	15,25	17,00	18,50	20,00	21,00	22,00	23,00	–	1,65
160	13,00	13,50	14,00	14,50	15,00	15,50	16,25	16,75	18,50	20,50	22,00	23,00	24,00	25,00	–	1,68
180	–	14,75	15,25	15,75	16,25	17,00	17,75	18,25	20,25	22,00	23,50	24,50	25,50	26,50	27,50	1,70
200	–	16,25	16,75	17,25	18,00	18,50	19,00	19,50	21,50	23,50	25,00	26,00	27,00	28,00	29,00	1,73
225	–	18,00	18,50	19,00	19,50	20,00	20,50	21,00	23,00	25,00	26,50	27,50	28,50	29,50	30,50	1,75
250	–	–	20,00	20,50	21,25	21,75	22,25	22,75	24,50	26,50	28,00	29,00	30,00	31,00	32,50	1,75
275	–	–	22,50	23,00	23,50	24,00	24,75	25,50	27,50	29,00	30,50	31,50	32,50	33,50	35,00	1,74
300	–	–	25,25	26,00	26,75	27,50	28,25	29,00	31,00	33,00	34,50	35,50	36,50	37,50	39,00	1,72
325	–	–	27,50	28,50	29,50	30,50	31,50	32,50	34,50	36,00	37,50	39,00	40,00	41,00	42,50	1,70
350	–	–	–	32,50	33,50	34,50	35,50	36,00	38,00	39,50	41,00	42,50	43,50	44,50	46,00	1,67
375	–	–	–	36,00	37,00	38,00	39,00	40,00	41,50	43,00	44,50	46,00	47,00	48,00	49,50	1,65
400	–	–	–	40,00	41,00	42,00	43,00	44,00	45,50	47,00	48,50	50,00	51,00	52,00	54,00	1,62
450	–	–	–	45,00	46,00	47,00	48,00	49,00	50,50	52,00	53,50	55,00	56,50	58,00	60,00	1,56
500	–	–	–	–	52,00	53,00	54,00	55,00	56,50	58,00	59,50	61,00	62,50	64,00	66,00	1,50
550	–	–	–	–	58,00	59,00	60,00	61,00	62,50	64,00	65,50	67,00	68,50	70,00	72,00	1,45
600	–	–	–	–	64,00	65,00	66,00	67,00	68,50	70,00	71,50	73,00	74,50	76,00	78,00	1,40

Bemerkung: Zeiten gelten für Wellen mit 3···5 Absätzen (t_r = eingeschlossen), < 3 Absätze = Faktor 1,10, > 6 Absätze = Faktor 0,90.

Rechnungsbeispiel: Fertiggewicht = 1175 kg. – Rohgewicht bei 350Ø · 3100 = 2345 kg.

$$\text{Mittl. } \varnothing \text{ mm} = \frac{225 + 250 + 300 + 250 + 175}{5} = 240 \text{ mm – gewählt } 250 \text{ mm}$$

Fertigungszeit = (2345 kg – 1175 kg) : 24,5 kg/h = ≈ 48 h

Bei Hohlwellen wird das fehlende Kerngewicht im Roh- und Fertiggewicht berücksichtigt.

Bei Material σ_B 70 kg/mm² = Faktor 1,15   90 kg/mm² = Faktor 1,30   150 kg/mm² = Faktor 2,00

         80 kg/mm² = Faktor 1,20   100 kg/mm² = Faktor 1,50

Tabelle 145. *Wellenkeilnuten fräsen.* – Material $\sigma_B < 60$ kg/mm^2

Nutenbreite mm	5…6	8…10	12…14	16…18	20…22	25…28	32…36	40	45	50	63	80	100
Nutentiefe mm	< 4	≈ 4 bis 5	≈ 5 bis 6	≈ 6 bis 7	≈ 7 bis 8,5	≈ 8,5 bis 10	≈ 11 bis 12,5	≈ 13,5	≈ 15,5	≈ 17	≈ 20	≈ 25	≈ 31
Wellen ⌀ mm	12…22	23…38	39…50	51…65	66…85	86…110	111…150	151…170	171…200	201…230	260…290	330…380	440…500
Nutenlänge mm	h/Nute												
20	0,09	0,08	–	–	–	–	–	–	–	–	–	–	–
40	0,10	0,09	0,08	–	–	–	–	–	–	–	–	–	–
60	0,12	0,10	0,09	0,08	–	–	–	–	–	–	–	–	–
80	0,14	0,12	0,10	0,09	0,11	–	–	–	–	–	–	–	–
100	0,16	0,14	0,11	0,10	0,12	0,16	–	–	–	–	–	–	–
120	0,19	0,16	0,13	0,11	0,14	0,18	0,21	–	–	–	–	–	–
140	0,22	0,18	0,15	0,13	0,16	0,20	0,24	0,28	–	–	–	–	–
160	0,25	0,20	0,17	0,15	0,18	0,22	0,27	0,32	0,37	–	–	–	–
180	0,28	0,22	0,19	0,17	0,20	0,25	0,30	0,36	0,41	0,46	–	–	–
200	0,31	0,25	0,21	0,19	0,22	0,28	0,33	0,40	0,45	0,51	0,62	–	–
250	0,38	0,30	0,25	0,22	0,26	0,33	0,40	0,49	0,56	0,64	0,76	0,95	–
300	0,45	0,36	0,29	0,25	0,30	0,38	0,47	0,58	0,66	0,76	0,90	1,12	1,40
350	–	–	0,33	0,28	0,34	0,43	0,54	0,67	0,77	0,88	1,05	1,30	1,60
400	–	–	0,37	0,32	0,38	0,48	0,61	0,76	0,88	1,00	1,20	1,48	1,85
450	–	–	–	0,36	0,43	0,54	0,68	0,85	0,99	1,13	1,35	1,66	2,10
500	–	–	–	0,40	0,48	0,60	0,75	0,95	1,10	1,25	1,50	1,85	2,35
Faktor für Material > 60 kg/mm^2	1,40	1,37	1,35	1,32	1,29	1,26	1,22	1,20	1,18	1,16	1,14	1,12	1,10

t_r – einmalig = 0,25…0,50 h. t_r bei Tangentkeilnuten = Faktor 1,5.

Spannzeiten: Auf- und abspannen bei:

Wellengewicht kg	15	25	50	100	200	300	400	500	750	1000	1250	1500
h	0,10	0,12	0,15	0,20	0,25	0,30	0,35	0,40	0,50	0,60	0,65	0,70

Umspannzeit für jede weitere Nute = jeweils Faktor 0,60 der zum Werkstück gehörenden Auf- und Abspannzeit.

Tabelle 146. *Trapezgewinde nach Din 103 – eingängig**

Schneiden auf Drehmaschine. – Material $\sigma_B < 60$ kg/mm²

Gewinde-Ø mm	Steigung mm	Gewinde-tiefe mm	Rüst-zeit h	Zeiten in h bei Gewindelänge mm															Faktor bei: Gewinde-schneid-maschine	Fräsen
				50	100	150	200	250	300	400	500	750	1000	1250	1500	1750	2000	2500		
16	4	2,25	0,5	0,25	0,35	0,45	0,6	0,75	0,9										0,25	
20				0,3	0,4	0,55	0,7	0,85	1,0	1,15										
24	5	2,75		0,35	0,5	0,65	0,8	0,95	1,1	1,3	1,5									
28				0,45	0,6	0,75	0,9	1,05	1,2	1,45	1,75	2,4								
32	6	3,25		0,55	0,7	0,85	1,0	1,15	1,3	1,6	1,9	2,6								
36				0,65	0,8	0,95	1,1	1,25	1,4	1,75	2,1	2,9	3,7							
40	7	3,75				0,9	1,05	1,2	1,35	1,5	1,9	2,3	3,2	4,1						
50	8	4,25			1,0	1,15	1,3	1,45	1,65	2,1	2,5	3,5	4,5	5,5						0,9
60	9	4,75				1,25	1,4	1,65	1,9	2,35	2,8	4,0	5,1	6,3						0,85
70	10	5,25				1,35	1,6	1,85	2,15	2,7	3,25	4,6	6,0	7,3	8,7					0,8
80							1,8	2,15	2,5	3,1	3,75	5,7	7,0	8,7	10,2					0,75
90	12	6,25	0,75				2,0	2,4	2,8	3,5	4,3	6,1	8,0	9,8	11,7	13,7				0,7
100								2,7	3,1	4,0	4,8	7,0	9,2	11,3	13,5	15,5				0,65
120	14	7,5						3,8	4,3	6,3	6,3	9,0	11,8	14,5	17,5	20,0	23,0			0,6
140									5,5	6,6	8,0	11,5	15,0	18,5	22,0	25,0	28,5			0,55

160	16	8,5							7,0	8,5	10,0	14,0	18,5	22,5	26,5	31,0	35,0	43,0
180	18	9,5	1,0							11,0	12,5	17,5	22,5	27,0	32,0	37,0	41,5	51,5
200										13,5	16,0	21,0	26,5	32,0	37,5	43,0	48,5	59,0
220	20	10,5									19,0	25,0	31,5	37,0	43,0	49,0	56,0	68,0
240	22	11,5	1,25								21,5	28,5	35,0	42,0	49,0	56,0	63,0	77,0
260												31,5	39,5	47,5	56,0	64,0	72,0	88,0
280	24	12,5										35,0	44,0	53,0	62,5	71,5	81,0	100,0
300	26	13,5											49,0	60,0	71,5	82,5	93,0	115,0

(rechts außen: 0,5)

Bemerkung: * Schnecken zweigängig = Faktor 2,00 – Schnecken dreigängig = Faktor 3,00. – Zwischengrößen interpolieren.

Auf- und abspannen der Wellen:

$$\left.\begin{array}{l} < 500\ \text{kg} = 2,5\ \cdot \dfrac{\sqrt[3]{G}}{60} \\[2ex] < 750\ \text{kg} = 3,0\ \cdot \dfrac{\sqrt[3]{G}}{60} \\[2ex] <1000\ \text{kg} = 3,25 \cdot \dfrac{\sqrt[3]{G}}{60} \\[2ex] >1000\ \text{kg} = 3,5\ \cdot \dfrac{\sqrt[3]{G}}{60} \end{array}\right\} = h \qquad \begin{array}{l} G = \text{kg} \\ 60 = \text{Zeitdivisor} \end{array}$$

Tabelle 147. *Metrisches Gewinde nach DIN 13 und 14 und Metrisches Feingewinde nach DIN 243 bis 247, 516 und 517*
Schneiden auf Drehmaschine. – Material $\sigma_B < 60$ kg/mm²

Gewinde Ø mm – Richt- und Mittelwerte
Zeiten in h/100 mm Gewindelänge (Enthalten sind: Schneiden, Entgraten, Messen)

Steigung mm	Rüst-zeit t_r h	Schnitte anstellen je Gewinde-länge einmal h	16	20	24	30	36	42	48	56	64	70	80	90	100	120	140	160	180	200	220	240	260	280	300
1,0			0,60	0,70	0,80	0,90	1,00	1,10	1,25	1,40	1,55	1,70	1,85												
1,5		0,075	0,35	0,45	0,55	0,65	0,75	0,85	0,95	1,05	1,15	1,25	1,40	1,55	1,75	1,95	2,15	2,35	2,55	2,80	3,05	3,30	3,55	3,80	4,10
2,0			0,30	0,40	0,50	0,60	0,70	0,80	0,90	1,00	1,10	1,20	1,35	1,50	1,65	1,85	2,05	2,25	2,45	2,70	2,95	3,20	3,45	3,70	4,00
2,5				0,35	0,45	0,55																			
3,0	0,5	0,10			0,40	0,50	0,60	0,70	0,80	0,90	1,00	1,10	1,20	1,30	1,40	1,55	1,70	1,85	2,00	2,20	2,40	2,60	2,80	3,00	3,25
3,5						0,45	0,55																		
4,0							0,50	0,55	0,60	0,65	0,70	0,80	0,90	1,00	1,10	1,20	1,35	1,50	1,65	1,80	1,95	2,15	2,35	2,55	2,75
4,5		0,125						0,50																	
5,0									0,55																
5,5		0,15								0,60															
6,0										0,65	0,70	0,75	0,80	0,90	1,00	1,15	1,30	1,45	1,60	1,75	1,90	2,10	2,30	2,50

Bemerkung: Spannen, nur bei Bedarf – s. Tab. 146.
Konische Gewinde = Faktor 1,50.

Tabelle 148. *Whitworthgewinde nach DIN 11 – Whitworth-Rohrgewinde nach DIN 259 – Whitworth-Feingewinde nach DIN 239 und 240*

Schneiden auf Drehmaschine. – Material $\sigma_B < 60$ kg/mm²

Gang auf 1 Zoll	Steigung [mm]	Rüstzeit t_r [h]	Schnitte anstellen je Gewindelänge einmal [h]	R ½		R ¾	R 1	R 1⅛	R 1⅜	R 1⅝	R 2¼	R 2½	R 3	R 3½	R 4½	R 5½	R 6	R 7	R 8	R 9	R 10	R 11	R 12	
				Gewinde ∅ in Zoll und entsprechend in mm für Whitworth-Rohrgewinde nach DIN 259																				
				20,96		26,44	33,25	37,90	44,33	51,99	65,71	75,19	87,89	100,33	125,74	151,14	163,84	189,24	214,64	240,04	265,44	290,84	316,24	
				Gewinde ∅ in Zoll und entsprechend in mm für Whitworth-Gewinde nach DIN 11																				
				5/8″	3/4″	7/8″	1″	1¼″	1½″	1¾″	2″	2½″	3″	3½″	4″	5″	6″							
				15,88	19,05	22,23	25,4	31,75	38,10	44,45	50,80	63,5	76,2	88,9	101,6	127	152,41	164	189	214	239	264	289	319
				Zeiten in h/100 mm Gewindelänge (Enthalten: Schneiden, Entgraten, Messen)																				
14	1,814				0,45		0,55																	
11	2,309		0,10	0,35				0,55	0,60	0,70	0,80	0,90	1,05	1,25	1,45	1,70	2,00	2,30						
10	2,540				0,40	0,45	0,50											2,25	2,50	2,75	3,00			
9	2,822					0,40																		
8	3,175						0,45		0,55	0,60	0,70												3,00	3,25
7	3,629		0,125					0,45																
6	4,233								0,50			0,75	0,85	1,00	1,15	1,35	1,60	1,85	2,10					
5	5,080	0,5								0,55														
4½	5,645		0,15								0,60													
4	6,350											0,70	0,80	0,90	1,00	1,15	1,35	1,55	1,75	1,95	2,15	2,35	2,55	2,75
3½	7,257																							
3¼	7,816		0,175											0,90										
3	8,467														1,00									
2¾	9,234															1,15								
2½	10,160		0,20													1,30								

Bemerkung: Für Feingewinde nach DIN 239–240 gelten alle obenstehenden Durchmesser in Millimeter als Richtwerte. Spannen, nur bei Bedarf – s. Tab. 146. Konische Gewinde = Faktor 1,50.

Tabelle 149. *Metrisches Gewinde nach DIN 13 – Schneiden auf Gewindeschneidmaschine.* Material $\sigma_B < 60$ kg/mm²

Gewinde-Ø mm	<12	<16	<22	<27	<33	<39	<45	<52	<60	<72	<94	>94	Faktor bei Feingewinde			
Steigung mm	1,75	2	2,5	3	3,5	4	4,5	5	5,5	6			1,5	2	3	4
Durchgänge	1–2			2						3			2			
Gewindel. mm	Zeiten in h/St.															
50	0,085	0,08	0,075	0,07	0,065	0,07							2,0	1,6	1,2	1,05
75	0.095	0,085	0,08	0,075	0,07	0,075	0,08	0,09					2,2	1,75	1,35	
100	0,11	0,10	0,09	0,08	0,075	0,085	0,09	0,10	0,115	0,13			2,3	1,8	1,4	1,1
150	0,13	0,12	0,105	0,09	0,085	0,10	0,11	0,12	0,135	0,16	0,22	0,27	2,4	1,85		
200		0,14	0,12	0,11	0,10	0,115	0,125	0,14	0,16	0,185	0,27	0,34	2,45			
250		0,16	0,135	0,12	0,11	0,125	0,14	0,16	0,18	0,215	0,32	0,41	2,5	1,9	1,45	
300			0,15	0,13	0,12	0,14	0,16	0,18	0,20	0,24	0,36	0,48				
350			0,17	0,14	0,13	0,155	0,175	0,20	0,225	0,27	0,41	0,55				
400				0,155	0,14	0,17	0,19	0,22	0,245	0,30	0,46	0,62	2,55	1,95	1,5	
450				0,17	0,15	0,185	0,21	0,24	0,27	0,33	0,51	0,70				
500					0,165	0,20	0,23	0,26	0,30	0,36	0,55	0,75				
600						0,225	0,255	0,29	0,34	0,42	0,65	0,90				
750							0,30	0,35	0,40	0,50	0,80	1,10				
Aufmaß = 0···3 mm													Toleranz = ≈15 %			
	80–40				40					30			Jeder Durchg. mehr oder weniger = plus oder minus in Prozent			

Zuschlag in h/Werkstück für Ein-, Um- und Abspannen
bei Werkstückgewicht G in kg und Länge l in Meter

l \ G	<25	<50	<75	<100	<150	>150
<1	0,07	0,08	0,10	0,12	0,14	0,17
<2	0,08	0,09	0,11	0,13	0,15	0,20
<3	0,09	0,10	0,12	0,15	0,18	0,25
<5	0,10	0,12	0,14	0,17	0,20	0,30
>5	0,12	0,14	0,17	0,20	0,25	0,35

t_r einmalig = 0,25 h

Tabelle 150. *Whitworthgewinde nach DIN 11 – Schneiden auf Gewindeschneidmaschine.* – Material $\sigma_B < 60$ kg/mm²

Schraubengewinde

Gewinde-Ø	1/2"	5/8"	3/4"	7/8"	1"	<1 1/4"	<1 1/2"	<1 3/4"	<2"	<2 1/2"	<3"	<3 1/2"	<4"
Steigung mm	2,117	2,309	2,54	2,822	3,175	3,629	4,233	5,080	5,645	6,35	7,257	7,816	8,467
Gangzahl auf 1"	12	11	10	9	8	7	6	5	4,5	4	3,5	3,25	3
Durchgänge	2										3		
Gewindel. mm — Zeiten in h/St.													
50	0,085	0,08	0,075	0,07	0,065	0,06	0,065						
75	0,09	0,085	0,08	0,075	0,07	0,065	0,07	0,085	0,10				
100	0,10	0,09	0,085	0,08	0,075	0,07	0,08	0,095	0,11	0,125			
150	0,12	0,11	0,10	0,09	0,08	0,075	0,09	0,105	0,12	0,135	0,15	0,18	0,22
200		0,13	0,115	0,10	0,09	0,085	0,10	0,115	0,13	0,15	0,175	0,21	0,27
250		0,15	0,13	0,115	0,10	0,095	0,11	0,125	0,14	0,17	0,20	0,25	0,32
300				0,13	0,11	0,105	0,12	0,135	0,15	0,19	0,23	0,29	0,38
350				0 15	0 12	0 115	0 13	0 145	0 165	0,21	0,26	0,33	0,42
400					0,13	0,125	0,14	0,155	0,18	0,24	0,29	0,37	0,48
450					0,145	0,135	0,15	0,17	0,20	0,27	0,32	0,41	0,55
500							0,16	0,185	0,22	0,30	0,36	0,45	0,62
600							0,18	0,21	0,25	0,33	0,41	0,50	0,70
750								0,24	0,28	0,37	0,47	0,60	0,85

Aufmaß = 0···3 mm — 40 — 30

Rohrgewinde R

Gewindel. mm	<1"	<1 1/2"	<1 3//"	<2"	<2 1/2"	<4"
Steigung mm	1,814	2,309				
Gangzahl auf 1"	14 / 11	11				
Durchgänge	2					
Zeitfaktor						
50	1,15	1,35	1,7	2,0	2,35	
75	1,2	1,4	1,75	2,1	2,4	
100	1,25					2,2
150		1,5				
200	1,3		1,85	2,2	2,5	
250		1,55				2,35
300	1,4					
350						
400	1,45					
450		1,6	2,0	2,3	2,6	2,45
500						
600	1,5					
750						

Toleranz = ≈15 %

Jeder Durchg. mehr oder weniger = plus oder minus in Prozent

Zuschlag in h/Werkstück für Ein-, Um- und Abspannen bei Werkstückgewicht G in kg und Länge l in Meter

l \ G	<25	<50	<75	<100	<150	>150
<1	0,07	0,08	0,10	0,12	0,14	0,17
<2	0,08	0,09	0,11	0,13	0,15	0,20
<3	0,09	0,10	0,12	0,15	0 18	0,25
<5	0,10	0,12	0,14	0,17	0,20	0,30
>5	0,12	0,14	0,17	0,20	0,25	0,35

t_r einmailg = 0,25 h

Tabelle 151. *Drehen von Lagerbuchsen*

Material: Rotguß (Rg.)

Lager-Ø mm		Rüst-zeit	Lagerlänge L mm																Schmier-ringnute drehen exzentr.
d	D	h	20	30	40	50	60	80	100	150	200	250	300	350	400	500	600	750	h
								Zeiten h/St.											
32	40		0,16	0,18	0,20	0,25													0,12
40	50		0,20	0,23	0,26	0,30	0,35												0,15
50	60		0,25	0,28	0,32	0,36	0,40	0,48											0,18
60	72			0,35	0,38	0,42	0,46	0,55	0,65										0,20
80	95	0,35		0,43	0,46	0,50	0,55	0,65	0,75	1,00									0,25
100	115				0,55	0,60	0,65	0,75	0,90	1,20	1,50								0,30
160	180				0,90	0,95	1,05	1,20	1,35	1,75	2,15	2,65							0,40
200	220						2,00	2,20	2,40	2,85	3,30	3,85	4,40						0,50
250	280						3,00	3,20	3,40	3,90	4,50	5,10	5,90	6,70					0,60
300	330								4,30	4,90	5,60	6,40	7,20	8,10	9,00				0,70
350	390	0,50							5,20	5,90	6,60	7,40	8,40	9,40	10,40	12,50			0,80
400	440									7,00	7,80	8,80	9,80	10,80	11,80	14,00	16,50		0,90
500	550	0,75									9,50	10,50	11,50	12,50	13,50	16,00	18,50	23,00	1,05
600	650											13,00	14,00	15,20	16,50	19,50	22,50	28,00	1,25

nur Vordrehen
Faktor = 0,75 oder:
Spanfaktor · 1,35

Faktoren:

A. Größere Buchsen in Maßen und Gewicht:

Die Zeitvorgabe wird errechnet aus der Differenz zwischen Roh- und Fertiggewicht, also der zu zerspanenden Materialmenge, dividiert durch folgende
Spanleistungsfaktoren (Spanfaktor.)

Beispiel: Buchse-Mat. Rg.-Fertiggewicht   800 kg

Rohgewicht   1275 kg

zu zerspanen   475 kg

Vorgabe = 475 : 13,50 = 35 + 1,5 = 36,5 h

Bu-.Fertiggewicht kg	Spanfaktor kg/h
350	11,75
400	12,00
450	12,25
500	12,50
600	12,75
700	13,25
800	13,50
1000	13,75
1250	14,25
1500	14,50

t_r – einmalig = 0,75···1,5 h

B. Form:

zweigeteilte Buchsen

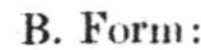

= Faktor 1,15

einfache Bundbuchsen

= Faktor 1,35

doppelseitige Bundbuchsen

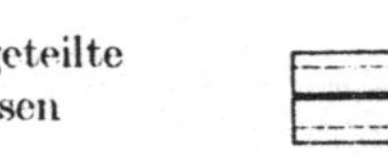

= Faktor 1,55

C. Material   Gußeisen – GG = Faktor 1,20,
Gußstahl – GS = Faktor 1,15.

Tabelle 152. *Naben – Keilnuten stoßen*

Material $\sigma_B < 60\ \text{kg/mm}^2$

Nuten-breite mm	5…6	8…10	12…14	16…18	20…22	25…28	32…36	40	45	50	63	80	100
Nuten-tiefe mm	< 3	≈ 3 bis 3,5	≈ 3,5 bis 4	≈ 4 bis 4,5	≈ 5 bis 6	≈ 5,5 bis 6,5	≈ 7 bis 8	≈ 9	≈ 10	≈ 11,5	≈ 13	≈ 16	≈ 20
Wellen ⌀ mm	12…22	23…38	39…50	51…65	66…85	86 bis 110	111 bis 150	151 bis 170	171 bis 200	201 bis 230	260 bis 290	330 bis 380	440 bis 500
Nuten-länge mm	Zeiten h/Nute												
20	0,07	0,08											
40	0,08	0,10	0,12										
60	0,10	0,12	0,14	0,16									
80	0,12	0,14	0,16	0,18	0,24								
100	0,14	0,16	0,18	0,20	0,26	0,32							
120	0,16	0,18	0,20	0,22	0,28	0,35	0,46						
140	0,18	0,20	0,22	0,24	0,30	0,38	0,50	0,62					
160		0,22	0,24	0,26	0,32	0,41	0,54	0,66	0,75				
180		0,24	0,26	0,28	0,34	0,44	0,58	0,70	0,80	0,88			
200		0,26	0,28	0,30	0,37	0,48	0,63	0,75	0,86	0,95	1,20		
250			0,30	0,33	0,40	0,53	0,68	0,82	0,95	1,05	1,35	1,70	
300			0,32	0,36	0,43	0,58	0,75	0,90	1,05	1,15	1,50	1,85	2,35
350			0,35	0,39	0,47	0,63	0,82	1,00	1,15	1,25	1,65	2,05	2,60
400				0,42	0,52	0,68	0,90	1,10	1,25	1,40	1,80	2,25	2,85
450				0,45	0,58	0,75	1,00	1,20	1,40	1,55	2,00	2,50	3,15
500				0,50	0,65	0,85	1,15	1,40	1,60	1,75	2,25	2,85	3,60

t_r – einmalig = 0,25…0,75 h (entsprechend der Maschinengröße)

Materialfaktoren: GG = Faktor 0,75 – GBz = Faktor 0,60.

Spannzeiten: Auf- und Abspannen bei:

Werkstück-gewicht kg	< 10	20	30	50	100	200	300	500	1000	2000	3000	5000
auf Tisch axial (Zeiten h)	0,05	0,075	0,10	0,15	0,20	0,25	0,30	0,35	0,45	0,55	0,65	0,85
seitlich oder an Winkel konisch (Zeiten h)	0,10	0,15	0,18	0,22	0,28	0,35	0,42	0,50	0,65	0,85	0,95	1,10

Umspannzeit für jede weitere Nute = jeweils Faktor 0,60 der zum Werkstück gehörenden Auf- und Abspannzeit.

Tabelle 154. *Waagerecht Kurzhobeln (Shaping)*

Material St. $\sigma_B < 50\ \mathrm{kg/mm^2}$

Hobellänge mm	Masch. Richtwert V_m	Rüstzeit einmalig t_r h	Schlichten – Schruppen bei Vorschub S mm							Betr. Masch. Richtwert
			0,2	0,4	0,6	0,8	1,0	1,2	1,4	
			Zeiten h/Schnitt für 100 mn Hobelbreite							
100			0,16	0,10	0,08	0,07	0,065	0,06	0,055	
200			0,25	0,15	0,11	0,095	0,085	0,075	0,07	
300			0,34	0,20	0,14	0,12	0,105	0,09	0,085	
400		0,25	0,43	0,25	0,17	0,145	0,125	0,105	0,10	bei $V_m\ 30 =$ Zeitfaktor 0,8
500	24	bis	0,52	0,30	0,20	0,17	0,145	0,12	0,115	
600		0,50	0,61	0,34	0,23	0,19	0,16	0,135	0,13	
700			0,70	0,38	0,26	0,21	0,175	0,15	0,14	
800			0,79	0,42	0,29	0,23	0,19	0,165	0,15	
900			0,87	0,46	0,32	0,25	0,205	0,18	0,16	
1000			0,95	0,50	0,35	0,27	0,22	0,19	0,17	

Werkstück	Zeiten h/St. für Auflegen – Ausrichten – Ablegen bei:									Spannen
	Gewicht kg	5	10	25	50	100	250	500	1000	2000	für jede Schraube, Klemme oder Klaue = 0,05 h
	auf Tisch	0,10	0,15	0,20	0,25	0,30	0,35	0,50	0,65	0,80	
	seitlich oder an Tisch	0,20	0,25	0,30	0,35	0,45	0,55	0,75	1,00	1,20	

Bemerkung: Kleine, auch glattflächige Werkstücke in Maschinenschraubstock spannen = Faktor 0,75 zu Niedrigstwerte.
Material und entsprechende Zeitfaktoren siehe Tab. 153.
Betr. Auf- und Ablegen: Hobellänge nicht unbedingt identisch mit Werkstücklänge (Gewicht).
Hobellänge beinhaltet immer An- und Überlauf.

Tabelle 153. *Hobeln auf Langhobelmaschine*

Material St $\sigma_B \approx 50$ kg/mm² GS 45 bis 52

Hobellänge	Masch. Richtwerte				t_r = Rüstzeit einmalig	Schlichten – Schruppen bei Vorschub S mm										Breitschlichten bei Vorschub S mm		
		V_a	V_R			0,4	0,6	0,8	1,0	1,2	1,4	1,6	1,8	2,0	2,5		4	6
mm	V_m	Faktor		DH	h	Zeiten h/Schnitt für 100 mm Hobelbreite										V_m	h je 100 mm	
250	15			11,5		0,55	0,40	0,35	0,30	0,25	0,20						0,15	0,13
500	18			10		0,60	0,45										0,16	0,14
750	20···22	0,8	1,25	8,7···9,6		0,65	0,50	0,40	0,35	0,30	0,25						0,18	0,15
1000	24···26			8,6···9,3		0,75	0,55	0,45									0,20	0,16
1500	26···28	0,75	1,5	6,9···7,4	1,00	0,90	0,60	0,50	0,40	0,35	0,30	0,25		0,22		Faktor 0,65···0,70 der V_m (Masch. Richtwerte)	0,22	0,18
2000				5,9···6,3		1,05	0,70	0,60	0,50	0,40	0,35	0,30		0,25			0,25	0,20
3000				4,1···4,4		1,35	0,95	0,75	0,60	0,50	0,45	0,40	0,35	0,30			0,30	0,23
4000				3,2···3,4		1,70	1,15	0,90	0,75	0,60	0,55	0,50	0,45	0,35			0,35	0,26
5000	28···30	0,7	1,75	2,6··2,8		2,05	1,40	1,10	0,90	0,70	0,65	0,60	0,55	0,45	0,40		0,40	0,30
6000				2,2···2,4		2,40	1,65	1,30	1,05	0,85	0,75	0,70	0,65	0,55	0,45		0,45	0,35
7000				1,9···2,0		2,80	1,90	1,50	1,20	1,00	0,85	0,80	0,75	0,65	0,50		0,50	0,40
8000				1,7···1,8		3,20	2,15	1,70	1,35	1,15	0,95	0,90	0,85	0,75	0,60		0,60	0,45
9000				1,5···1,6		3,60	2,40	1,90	1,55	1,35	1,15	1,05	0,95	0,85	0,70		0,70	0,50

Tabelle 153 (Fortsetzung)

Werkstück	Zeiten h/St. für Auflegen – Ausrichten – Ablegen bei:										Spannen
	Gewicht kg	50	100	250	500	1000	2000	4000	6000	8000	10000	für jede Schraube Klemme oder Klaue = 0,05 h
	h	0,25	0,30	0,35	0,50	0,65	0,80	1,00	1,25	1,40	1,50	

Maschinen-Einstell- und Zeitfaktoren ($\approx$ Richtwerte) bei:

Material	V_m	Vorschub S	Schnitt a	Querschnitt F_s	Zeit t_h
<50 kg/mm^2 GS 45$\cdots$52	1	1	1	1	1
$<$ 80 kg/mm^2	0,9	1	0,8	0,85	1,20
<100 kg/mm^2	0,9	0,8	0,55	0,45	1,75
GS 60	0,85	1	0,85	0,8	1,25
GG 18	1,25	1,25	1,15	1,5	1,35
GG 26	1,1	1,2	0,85	0,9	1,15

Betr. Auf- und Ablegen:
Hobellänge nicht unbedingt identisch mit Werkstücklänge (Gewicht).
Hobellänge beinhaltet immer An- und Überlauf.

XXIII. Angebotskalkulation — Prüfung—Allgemeines

Gegenüber dem Werkstattkalkulator ist der Angebotskalkulator oder Prüfer in der Regel in einer ungleich schwierigeren Position. Der Werkstattkalkulator hat werkstattreife Zeichnungen vor sich, er ist meist selbst alter Praktiker und mit den Einsatz- und technischen Fertigungsmöglichkeiten in der Werkstatt bestens vertraut. Er kennt, auch das ist ungemein wichtig, die Mentalität und Psyche der Belegschaft. Dazu besitzt er in oft jahrelanger und mühevoller Arbeit erstellte und speziell für seinen Betrieb zugeschnittene Kalkulationsunterlagen und Tabellen. Das alles prädestiniert und befähigt ihn geradezu, vorausgesetzt persönlicher Eignung und Vermögen, zu hundertprozentigen Kalkulationen.

Die Summe dieser Möglichkeiten und Gegebenheiten werden sich bei dem reinen Angebotskalkulator oder Prüfer selten, eigentlich nie, wiederholen. Sehr oft muß er schon an Hand von meist unklaren Angebots- oder Projektunterlagen, noch dazu in Zeitnot, d.h. in einer unverantwortlich kurzen Zeitspanne, den Preis bestimmen. Und dieser Preis soll dann beide Seiten, die seiner eigenen Firma sowohl die des Kunden, befriedigen und nicht für den einen oder anderen zu einem Verlustgeschäft werden. Mit der Praxis nicht immer vollends vertraut, beurteilt er die eigenen betrieblichen, d.h. werkstattmäßigen Verhältnisse oft nicht ganz richtig und kennt endlich bei zu prüfenden Angeboten fremder Betriebe deren Anlage und ihr technisches Können und Vermögen meist gar nicht. Das alles erschwert seine Arbeit natürlich ungemein. Um nun den Wert eines Objektes oder einer Anlage, d.h. neben den Materialkosten seine in erster Linie interessierenden Fertigungs- oder Werkstattkosten zu ermitteln, gibt es für den Angebotskalkulator 3 Wege, und zwar

a) Kalkulieren, Berechnen nach genauem Studium einer zur Verfügung stehenden Zeichnung, nach selbst erstellten oder vorhandenen Unterlagen und Tabellen.

b) Vergleichen an Hand von Zeichnungen, Skizzen oder Unterlagen, ähnlicher bereits gefertigter und erstellter Objekte.

c) Schätzen, meist in Ermangelung ordnungsgemäßer Zeichnungsunterlagen, oft auch wegen Zeitmangel, auf Grund praktischer Erfahrung oder auch Kenntnisse der Kosten gleicher oder ähnlich erstellter Objekte.

Welcher dieser 3 Wege nun der richtige oder bessere ist, kann nicht ohne weiteres in dieser oder jener Form festgelegt werden. Der Umfang des Objektes und seine in etwa zu erwartenden Kosten werden vielmehr immer zu dem einen oder anderen Weg weisen. Oft ist es auch so, daß man nach einer gewissen Differenzierung der Anfrage alle 3 Wege gleichzeitig gehen muß, um zum Ziele zu kommen.

Grundsätzlich ist die exakte Kalkulation, also die rechnerische Ermittlung des Punkt für Punkt durchgegangenen, möglichst detaillierten und zerlegten Auftrages der genauere und auch immer zum Ziel führende Weg. Allerdings kostet das meist Zeit und auch Mühe. Und gerade die so sehr benötigte Zeit fehlt im allgemeinen.

Der Vergleich birgt schon die Gefahr einer falschen Beurteilung in sich. Ein geübter und erfahrener Kalkulator wird sich aber im Laufe der Zeit durch die karteimäßige Anlage aller errechneten oder auch gefertigten Objekte eine nicht zu ersetzende und wertvolle Hilfsanlage schaffen, auf die er immer zurückgreifen kann und muß.

Schätzen endlich ist das schwierigste und weniger genaue Verfahren. Neben einer soliden Praxis setzt es zumindest ein ausgeprägtes Vorstellungsvermögen voraus. Die Gefahr der Schätzung liegt dazu in der menschlichen Unzulänglichkeit und der Mentalität des Schätzenden. Es gibt aber gerade im Stahl- und Apparatebau mit seinen vielen und sehr hohen Handzeiten Arbeitsgänge, die man rechnerisch nicht ohne weiteres bestimmen kann. Durch Rücksprache mit dem Betrieb, der die zu erwartende Arbeit ausführen soll, sowie genauer und guter Überlegungen der voraussichtlichen Arbeitsgänge und ihres zu erwartenden Zeitbedarfs ist es aber möglich, auch hier zu einer weitgehenden Annäherung zu kommen, zumal die Schätzung ja nie den Anspruch auf die Genauigkeit erheben kann und darf, den die exakte Kalkulation voraussetzt.

Alle 3 Wege haben jeder für sich ihre Berechtigung und werden bei sinnvoller Anwendung immer einer den anderen ergänzen. Man soll sich nie auf nur den einen oder anderen versteifen. Wie man zum Ziele kommt, ist gleich, man soll ausreichend genaue und brauchbare Kalkulationen erstellen, sich aber andererseits nicht in der Aufgabe verlieren.

Wie schon früher erwähnt und auch in sämtlichen Tabellen eindeutig festgelegt, ist die Rechnungsbasis für jede Kalkulation grundsätzlich die Stunde. Sie ist der krisen- und vor allem währungsfesteste allgemeinverständliche Ausdruck in diesem Falle für die Zeit einer Arbeitsleistung. Ob man nun den endgültigen Lohnanteil einer Arbeit heute in DM oder morgen in einer anderen, eventuell ausländischen Währung auszurechnen hat, immer muß die Basis die Stunde bleiben.

Als vereinfachte Vergleichswertbestimmung bedient man sich bei der Kostenfeststellung oder Preisnennung zu fertigender oder erstellter Objekte des Ausdruckes Stunden je 100 kg oder Stunden je Tonne

Baugewicht. Das heißt z.B., daß der gebaute Wascher im Gewicht von etwa 15000 kg, komplett in der gesamten Fertigung bis zum Verlassen des Werkes 1125 h oder 1125 : 150 = 7,5 h/100 kg oder auch 75 h/t gekostet hat.

Dieser Standardbegriff kann in einer gut aufgebauten Kalkulation, die systematisch alle Kosten erfaßt, im Laufe der Zeit zur wertvollsten Hilfe werden. Man ist dann ohne weiteres in der Lage, nach Ansicht und Studium der Zeichnung und Feststellung des Gesamtgewichtes die ungefähr anfallenden Arbeitsstunden schlagartig zu bestimmen. Je nach Größe des Objektes, und bei Stundenanteilen von einhundert bis zu einigen tausend, kommt es dabei auf einige wenige Prozent mehr oder weniger gar nicht an. So genau kann auch eine scharf detaillierte Vorkalkulation den Preis nicht immer im voraus bestimmen. Es können und werden von Fall zu Fall Schwierigkeiten auftreten, die nicht vorauszusehen waren und sind.

Es ist z.B. müßig, sich bei einer erst- oder einmalig zu fertigenden Anlage, bei der die reine Lohnsumme für etwa 1000 vorkalkulierte Arbeitsstunden 5 bis 6%, die Summe der Löhne plus Lohngemeinkosten etwa 20% des Verkaufspreises beträgt, überhaupt über eine Minderung oder einen Nachlaß von vielleicht 50 Arbeitsstunden zu diskutieren. 5% Lohneinsparung mindern bei Beibehaltung aller anderen Faktoren den Verkaufspreis nur um etwa 1%. Wenn der Verkaufspreis nicht den Erwartungen entspricht, dann liegt dies erfahrungsgemäß in den allerseltensten Fällen an der Vorkalkulation der Zeitvorgabe für die Fertigung.

Sofern also eine exakte Vorkalkulation aus bestimmten Gründen nicht möglich ist, man andererseits bei Kenntnis der Sachlage in der Lage ist, die zu erwartenden Werkstattkosten auf der Basis des Vergleichs zu bestimmen, kann man das ruhig tun.

Die **Tab. 155**, Richtwerte der Werkstatt-Fertigungskosten in h/t Baugewicht, ist ein kostenmäßig definierter Querschnitt der im Stahl- und Apparatebau immer wieder anfallenden Arbeiten.

In die 3 Hauptgruppen, Schweißkonstruktionen, Lager-, Gas- und Kugelbehälter – Tanke, Apparate, unterteilt, bietet die Tabelle mit einiger Praxis und Übung die Möglichkeit, für im Rahmen dieser Aufstellung oder ähnlich gelagerter Arbeiten auf Anhieb in etwa die Werkstattkosten zu bestimmen. Allerdings ist die Aufteilung der Stunden in die einzelnen Kostenstellen nicht erkennbar, im Rahmen dieser Tabelle ist eine ausreichend genaue Differenzierung auch nicht möglich, da sie örtlich und auch mit der Größe der Objekte zu sehr schwanken. Man muß hier also gegebenenfalls schon mit Mittelwerten vorliebnehmen.

Selbst für den speziell mit dieser Materie weniger vertrauten, dürfte die Aufstellung eine wertvolle Hilfe sein.

Die **Tab. 156** ist im gleichen Sinne zu verstehen und anzuwenden. Sie bringt im Groben den prozentualen gewichtsmäßigen Elektrodenverbrauch zum Baugewicht für verschiedene Fertigungszweige des allgemeinen Stahl- und Apparatebaues sowie das Jahresmittel einer Stahl- und Apparatebauanstalt mit vielseitiger Fertigung.

Für erste überschlägige Berechnungen der Elektrodengewichte und Kosten, ehe also genauere Angaben über Nahtlängen und Nahtstärken bekannt sind oder interessieren, genügen schon diese Angaben. Zweckmäßig ist es, ergänzend oder in Zweifelsfällen, die Tab. **106** zu benutzen. Genauere Feststellungen betreffs Stückzahlen, Durchmesser und Gewichte werden dann später nach den Tab. 88 bis 107 getroffen.

Die **Sammeltabellen 157 bis 159** sind reine Angebotstabellen und umfassen nur summarische Werte für den speziellen Behälter-, Apparate- und Tankbau.

Bei den Schüssen ist generell das Schweißen und Fugen, bei Schüssen und Stutzen gegebenenfalls das Schmirgeln zum Auskleiden gesondert zu rechnen.

Die Tabelle Mantelbleche umfaßt nur die Vorfertigung. Sie ist in erster Linie für Bleche mit größeren Radien, die zur weiteren Verwendung zur Baustelle oder Montage gelangen, bestimmt.

Tab. 160 zeigt als Schaubild den prozentualen Anteil der einzelnen Fertigungsabteilungen an den verfahrenen Produktivstunden einer vielseitigen Stahl- und Apparatebaufertigung. Die prozentualen Verhältnisse werden natürlich bei den Eigenarten, die jeder Betrieb mit sich bringt, leicht schwanken und sich entsprechend ändern.

Ebenso wird nicht jedes Werkstück dazu beitragen, jede Abteilung voll auszulasten, es wird immer sehr einseitige wie auch sehr vielseitige Fertigungen geben, wobei die vielseitigste Fertigung gerade im Stahl- und Apparatebau den glattesten und reibungslosesten Arbeitsfluß garantiert. Für die Kalkulation und Planung aber ist die Kenntnis des Stundenanteils der einzelnen Abteilungen an der Gesamtfertigung äußerst wichtig und wird immer in der einen oder anderen Form festgelegt und berücksichtigt.

Abschließend zeigt die graphische Darstellung, **Tab. 161,** das Potential der Arbeitskräfte im Schnitt des Jahres und der einzelnen Monate.

Wirtschafts- und gesellschaftspolitische Voraussetzungen, Bedingungen und Veränderungen setzen auch die Maßstäbe und Kriterien in der personellen Struktur von Wirtschaft und Industrie.

Fakten wie Lohn und Gehalt, Urlaub und Freizeit, Sicherung im Krankheitsfalle, Kündigungsschutz und Altersversorgung, u.v.a. mehr, beeinflussen ungeahnt die Mentalität und die Psyche eines jeden Menschen.

Diese Tatsachen spiegeln sich auch in der Graphik Tab. 161 wider.

Die Werte stellen repräsentative Erhebungen und den Bundesschnitt aus den Jahren 1967 bis 1970 dar. Das hat für den Leser den Vorteil völliger Neutralität, wobei eigene örtliche und vor allem betriebliche Verhältnisse in Relation gesetzt werden können.

Das Schaubild gibt im einzelnen etwa folgende Auskunft.

Die Krankenkurve tendiert zwischen 6,25% im Februar und 4,35% im August. Das ist eindeutig witterungs- und jahreszeitlich bedingt. Der Tiefstand liegt etwa im Sommer und während der Urlaubsmonate. Die Kurve steigt an im Herbst und erreicht ihren Höchststand im Winter um dann im Frühjahr wieder abzufallen. Der Mensch neigt im Herbst und Winter, in bestimmten Gegenden sogar sehr ausgeprägt, zu Erkältungen und Krankheiten.

Das Jahresmittel des Krankenstandes in der BRD beträgt etwa 5,05% je Monat. Die Länder Niedersachsen, Rheinland-Pfalz und Baden-Württenberg liegen dabei im Mittel bei 4,85%, die Länder Bayern und Schleswig-Holstein bei 5,2%, die Länder Bremen, Nordrhein-Westfalen, Saarland und Hessen bei 5,5%, Hamburg bei 6,55% und Berlin West bei 7,05%. Mit diesen Zahlen kann regional die Krankenkurve im Schaubild reguliert werden.

Die Urlaubskurve verläuft immer reziprok der Krankenkurve.

Im Januar mit 1,1% am niedrigsten, steigt sie stetig an um über den Monat Juli im August mit 32% ihren Höchststand zu erreichen. Sie fällt dann etwas steiler wieder bis auf 1,2% im Dezember ab.

Da Urlaub im Jahr und in der Summe immer mit 100% ansteht (entgegen dem Krankenstand), beträgt das Monatsmittel hier wesentlich mehr, nämlich 8,33%.

Die früher mit etwa 1% im Monatsschnitt bekannte Kurve der Fehl- und Feierschichten, ist auf Grund veränderter Verhältnisse und Arbeitsbedingungen bis auf unwesentliche Anteile zurückgegangen und nicht mehr existent.

Die Summe der beiden Kurven schwankt somit zwischen 6,1% im Januar und 36,35% im August. Dem markanten und verständlichen Ausschlag im Hochsommer liegt eine ziemliche Konstante zwischen Spätherbst und Frühjahr im Bereich 6,1% bis 9,9% gegenüber. Der Mensch verhält sich in den kalten unwirtschaftlichen Monaten ziemlich passiv.

Im Jahresmittel liegt der gesamte Ausfall an Arbeitskräften damit bei 13,38%.

Die Kenntnis dieser Zusammenhänge ist ungemein wichtig. In der Planung und Disposition, die oft mit der Kalkulation eng verbunden sind, muß sie unbedingt Berücksichtigung und ihren Niederschlag finden.

Bei terminlich scharf begrenzten Aufträgen oder bei Großaufträgen, die nicht immer im voraus klar zu übersehen sind und wo u.U. noch Konventionalstrafen drohen, ist es ratsam, sich dieser Zusammenhänge zu erinnern und sie in der allgemeinen Planung zu verwerten.

Tabelle 155. *Richtwerte: Werkstatt-Fertigungskosten in h/t Baugewicht*

A. Schweißkonstruktionen

Bezeichnung	Baugewicht t	Fertigung h/t	Bemerkung
1. *Allgemein:* z. B.			
schwer – einfach; Stützen, Hebel, Konsolen, Gerüste, Rahmen	0,05···125	150···25	
mittelschwer – normal; Ständer, Bühnen, Antriebsrahmen	0,05···100	225···35	
leichte und schwierige; Gehäuse-Kuppelkonstruktionen	0,05···100	250···50	
komplizierte – präzise; Maschinen-Ständer – Turbinen		350···75	
konische; einteilige, mehrteilige	0,05···10	200···50 / 250···65	
2. *Beispiele:*			
Antriebsrahmen (Mischer)	2,5···3,5	50···45	
Aschenfang (Generator)	1,75···2,25	100···80	
Aufnahmetrichter (Hochofen)	8,0···9,0	50···45	
kon. zweiteilig mit Schleißblechen Böcke – Bremsbacken einfach	0,05···4	160···60	
Bottiche siehe Wannen Bühnen, Podeste, Treppen, Leitern (allgemein)	0,2···10	310···55	
Bühnen (Konverter-Mischer)	1,5···20	75···50	
Deckel – doppelwandig (Turmabdeckung)	1,0···5	150···90	
Drehgestelle (Schienenfahrzeuge)	1,25···2,5	150···100 / 175···120	mit Bearbeitung
Drehtrichter – konisch (Hochofen)	3···3,5	70···60	
einschließlich Einsatz	7···8	60···55	
Gestell- u. Windformpanzer (Hochofen)	40···175	12···7,5	
Getriebe-Grundplatten	0,1···1,00	300···110 / 350···125	mit Bearbeitung
Getriebekästen	0,2···8,00	250···60 / 600···160	mit Bearbeitung
Isoliermäntel – Dünnblech	0,25···5	800···650	
Kabeltrommel siehe Seiltrommel			
Kesselstühle Blech	0,05···1,00	200···45 / 175···35	
Kesselstühle Profil			
Kompensatoren .... rund	0,25···0,5	525···450	
mit Anschlußflansch .... eckig	0,5···0,75	350···225	
Konsolen, einfache	0,25···1,00	85···40	
Konverterkamin	50···400	130···65	
Konverterständer	12···25	40···35 / 50···40	mit Bearbeitung
Kuppeln zur Montage (Cowper)		40	

Bemerkung (gesamte Spalte): Offene Ausführungen schließen keine Fertigbearbeitung oder, falls erforderlich, nur geringfügige mechanische Bearbeitung, wie z. B. Bohren, Anhobeln oder Vordrehen, ein.

Tabelle 155 (Fortsetzung)

Bezeichnung	Baugewicht t	Fertigung h/t	Bemerkung
Lagerböcke – Ständer – Gerüste	0,25···3	100···40	
Laufsegmente (Mischer)	4···18	80···50	mit Bearbeitung
Leitern mit Rückenschutz		100	
Pfannen Roheisen-	1···50	150···40	
Stahlgieß-	1,55···55	250···50	
Pfannen – rechteckige, offene – siehe Wannen			
Rohrgeländer		250···125	
Rohrleitungen:			
einfache – normale NW 100···2000		95···35	
Mischbau mit Krümmer und Formstücken NW 100···2000		170···55	
Hosenrohre NW 100···2000		375···90	
doppelwandige NW 50···100		275···225	
Seiltrommeln	0,5···25	125···35	mit Bearbeitung
(Kabel-Heiz-Kühltrommel)		160···50	
Schornsteine	2···50	90···35	
Schrottmulden, Schurren	3···20	45···25	
Schutzkästen-Schutzschirme			
einfach	0,05···4	425···45	
Maschinenbau	0,10···4	450···50	
Stützen (Pendel für Rohrleitung)	≈6	50	
Traversen mit Lasthaken	0,25···25	275···45	
Trommeln siehe Seiltrommeln			
Unterbauten (Mischer)	2,5···12	65···35 / 75···45	mit Bearbeitung
Wannen – rechteckige, offen	1···20	80···25	
Wendeltreppen		125	

Tabelle 155 (Fortsetzung)

B. *Lager-, Gas- und Kugelbehälter – Tanke*

Bezeichnung	Baugewicht t	Fertigung h/t	Bemerkung
1. Zylindrische Lagerbehälter – Normalausführung			
5···250 m³ – S 8···10 mm	1,5···25	70···22	
5···500 m³ – S 12···16 mm	2···65	55···15	
5···500 m³ – S 20···25 mm	3,5···100	40···13	
10···500 m³ – S 30···35 mm	6,5···135	32···12	
Eisenbahn-Transportbehälter			
15···100 m³ – S 6···14	2,5···18	85···25	
Straßenverkehr-Transportbehälter			
8···35 m³ – S 7···11	2,5···7	105···65	
Schiffsbehälter			
60···250 m³ – S 8···10	6···27	100···50	
60···600 m³ – S 12···16	10···85	65···30	
100···600 m³ – S 20···25	25···120	40···25	
200···600 m³ – S 30···35	60···160	25···22	
200···600 m³ – S 40	90···185	22···20	
Liegende zylindrische Behälter mit Doppelmantel und Kesselstühle	0,5···1,5	200···125	
Stehende zylindrische Behälter mit Doppelmantel und Füße	0,5···10,0	225···45	
Offene, stehende zylindrische Behälter mit Doppelmantel und Füße	0,5···6,0	175···35	
Koffer: Normalausführung		90···70	
mit Doppelmantel		120···100	
2. Teleskopierende Niederdruck-Gasbehälter			
5···50 m³ komplett in Werkstatt	2···7,5	250···100	
< 200000 m³ Herrichtung zur Montage .	7···3000	58···17	
3. Hochdruckkugelbehälter, komplett			
600···50000 m³ geom. Volumen			
= 5···45 m Durchmesser			
≈ 10···50 mm Wandstärke			
Vorfertigung und Herrichtung zur Montage		35···4,0	
4. Lagertanke – stehend, zylindrisch			
< 150 m³ komplett in Werkstatt	5···10	60···45	
100···30000 m³ – Vorfertigung und Herrichtung zur Montage	10···675	25···7	

Bemerkung:

Schiffsbehälter:

= Faktor 1,1···1,05
= Faktor 1,2···1,15
= Faktor 1,3···1,2

Betr. 1. Zylindrische Lagerbehälter:

bei zweiteiligen Böden	= Faktor 1,3 ···1,2
< siebenteiligen Böden	= Faktor 1,40···1,25
< zehnteiligen Böden	= Faktor 1,45···1,35

Tabelle 155 (Fortsetzung)

C. *Apparate*

Bezeichnung	Baugewicht t	Fertigung h/t	Bemerkung
Abhitzekessel komplett mit Rauch- und Vorkammer sowie Kesselstühle			
Rohre 76···89∅	5···55	160···65	
Rohre 44,5···57∅	2···15	150···100	
Abscheider (Staub – Oxyd)	} 0,25···15	300···55	
Adsorber (Gase – Dämpfe)			
Abstelltürme	6···25	85···45	
Autoklaven siehe Rührwerke			
Boyen (Signal und Leuchte für Wasser)	1···12	180···60	
Cowper (Winderhitzer – Hochofen)			
Herrichtung zur Montage	100···150	25···15	
Fraktioniertürme siehe Kolonnen			
Kleingefäße (Zyklone – Sammler usw.)	0,02···1,00	900···175	
Kolonnen (Destillier – Lauge – Wasser – Benzol)	0,25···70	475···75	
Kondensatoren (Einspritz-Fallrohr-Töpfe)	0,025···1,5	500···100	
Kontaktöfen	8···70	75···55	
Kühler siehe Röhrenkühler – Sättiger			
Kühltürme	4···40	125···45	
Reinigertürme – komplett in Werkstatt	6···25	85···45	
Herrichtung zur Montage	15···35	30···20	
Röhrenkühler	0,75···12	125···55	
Rührflügel (zum Einbau)	0,25···1,00	300···150	
Rührwerkautoklaven	5···35	300···75	
Sättiger	4···40	125···45	
Tiefkühler siehe Röhrenkühler			
Vakuumgefäße – kastenförmig –			
ein- und doppelwandig	2···200	275···65	
ringförmig	5···40	175···70	
scheibenförmig	15···50	125···75	
Wascher – einfache	4···25	100···30	
Waschtürme – normale	4···70	160···30	
Glockenwascher	4···70	200···75	
Wärmeaustauscher	0,75···12	125···55	
Wärmeaustauscher – Schwimmkopf	1···12	225···65	
Zellstoffkocher	10···75	70···55	
Herrichtung zur Montage	40···75	30···20	

Bemerkung: Bedingt durch Bauart, Werkstoff und Blechdicken ist der spezifische Preis gewissen Schwankungen unterworfen. Markant tritt dies unter anderem in den mittleren Preislagen, etwa zwischen 50 und 120 h/t Baugewicht und im besonderen im chemischen Apparatebau in Erscheinung.

Allgemein: Al = Faktor 0,90, Cu = Faktor 1,15, Edelstahl = Faktor 1,50.

Beachte: Große Blech- und Profildicken, hohe Gewichte = niedriger Preis. Kleine Blech- und Profildicken, niedrige Gewichte = hoher Preis.

Tabelle 156. *Richtwerte Brutto-Elektrodenverbrauch –*
Prozentualer Anteil zum Baugewicht für verschiedene Fertigungszweige

	Werkstatt	Montage
Abscheider (Chemie – Staub – Oxyd)	0,3···0,2	
Adsorber (Gase – Dämpfe)	3,0···2,0	
Behälter (zyl. Lager)		
5···250 m³ – S 8···10	2,5···1,15	
5···500 m³ – S 12···16	2,2···1,0	
5···500 m³ – S 20···25	2,05···1,0	
10···500 m³ – S 30···35	1,95···1,0	
Behälter mit Doppelmantel, Gew. 0,5···15 t	5,5···1,75	
Cowper (Winderhitzer)	0,5	2,0
Gasbehälter (Teleskop.-Niederdruck) Kleinbehälter	2,6···1,7	
<1000 m³	0,75···0,65	1,6···1,35
5000 m³	0,60	1,2
25000 m³	0,55	1,15
>50000 m³	0,50	1,00
Getriebekästen, Gew. 0,1···25 t	11,5···2,15	
Grund-Getriebeplatten	6,0···4,0	
Kesselstühle, Gew. 0,025···1,0 t	16,0···3,75	
Kolonnen (Destillier – Lauge – Wasser)	2,0···1,5	
Kompensatoren	4,0···3,0	
Kondensatoren	1,3···1,1	
Kontaktöfen, Gew. 12···75 t	4,5···3,0	
Konverter, Gew. 125···1200 t	3,5···1,3	
Kugelbehälter (Hochdruck) <1000 m³	0,45···0,20	3,95···2,6
3000 m³	0,15···0,10	2,3
>4000 m³	0,15···0,05	2,25···2,00
Kühler (Röhren-, Tief-, Umlauf-, Nachkühler)	1,3···1,1	
Mischer, Roheisen – Gew. 100···500 t	3,6···1,65	
Pfannen (Stahlgieß-Roheisen), Gew. 1···50 t	5,5···2,25	
Reinigertürme	0,25	1,5
Rohrleitungen – normale NW 100···2000 ...	3,5···1,5	
Rohrleitungen – Mischbau NW 100···2000 ...	4,5···1,8	
Rohrleitungen – Formstücke NW 100···2000 ...	10,0···2,5	
Sättiger	4,0···3,0	
Seiltrommeln, Heiz- und Kühltrommeln, Gew. 0,5···25 t	5,25···1,85	
Schornsteine, Gew. 2,0···50 t	2,1···1,6	0,1···0,2
Stahlhochbau (Fachwerk)	2,0···1,5	
Tanke (Lager) <150 m³	2,0···1,8	
100···30000 m³	0,2···0,03	1,65···1,25
Traversen, Gew. 0,25···25 t	6,5···1,9	
Schiffbau (Schiffe – Schotten – Schütze)	3,5···2,0	

Tabelle 156 (Fortsetzung)

	Werkstatt	Montage
Schweißkonstruktionen, schwierige – einfache		
Gewicht < 1 t	12,0···3,0	
< 5 t	6,0···2,0	
< 15 t	4,0···1,9	
< 25 t	3,0···1,6	
< 50 t	2,5···1,5	
<100 t	2,3···1,2	
>100 t	2,1···1,1	
Wagen (Schienen-, Hüttenfahrzeuge),		
Gew. 6,0···175 t	4,5···2,0	
Wannen (offen), Gew. 1,0···20 t	4,0···2,5	
Wärmeaustauscher	1,9···1,25	
Wascher-Waschtürme, einfache	2,5···2,0	
mit Böden	3,0···2,5	
Zellstoffkocher, Werkstatt	3,0···2,5	
Montage	0,5	2,75

Bemerkung: Jahresmittel in den Werkstätten bei vielseitiger Fertigung = 2.5···3%,
Einschmelzgewicht = Netto Elektrodenverbrauch bei:
dickumhüllten Elektroden – im Mittel = 57%
mitteldickumhüllten Elektroden – im Mittel = 62%
Edelstahlelektroden – im Mittel = 67%

Tabelle 157. *Richtwerte, Tank- und Behälterbau,*
Anfertigung kompletter Blechschüsse einschl. Montage ohne Schweißen

Eingeschlossen sind: Vorzeichen, Hobeln, Brennen, Walzen, Richten, Lang- und Rundnaht montieren und heften

Schuß-Ø mm	Blechdicke mm	h bei Schußlänge mm:					
		500	1000	1500	2000	3000	4000
<500	<6	3,25	3,75	4,25	5,00	5,75	–
	7···13	4,00	4,75	5,50	6,25	7,00	–
	14···22	6,50	7,25	8,00	–	–	–
	25···30	9,50	11,00	–	–	–	–
750	<6	4,00	4,50	5,25	6,00	6,75	–
	7···13	5,00	5,75	6,50	7,25	8,00	–
	14···22	8,00	8,75	9,50	10,50	–	–
	25···30	11,50	13,00	15,00	–	–	–
1000	<6	5,00	5,50	6,25	7,00	7,75	–
	7···13	6,50	7,25	8,00	8,75	9,75	–
	14···22	9,50	10,50	11,50	12,50	14,00	–
	25···30	13,50	15,00	17,00	19,00	–	–
	35···40	18,00	19,75	21,50	22,00	–	–
1500	<6	6,50	7,00	7,75	8,50	9,25	–
	7···13	8,25	9,00	9,75	10,50	11,50	12,50
	14···22	11,50	13,00	14,50	16,00	17,50	19,50
	25···30	15,50	17,00	19,00	21,00	23,50	26,00
	35···40	21,00	22,75	24,50	26,50	–	–
2000	<6	8,25	9,00	9,75	10,75	11,75	–
	7···13	10,00	10,75	11,50	12,50	13,50	14,50
	14···22	13,50	15,00	16,50	18,00	20,00	22,50
	25···30	17,50	19,00	21,00	23,00	26,00	29,00
	35···40	24,00	26,00	28,50	31,00	34,00	37,00
2500	<6	10,00	11,00	12,00	13,00	14,00	–
	7···13	11,75	12,50	13,50	14,50	15,50	16,50
	14···22	15,50	17,25	19,00	21,00	23,00	25,50
	25···30	19,50	21,00	23,00	26,00	29,00	32,00
	35···40	27,00	29,00	32,00	35,00	38,00	41,00
3000	7···13	13,00	14,00	15,00	16,00	17,00	19,00
	14···22	17,50	19,50	21,50	23,50	26,00	29,00
	25···30	22,00	24,00	26,00·	29,00	32,00	35,50
	35···40	31,00	33,00	35,00	38,00	41,00	45,00
>3000	7···13	15,50	16,50	17,50	18,50	20,00	22,00
	14···22	20,00	22,00	24,50	27,00	30,00	33,00
	25···30	25,00	27,00	30,00	33,00	36,00	40,00
	35···40	35,00	37,50	40,00	43,00	46,00	50,00

Bemerkung: Für die beiden Böden und die letzte Rundnaht werden 65% eines Schusses gerechnet.

Schwach konische Schüsse .... = Faktor 1,20

Plattierte Schüsse .... = Faktor 1,40

Bei Flach- oder Siebböden ist für das Montieren des zweiten Bodens 25% eines Schußwertes einzusetzen. Die übrige Fertigung der Böden separat berechnen.

Tabelle 158. *Richtwerte, Tank- und Behälterbau. Komplette Anfertigung von normalen Stutzen einschl. Flanschen und Blindflanschen. Eingeschlossen sind: Vorzeichnen, Schneiden, Walzen, Richten, Schmieden, Drehen, Bohren, Heften, Schweißen*

Flansch	glatt	Vor-schweiß	glatt	Vor-schweiß	glatt	Vor-schweiß	glatt	Vor-schweiß	Block auf-gesetzt	Block ein-gesetzt	Blinddeckel
NW oder ∅ mm	eingesetzt		auf Aushalsung		durchgehend		mit V-Ring				S = 15···150 mm
<25	1,75	1,25	2,75	2,25	1,60	1,10	2,85	2,35	1,75	1,25	0,75···1,25
32···65	2,00	1,50	3,25	2,75	1,85	1,35	3,25	2,75	2,00	1,50	0,85···1,35
70···80	2,75	1,75	4,00	3,25	2,50	1,60	4,00	3,25	2,25	1,75	1,00···1,50
100···125	3,50	2,50	5,00	4,00	3,25	2,25	5,25	4,25	3,25	2,50	1,25···2,00
150···175	4,50	3,50	6,50	5,50	4,25	3,25	6,75	5,75	4,25	3,25	1,75···2,50
200···250	6,00	4,75	8,50	7,25	5,50	4,50	8,25	7,25	5,50	4,50	2,25···3,00
300···350	8,50	6,25	11,75	9,50	8,00	5,75	12,00	9,75	–	–	2,75···3,75
400···450	11,00	8,00	15,25	12,25	10,25	7,25	15,25	12,25	–	–	3,25···4,50
500	13,50	9,25	19,00	14,75	12,75	8,50	18,75	14,50	–	–	3,75···5,25
600	16,50	11,00	–	–	15,50	10,00	22,50	17,00	–	–	4,25···6,50
700	19,00	12,50	–	–	17,75	11,25	25,50	19,25	–	–	5,00···8,00
800	22,00	15,00	–	–	20,50	13,50	30,00	23,00	–	–	5,75···9,50
1000	28,50	19,00	–	–	26,75	17,25	38,50	28,75	–	–	7,00···11,50
1200	35,00	22,00	–	–	33,00	20,00	47,00	34,00	–	–	8,50···14,00

Bemerkung: Werte gelten für Mantelblechdicke < ≈ 12 mm.   Über 12···28 mm ············ = Faktor 1,20

Ab 30 mm ················· = Faktor 1,40   Schrägstutzen ·············· = Faktor 1,25

Mannloch 300···400 mit Preßdeckel und Bügelverschluß ohne V-Ring komplett 12,00 h

Mannloch 300···400 mit Preßdeckel und Bügelverschluß mit V-Ring komplett 18,00 h

Mannloch wie vor, jedoch nach außen schwenkbar, zusätzlich je 6,00 h.

Tabelle 159. *Richtwerte Tank- und Behälterbau*
Mantelbleche für größere Lagerbehälter – Lagertanke – Reaktorgehäuse o. ä.
Werkstattmäßige Herrichtung zur Weiterverwendung auf der Baustelle
Eingeschlossen sind: Anzeichnen – Brennen – Hobeln – Biegen – Signieren

Blechbreite mm	Blechdicke mm	h/t bei ∅ mm:						
		4000	6000	8000	10000	15000	20000	>20000
<500	<6	40,0	38,5	37,5	36,5	35,0	34,0	33,0
	7···9	33,0	31,5	30,5	29,5	28,5	27,5	26,5
	10···13	25,0	24,0	23,0	22,0	21,0	20,0	19,0
	14···16	19,0	18,0	17,5	17,0	16,0	15,5	15,0
	18···22	15,5	15,0	14,5	14,0	13,0	12,5	12,0
	25···30	12,5	12,0	11,5	11,0	10,0	9,5	9,2
	40	10,0	9,5	9,0	8,6	8,0	7,5	7,2
	50	9,0	8,5	8,2	8,0	7,5	7,2	7,1
	60	8,5	8,0	7,8	7,5	7,2	7,0	7,0
	80	8,0	7,6	7,4	7,2	7,0	6,9	6,9
	100	7,5	7,2	7,0	6,9	6,9	6,8	6,8
<1000	<6	21,0	20,2	19,7	19,3	18,6	18,2	18,0
	7···9	16,0	15,1	14,5	14,0	13,3	13,0	12,8
	10···13	12,0	11,2	10,4	10,0	9,3	9,0	8,8
	14···16	9,5	8,8	8,3	8,0	7,5	7,2	7,0
	18···22	7,5	7,1	6,7	6,5	6,1	5,9	5,7
	25···30	6,5	6,0	5,7	5,5	5,2	5,0	4,9
	40	5,0	4,7	4,5	4,3	4,0	3,9	3,8
	50	4,6	4,2	4,0	3,8	3,6	3,4	3,3
	60	4,0	3,75	3,6	3,4	3,2	3,1	3,0
	80	3,6	3,3	3,1	2,9	2,7	2,6	2,5
	100	3,0	2,8	2,65	2,5	2,3	2,2	2,1
<2000	<6	17,0	16,3	16,0	15,6	14,8	14,4	14,0
	7···9	11,0	10,5	10,2	9,8	9,3	8,8	8,5
	10···13	7,0	6,6	6,3	6,0	5,6	5,4	5,2
	14···16	5,0	4,7	4,4	4,2	3,9	3,8	3,7
	18···22	4,3	4,0	3,8	3,65	3,5	3,4	3,3
	25···30	3,7	3,5	3,4	3,3	3,2	3,0	2,9
	40	3,2	3,1	2,9	2,8	2,7	2,6	2,5
	50	2,8	2,7	2,6	2,5	2,35	2,3	2,2
	60	2,6	2,5	2,4	2,3	2,2	2,1	2,0
	80		2,3	2,2	2,1	2,0	1,9	1,8
	100			2,1	2,0	1,9	1,8	1,7
<3000	7···9	8,5	8,2	7,8	7,5	7,0	6,7	6,5
	10···13	5,5	5,3	5,15	5,0	4,75	4,6	4,5
	14···16	4,1	4,0	3,85	3,75	3,6	3,5	3,4
	18···22	3,5	3,35	3,25	3,1	3,0	2,9	2,8
	25···30	3,2	3,0	2,9	2,8	2,65	2,55	2,45
	40	2,7	2,55	2,4	2,3	2,15	2,0	1,9
	50	2,5	2,3	2,2	2,1	2,0	1,9	1,8
	60		2,2	2,1	2,0	1,9	1,8	1,8
	80			2,0	1,9	1,8	1,7	1,7
	100				1,8	1,7	1,6	1,6

Tabelle 160. *Prozentualer Anteil der verschiedenen Fertigungsabteilungen an den Produktivstunden. Jahresmittel einer Stahl- und Apparatebauanstalt mit vielseitigster Fertigung*

%		Abteilung
6		Vorzeichner – Anreißer
11		Vorbereitung: Scheren – Sägen – Brennen – Richten – Bohren – Hobeln – Pressen – Walzen – Rohrbiegen
4		Schmiede: Freiform – Profilwalzen – Stumpfstoßschweißen
18		Mechanische Vor- und Fertigbearbeitung: Drehen – Fräsen – Hobeln – Stoßen – Bohren – Gewindeschneiden – Schleifen
33		Zusammenbau-Montage: Montieren, ggf. Demontieren – Heften – Verschrauben – Nieten – Verputzen – Glühen – Druckprobe – Anstrich
28		Schweißen: E-Schweißen – Automatisch und von Hand – Fugen – Autogenschweißen – Löten

Tabelle 161. *Ausfall an Arbeitskräften in Prozent je Monat*
und im Jahresmittel

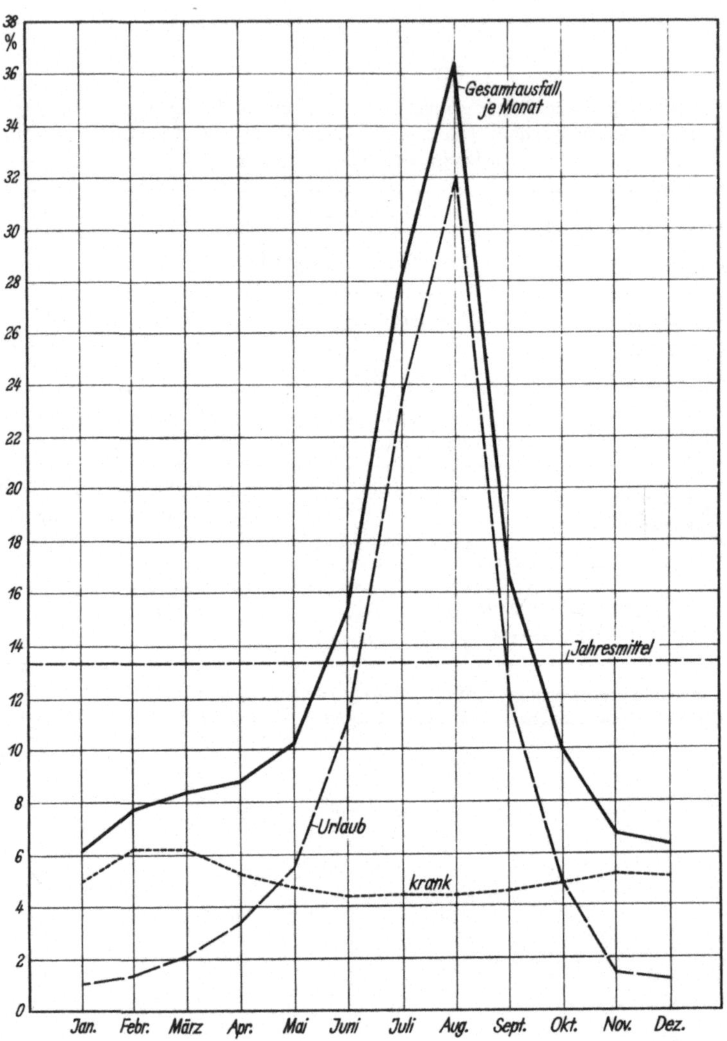